茶

一片树叶的社会生命

刘春燕◎著

上海人民出版社

目　录

序　言

二十年前，刘春燕以《茶叶历史景观——生产、流通、消费、文化》的博士论文通过答辩，获得历史学（历史地理专业）博士学位。现在，她最新完成的一部书稿《茶：一片树叶的社会生命》展示在我的电脑屏幕上，等待我作序。我一直将为自己指导的研究生的学位论文作序视为指导工作的延续，当作导师应尽的义务。但对他们毕业以后完成的著作，我并没有作序的义务，而是要看我是否有兴趣，还得看它的质量是否达到了我心目中的标准。所以当春燕向我提出要求时，我告诉她得给我足够时间，容我看过后才能决定。但在看完后我没有告诉她我的决定，而是直接写下了这篇序文。

我已经记不得她那篇博士论文的具体内容，但我确信她的新著绝不是前者的内容扩充，而是基于创新的研究方法和体系。

对同一事物或人物，依据不同的学科理论，采取不同的研究方法，自然会产生不同的成果。尽管其基本事实、数据和时空概念并无二致，显示效果却可以有很大的差异，甚至给人不同的感觉。以茶叶为例，在科学的范畴中研究，是将茶叶完全当作一种物质，在各相关学科——如生物学、化学、农学、生态学、遗传学、医学、药学、营养学等——领域内，或者是多学科结合，则是根据各自的原理和规范进行研究并得出结论。

对茶叶在人文范畴中研究,是将茶叶当作人类文明和人类社会发展过程中的一种因素,研究它在人类文明的不同阶段、不同场合所起的物质的和精神的作用,与人类的个人或群体、社会形成的关系和影响。

用生物学研究茶叶,要从茶这个物种的形成过程开始。从历史学研究茶叶,是从人类发现和利用茶树、茶叶开始,研究茶叶的生产、加工、管理、流通、储存、销售、消费、税收、贸易等活动的过程和变迁,以及人们的饮茶方式、场所、器物等,由此形成的文学、艺术、观念、意境、情趣等构成的茶文化的形成和变迁过程。从地理学研究茶叶,就是要研究茶叶和上述与茶叶相关的各种要素的空间分布。如野生茶树、茶种的分布,栽培茶的起源地及其传播范围,不同茶树类型、茶叶品种的分布,茶叶的产地、加工地、行销区、消费区的分布,茶叶的运输和贸易路线,茶文化的区域特征和空间分布,不同区域的自然条件的影响。从历史地理学研究茶叶,是要研究历史时期的茶叶和茶文化地理,上述与茶叶及与茶叶相关的人文、自然要素的空间分布及其在时间序列下的变化。这里所指的历史时期的起点,是当地开始种茶、采茶、加工茶、饮茶、销茶、形成茶文化的时间,而不是当地开始有文字记录历史的时间,因此并无统一的起讫点,中间也未必延续,一切都应从实际出发。

用生物学研究茶叶属于科学范畴,茶叶纯粹是作为物质。从历史学研究茶叶,涉及科学与人文两个范畴,既有物质也有精神。从茶树、茶叶的利用、生产、加工等到饮茶方式、场所、器物等都有具体的事实、人物、实物、数据等,是客观存在。但构成茶文化的文学、艺术、观念、意境、情境等,却属于人的精神生活,如果没有被记录下来,就会随着相关人物或群体的逝去而消失。而且即使在当时也不会有一致的评价和标准答案。用历史地理学研究茶叶,必须综合运用历史自然地理和历史人文地理。如茶叶的栽培、传播、生产、加工、流通、储存、消费、贸易，无不与气候、地形、地貌、土壤、水文等条件有关，茶文化也难免不受这些条件的影响。但主要还是运用历史人文地理的方法，着重研究涉及的经济、产业、赋税、制度、交通运输、城市、人口、商业、民族、文化、宗教、艺术等因素。由于迄今为止中国历史地理学没有历史社会地理这一分支，实际包含于历史人文地理之中，但往往因之而对社会地理有所忽略。

当年撰写博士学位论文时，刘春燕“对茶叶的研究兴趣出于经济目的，想要弄清楚哪些因素决定了茶叶经济的兴衰，如何才能振兴中国茶叶经济”。但在以往近二十年间，她“获得了许多社会学、人类学领域专家学者的指导，学习、思考与交流的学术探索环境”，已经自觉地从社会学、人类学的视角，运用社会学、历史社会地理学的方法，对同一片茶叶进行观察、分析和思考，自然取得了新的成果。

正如她所指出的，茶叶并不是人类维持生存的必需品，其苦涩的味道对人类产生的吸引力极为有限，采摘茶树叶子制作饮食也只是区域性的偶然现象。茶叶从被发现，作为蔬菜、药物被利用，再转而成为日常饮料的过程十分漫长，本来就是一种复杂的社会现象，是人类社会活动的产物，因而也随着时间、空间、物质、精神、个体、群体的演进而变幻。无论是茶味的诞生、茶饮的兴起，从唐朝后期开始出现的繁荣和商品茶的兴盛，还是从南宋以后茶的衰落，以至茶饮退出了日常生活，到明代中叶后茶饮和茶业的复兴，都不是用单一的因素所能解释，或用哪一种学科的研究所能解决。将这一片茶叶置于最广阔的领域，作多角度、全方位、长时段的观察、分析和记录，才能重构其历史事实，确定其社会属性，揭示其文化本质。刘春燕在历史学、历史地理学的基础上，拓展到社会学、人类学、历史社会地理学,正是她的优势所在和成功的关键。至于本书引述的详尽,分析的细致,推理的严密,文字的可读和结论的可信,读者自能体会,无须我赘言。

不过作为她曾经的历史地理研究方向的导师,我还有更大的期望。如果用历史社会地理学的要求来衡量,本书对所涉及的各种社会现象和社会要素的空间分布及演变的考察和研究还显得不足。或许这正是她下一个目标,那我们就共同期待着。

十多年前我参观伦敦最大的一家茶叶商店,发现在两层楼面的陈列销售的茶叶商品中,中国产的茶叶只放了一个柜台,只有四个品种,其余几乎全部是锡兰茶和印度茶。回国后我查了相关资料,了解到当时全世界茶叶出口量最大的是斯里兰卡和中国,但斯里兰卡茶(锡兰茶)的产值差不多是中国茶的一倍。看来刘春燕当年"如何才能振兴中国茶叶经济"的愿望还有现实意义,那么这本书提供给我们的,不仅是茶叶的历史、茶叶的地理、茶叶的故事和社会学、人类学中的茶叶,也应该包括历史的经验和教训。

葛剑雄

2024 年元月

前　言

一

二十年前，我在攻读博士期间，对茶叶的研究兴趣出于经济目的，想要弄清楚哪些因素决定了茶叶经济的兴衰，如何才能振兴中国茶叶经济。近代中国难得有出口创汇的产品，茶叶是其中之一，但在19世纪末茶叶经济衰落了。19世纪70年代后，中国茶叶的国际市场份额不断下滑，印度茶在英国的销量却与日俱增。对于茶叶经济此消彼长的现象，学术界讨论的焦点在经济领域，认为是市场规律发挥作用，也就是茶叶的生产效率、运输成本和消费习惯，还有税收、政策等方面的因素在起作用。关于近代茶叶经济的探讨已经很多，但古代茶叶的情况却不够清晰，我决定先对古代茶叶经济状况做系统整理。当时主流学术话语将经济规律视作超时空的存在，因此现代经济理论也适用于古代，研究古代经济规律也会对现代作出贡献。我研究题目中出现的“生产、消费、流通”，可体现那时的想法，即通过追踪产业链条，勾勒茶叶经济盛衰的时空变化，探讨影响茶叶经济的核心因素。

茶学研究中存在很多潜在的共识，它们曾经是开展研究的前提和基础，例如，认为饮茶是生物发自内在的需求，似乎人类一旦发现茶树叶子可以食用,便对其产生依赖;又如,认为饮茶在中国出现以来,茶叶消费不断扩张,产量不断上升。之前,我知道唐宋时期饮茶消费比较普遍,茶叶生产的专业化程度很高,分工很细,有种茶的园户、做茶的茶户、磨茶的磨户,茶商也分短途贩运、长途批发、中介(牙人)、住卖(茶叶店)等从业者,政府财政也非常仰赖茶税的收入。如果茶叶经济的趋势是上升的,元明以后的茶叶资料应该更多,但事实并非如此。在查阅了正史和财政典籍类古籍,以及各种年代和版本的地方志之后,我感到非常失望和困惑。国家和地方志中有关茶叶消费、生产、税收的资料非常少,南方或北方的茶叶消费都不高,预想中的产茶地几乎没有规模化的茶叶生产,大多以副业和小农生产为主。

研究中基于经济学的两个假设,随着资料搜集和分析的进展都坍塌了。首先,茶叶经济不断上升的进化理论不再可靠。长时段的历史事实显示,茶叶的消费、生产并非持续上升而是起伏不定的,有上升,也有衰退、中断和消亡。饮茶兴起于唐代中叶,进入流通的商品茶主要是饼茶,因饮用时采用末茶法,消费市场上的芽叶茶和末茶渐多。饼茶文化在南宋以后就衰退了,元代基本上很少见到饼茶和末茶,芽叶茶也并不受重视。明代中叶以后,芽叶茶被赋予文化意涵,开启了芽叶茶发展的新阶段。芽叶茶不是饼茶文化的延续或进化,两种饮茶文化来自不同历史时期。其次,饮茶满足人类生理需求的说法更加令人怀疑。人类天性喜欢甜美可口的饮食,茶叶味道苦涩,不适合直接饮食。初春的嫩茶芽味道好一些,秋季的老叶更为苦涩。刺激性饮品和药物的说法,不足以支撑其作为日常饮料的理由。

我意识到,茶叶经济在中国古代与近代西方不是一回事。古代中国的茶饮紧紧依附于文化—社会需求,它由不同的社会群体创造并为其服务。近代的商品茶则由资本创造，为了追求利润最大化，资本投入军事、科技和传媒，重新打造了商品茶的消费—贸易—生产链条。在资本的控制下，媒体讲述了茶叶满足生理需求的新故事，重塑了大众口味和大量饮茶的习惯，又通过操纵军事和科技，大量生产廉价茶叶。暴力在资本经营茶叶获利中占据基础地位，其次才是科技助力和大工业生产方式、传媒虚构的消费需求。近代的商品茶已经脱离了中国茶叶的文化—社会属性，变成纯粹的生物—物理存在。我博士时期的研究题目最终确定为《茶叶历史景观——生产、流通、消费、文化》，否定了经济学有关中国古代茶叶经济持续繁荣的认知，却无力深入探究茶叶的文化—社会起源及与商品茶的关系，相关问题也随之搁置下来。直到二十年后，在国家社科基金的资助下，我得以有机会重新探索之前的疑问，从文化视角重新挖掘中国茶叶起源和发展的历史话题。

二

茶叶在中国深受文人喜爱，文化在饮茶流行过程中起到主导作用。品味茶饮需要有一定的文化修养，普通人没有经过文化学习，养成品鉴能力，无法体会到茶叶的美味。由于成长在一个缺乏饮茶的环境，我对于茶叶没有切身感受。每当读到古代文人茶饮的文字，只觉得那是一种很美的体验，却不能感同身受。卢仝的七碗茶歌，从“一碗喉吻润”到“七碗吃不得，唯觉两腋习习清风起”，这是何等的神仙体验，为何今天的人们无法感同身受？我当时想，也许是现代的制茶工艺、饮茶方式不同所致吧。后来到茶山调查，当地有人按照古法制作小茶饼，品尝下来，还是难以理解卢仝的诗歌。明清文人珍爱虎丘、松萝、西湖龙井，味香而色淡,与滋味浓郁的红茶完全不同。但也有初尝伯爵红茶的中国人,曾描述这种由红茶和橘类水果皮油脂调和而成的茶水,感觉味道像刷锅水。

中国利用茶叶的历史悠久,尤其是在野生茶树生长的南方山区,当地人民很早就利用茶树嫩叶做蔬菜、老叶做药饮。然而,蔬菜茶和药物茶是生存压力下被迫的选择;茶饮则是一种日常饮料,是人类主动创造的美味。茶饮的味道不是一种生物体验,而是由群体文化赋予的价值。近代茶叶经济的轨迹由资本主导,编造了生物需求的饮茶叙事,消除了中国历史和文化的印记。本书想要探讨的问题是:中国人饮茶的起源,何时、何地、哪些人创造了茶饮?茶饮又是如何从小范围不断向全社会扩张,从而变为大众普遍接受的日常饮料?作为饮料的茶叶首先是一种文化产品,由社会中的少数群体创造,在特定的社会环境中,由上层权贵和普通民众不断发展出新形态。本书的研究目的是在一个更长的历史时期内,观察特定茶叶形态和饮茶习惯形成和变迁,理解和阐释推动其形成和变化背后的社会力量。

在饮茶兴起和发展的研究中,最为流行的是功能论和进化论。饮茶兴起的主流解释是生物需求理论,即茶叶含有生物所需的营养或成瘾物质,从而使人类对茶叶产生依赖;饮茶需求处于不断扩张的状态,蔬菜茶—药物茶—茶饮料之间是不断进化的替代关系,芽叶茶对饼茶的替代也是技术的进步等。这种源于近代资本主义霸权保护下的理论,实则是自成系统的知识茧房,有意删除和忽略与之不符的历史和现实,构建了维护其利益的理论体系。饮茶功能论使茶叶从中国历史和文化中“脱嵌”,资本得以用工业化方式生产茶叶并大量倾销到世界各地,而进化论则赋予工厂产品“先进”或“进步”的优越地位。从一个更长时段的历史来看,这些早期理论的荒谬性非常明显:曾经“先进”的工业化茶叶如今受到农药残留的指控,而传统小农生产方式的生态茶叶变得昂贵，两者的地位如今发生了天翻地覆的变化。

茶叶不是必然会出现在人类社会，作为饮料的茶叶不同于粮食等生活必需品，它的出现具有很大的历史偶然性，即在中国特定历史时期，由特殊群体有意识创造的文化产品。我们将茶叶视为一种文化物，这一概念来自德国的社会学家、哲学家西美尔，在他的理念中，文化与促进经济增长的科技并不相同：文化充满灵性，由充满想象的头脑创造出这个世界的许多物质形态；科技没有能力创造新的物质，只是促进物质增长的工具。以茶叶为例，中国历史上的特定文化创造了茶叶，近代资本主义科技只是以更快更有效率的方式生产茶叶。西美尔的文化概念大约可以等同于“精神”，文化很是微妙：人的主观精神看不到摸不着，必须由实体的物或行为表达，称为客观精神创造。主观精神及其表达物（行为）都是能被群体分享的文化，但两者又各自独立，文化物不能等同于主观精神，也并非其映射，它一旦被创造便独立存在，在传播过程中被不同群体塑造，创造出新的形式，这种认识为观察茶叶实践的历史进展提供了很好的视角。西美尔在提到文化物时，更多提到的是艺术品，在人们的观念中，饮食具有满足生理需求的功能，很少被视为文化物。文化物具有广泛的应用性，近来也有将食物作为文化象征的研究。

功能主义和进化论的方法论基础是将传统与现代割裂，重视现代社会的研究，忽略传统和过去。这种研究方法认为，社会科学的理论如同自然科学一样具有普遍性，可以统摄和阐释历史与过去。本书引入时间、空间的研究方法，作为影响茶叶和饮茶历史及其变迁的重要因素。时间、空间因素不等于历史和地理背景，它指的是持续存在的穿透性力量在时、空中的存在。西美尔很早便注意到时间、空间因素对社会学的重要性，这些简短的论述在当时没有引起注意。20 世纪 70 年代以后,社会科学理论出现一些新趋势,时间与空间方法被纳入社科研究,吉登斯将时空因素视为其理论研究的核心。在茶叶的研究中,时空理论意味着对功能主义、进化论方法的批判,饮茶并不是普遍主义的生物需求,而是在一个特定的时间、空间中出现,并在有限空间内、经历了一段时间的有限存在。探寻茶叶和饮茶形态、动力和价值的普遍规律不再重要,重点在其呈现的时空边界及变动情况。

三

本书讲述了茶叶的文化属性、茶叶和饮茶被创造、发展、消失、再创造的过程,并探讨了推动其变化的文化、社会力量,颠覆了人们对饮食作为生物必需品的认识。那些人类曾经创造的物质形态,有些随着时间消失了,有些还在生活中若隐若现,或者在偏远的地区残留。作为蔬菜和药物的茶叶依然存在,没有因为饮料茶而消失;饼茶和末茶兴盛的时代已经过去了,但在远离主流文化的边缘地区,它们依然存在;日本的末茶也是唐宋古老饼茶文化的遗存,我们生活在一个时空交错的现代空间。

全书共分为五章,第一章"饮食、茶与文化物",阐释了茶叶不断被建构的历史,揭示其文化属性。在对饮茶的生物需求论批判的基础上,将文化物、时间和空间的理论和方法引入茶叶和饮茶研究;第二章"美味茶饮的诞生",重点考察了饮茶在中国历史上兴起的时间、地点,以及推动其发展的社会力量。在对"茶饮"界定的基础上,对比作为蔬菜、药物的茶叶利用方式,观察其与"美味"茶饮之间的区别。"美味"茶饮出现在唐代中叶的时间片段,在短时间内风靡后又历时不衰,强大而持久的社会文化力量成为探讨其动力的重点;第三章"繁荣",探讨的是饮茶兴起之后不断扩张和持续的进程。饮茶在传播过程中，其形态和饮茶方式在不断变化，不同社会群体在这一过程中对其进行了重新塑造。“文化茶”和作为奢侈品的茶叶、大众消费的商品茶具有不同的形态，呈现出不同的意义和价值。因此，茶饮的扩张并不是单一的力量在推动，而是由不同权力集团塑造、传播和再创造的结果；第四章“衰落”，呈现了饼茶形态和末茶方法退缩的过程，并探讨了其衰退的社会文化根源；第五章“复兴”，讲述的是芽叶茶在明代中叶以后的文化再造。芽叶茶文化并不是唐宋饮茶文化的复兴，而是新时期社会文化动力下的再造。

《茶：一片树叶的社会生命》的书名受到阿帕杜莱（Appaduria）《物的社会生命：文化视野中的商品》（*The social life of things*: *commodities in cultural perspective*）①一书的启发，“生命”的概念源于德国哲学，专属于人类精神和心灵的、永不停息的活泼动力被西美尔反复强调。不过，阿帕杜莱有关“物”与“社会生命”的内涵与本书并不完全相同，他关注的重点是资本主义的商品世界，那些被大量复制生产的充斥生活的商品，如何再次变成文化物，以及文化物再次商品化的变化历程，他将族群、金融、科技、传媒、意识形态视为推动变化的文化变量。我们认为，商品是没有生命的，那些促使其大量产出的金融、科技和媒体不能称作文化，只是增强商品垄断能力的掠夺性工具。人类精神和心灵运动永不停息，在远离资本和商品的空间迸发活力。资本在对爆发性文化物的商品化过程中，再次启动科技和传媒创新，迎来新一轮的大生产和大消费经济高潮。

2013年11月18日，央视纪录频道推出了大型纪录片《茶，一片树叶的故事》，“一片树叶”作为茶叶故事展开的名称给我留下深刻的印

---

① Appadurai Arjun, *The social life of things*: *commodities in cultural perspective* (Cambridge: Cambridge University Press, 1986).

象，不免产生"小树叶、大社会"的感慨。2023年2月，社会科学文献出版社翻译出版了荷兰学者乔治·范·德瑞姆的书籍 *The tale of tea: a comprehensive history of tea from prehistoric times to the present day*，讲述了由古至今有关茶叶的历史故事，相当于包罗万象的茶叶故事的解读式汇聚，译者李萍将这本书的英文名称意译为《茶：一片树叶的传说与历史》。①我看到这本书的名称，感到特别惊讶，因为与我即将出版的书名如此相似！这可能是因为央视纪录片的名称深入人心。但书名是早就定好的，我也不想再做修改，好在除了"茶"和"一片树叶"的题目，我们讲述故事的理论和方法、故事内容完全不同。

如果没有二十年前博士期间对古代茶叶经济的探索，就没有之后的文化思考和这本书，饮水思源，感谢我的博士导师葛剑雄先生的精心指导。如果没有近二十年来在社会学领域的学习和思考，也不可能有今天这本文化视角下的茶叶著作。在此期间，我获得了许多社会学、人类学领域专家学者的指导，感谢上海大学社会学院的资助和提供的学习、思考与交流的学术探索环境，感谢一路走来给我启迪的导师、朋友和学者。如果没有国家社科基金的资助（批准号：16BSH040），我也不可能潜心再次进入茶叶研究，这次资助给了我一个机会，得以让我从新的视角阐释茶叶，并获得了结题评审者的宝贵意见。当然还要感谢志同道合的茶师、茶人和茶友，尤其是上海大学潘璋敏教授创建的茶学社团。感谢上海人民出版社的编辑和编校人员为这本书提出了宝贵意见。

刘春燕

2023年12月

① [荷]乔治·范·德瑞姆：《茶：一片树叶的传说与历史》，李萍等译，社会科学文献出版社2023年版。

第一章
饮食、茶与文化物

大多数人对于茶叶都不陌生，它是人类主要的饮品之一。中国是世界上有记录以来最早种茶、饮茶的国家，也是最早有历史记录茶树、茶叶和饮茶的文明古国。茶饮在唐宋时期已经非常普遍，并向周边国家和地区传播，贸易和生产规模非常可观。但茶叶并不是人类维持生存的必需品，其苦涩的味道对人类产生的吸引力极为有限，采摘茶树叶子制作饮食也只是区域性的偶尔现象。茶叶从发现、作为蔬菜、药物被利用，再转而成为日常饮料的过程十分漫长。据陆羽《茶经》[①]记载，三国魏(220—265)《广雅》记载了荆巴地区古老的饮茶习俗，作者是魏明帝太和年间的博士张揖。丁以寿认为，今本《广雅》并无此段文字，故此文出自何时还需考辨。他怀疑《茶经》引用的这段文字并非《广雅》原文，也不是《茶经》的原文，从内容看似乎是对张揖《埤苍》或《杂字》的注解。[②]

---

① 陆羽(733—804)所著《茶经》是人类历史上第一部茶叶专著，创作大约始于唐肃宗上元初年(760)，代宗广德二年(764)完成。本书所有引用《茶经》，全部来自吴觉农：《茶经评述》，中国农业出版社2005年版。后面涉及《茶经》的部分，不再一一标注出处。在此说明，不再赘述。

② 丁以寿：《〈茶经〉“〈广雅〉云”考辨》，《农业考古》2000年第4期，第211—213页。

如果这本书的内容可信的话,这种古老的饮食在很长一段历史时期仅限于当地,没有扩散和传播。直到唐代中叶以后,饮茶才成为广泛的社会潮流。

唐代中叶以后兴起的饮茶不是荆巴古老茶饮的传承者,传统茶饮是偶尔饮食的苦涩药饮,新兴的茶饮则是“美味”的日常饮料。唐代中叶至北宋是饮茶的高峰期,以饼茶和末茶法为表现形态,南宋以后则陷入全面和持续的衰退,无论是消费、生产、贸易,或者茶税对国家财政的贡献都是如此。①明朝除川陕等地的茶马贸易外,维持数百年的榷茶制被取消了。嘉靖以后,饮茶以无锡和苏州为中心出现复苏迹象,但仅限于江南有限的地域和文化阶层,对于茶叶经济的影响有限。作为唐宋茶饮表现形态的饼茶和末茶法消失了,复兴的茶饮以芽叶茶和汤煎法为主要文化形态。芽叶茶并不是新出现的茶叶,它只是唐宋时代低等的散茶,也称草茶或茗茶。在历史上,饮茶不断地被文化建构、解构和重构,在某些时期的变动尤其剧烈。

16 世纪以后,中国的茶叶和饮茶知识通过波斯商人、传教士传递到欧洲,在很长一段历史时期都只停留在稀有药物的范围,偶尔出现在药店里。经历了漫长的两百年,直至 18 世纪初,才逐渐出现在咖啡馆,作为奢侈饮料进入上流社会。茶、咖啡和可可获得接受的程度,在欧洲呈现出空间差异。茶叶在英国最受欢迎,其次是荷兰和法国,其他国家则很少。自 18 世纪中叶以后,英国的茶叶进口量不断增加,19 世纪中叶以后,茶叶已经成为英国海外贸易炙手可热的商品。近代英国的饮茶热潮研究大多关注生理需求说,文化上展开的探讨值得期待。中国

① 一般认为,中国历史上的茶叶消费,自唐宋以后呈不断上升的趋势,这种观点与历史事实不符,我们将在后面详细阐述这一点。

成为英国饮茶热潮的早期受益者，因出口茶叶获得巨大财富，然而这种情况并没有持续下去。

为了最大限度获得茶叶利益，欧洲一些国家尝试在本土引种茶树，最终因种种原因失败。19 世纪 30、40 年代，英国开始在印度等殖民地尝试种茶，这种努力在短短的三十多年时间获得成功，印度替代中国成为英国茶叶市场的主要供应者。与此同时，科学知识瓦解了中国传统的茶文化话语，对茶树、茶叶和饮茶需求进行了知识重构。不同于人类历史上的所有文化，科学知识是一种极具张力的矛盾体。一方面，科学声称具有客观性，代表自然的知识，成为超越所有文化的仲裁者，与所有文化划清界限；另一方面，科学知识并非空中楼阁，它们无法离开地方知识的基础，有些只是换了面孔，有些则是创造新的神话。在科学话语体系下，茶树、茶叶和茶饮从中国文化和历史的土壤中脱离，茶树变成失去文化的植物物理标本，茶叶由单一的分子和元素构成，而茶饮只是为了满足人类生理需求。

一、茶树的文化建构与知识重构

茶树是生长在热带和亚热带的常绿乔木或灌木，开中等或较小的白花，结出的果实叫茶果，在现代植物分类中的位置归属山茶科山茶属。未经驯化的野生茶树多为高大的乔木，人工栽培的茶树为山茶科中的少数品种。驯化后的茶树高度多在 1—5 米之间，有丛生灌木也有乔木。茶树的种类很多，用途广泛，采摘其叶片制作成茶叶最常见。茶叶是采摘下来的茶树叶，经过晒、蒸、煮、炒、焙等工艺，加工制作而成的茶饮原料。从有文字记录茶树的时刻起，这种树木的主要用途就集中在它的叶片上。山茶科植物种类繁多，少数适合制作茶叶。

早期人类对茶树的利用应该不限于采摘树叶，它还可以榨油和作为观赏植物。有一种专门榨油的茶树叫油茶，茶油的油酸和亚油酸的含量很高，达到90%以上，油酸含量就超过80%，其饱和脂肪酸含量甚至比橄榄油还低，被称为东方橄榄油。榨油剩下的茶籽渣含有天然活性成分，能消灭多种细菌和病虫害，有杀菌消毒、清洁去污等功效。茶树开白色花朵，树形漂亮，也是很不错的观赏植物。据陆羽《茶经》摘录《桐君录》的内容，交、广地区有一种叫做瓜芦木的植物，叶子异常苦涩，当地的人烹煮后饮用，令人不眠。至今，人们依然不知道这是怎样一种树木，是否可以归为茶树。

从有记录始，茶树的主要功能就是提供叶片。传说中饮茶由神农氏发明，陆羽搜集了许多远古饮茶的故事，这些故事大多是传说，并非真实发生的历史。饮茶潮流真正出现的时间是安史之乱(755—763)以后，《茶经》也是安史之乱期间的作品，“茶”字直到晚唐才逐渐普及。《茶经》不是在叙述历史事实，更像是一部文学作品，茶树、茶叶和饮茶则是被文化建构的产物。《茶经》与现代科学传递的知识格格不入，茶叶的传统知识与科学知识隶属于不同的文化体系。

科学提供的知识代表了自然、客观和物质本质吗？换句话说，物质世界存在客观和中立的知识吗？植物并不是一种客观的物体，不存在客观的天然属性，所有对植物的认识都加入了主观的成分，因此都是知识的一部分，哪怕是声称客观、中立的科学。唐代中叶和近代英国出现了人类历史上两次饮茶高峰，也是有关茶树、茶叶和饮茶知识的集中呈现时期。我们通过历史上这两次大规模的饮茶潮流，知识阶层提供的茶树、茶叶和茶饮知识，揭示植物被不断建构、解构与再建构的过程。

（一）唐代茶的文化建构

茶这个字是唐代的新创字，之前没有这个名称。陆羽《茶经》中的一段注释表明，茶在一本官修字典《开元文字音义》中首次出现。但在全国推广和普及的时间却很晚。根据《唐会要》卷36的记载："其年三月二十七日，上注《老子》，并修疏义八卷，并制《开元文字音义》三十卷，颁示公卿。"[①]又据宰相张九龄做的《贺御制开元文字音义状》，以及玄宗皇帝的《答张九龄〈贺御制开元文字音义〉批》，新字典命集贤院"更写一本，付外流行"，应该是在全国颁行了。

清代学者顾炎武游历泰山时发现，唐大历十四年(779)、贞元十四年(798)的碑刻中，"荼药""荼宴"的写法还很盛行；武宗会昌元年(841)，柳公权书写《玄秘塔碑帖》，大中九年(855)，裴休撰《圭峰禅师碑》，"荼毗"一词才一律改为"茶毗"。[②]这个实物证据清楚地表明，"茶"字出现在政府颁布的新字典中，之后又经过了一百多年，形、音、义统一、稳定的茶字才真正在全国普及开来，之前，茶的名称并不固定。《茶经》列出很多据说是指代茶的古文字，其他名称还有：

> 其字或从草，或从木，或草木并。其名一曰茶，二曰槚，三曰蔎，四曰茗，五曰荈。

茶的其他名称来自《尔雅》《尔雅(集)注》[③]《神农本草》《方言》等古

---

① (宋)王溥：《唐会要》，上海古籍出版社2006年版。

② (清)顾炎武：《音学五书》，《唐韵正》卷4，中华书局1982年版，第270—271页。

③ 《尔雅》是中国最古老的字典，大约成书于战国或两汉时期，著录于东汉班固(32—92)的《汉书·艺文志》。"尔雅"的意思是用雅言解释土话，相当于各地方言转换为官话。这本字典早已失传，后世许多学者都注释过《尔雅》，使其内容极大丰富。现存最早和最完整的版本是西晋郭璞(275—324)花费18年时间注释的《尔雅注》。

籍,陆羽说,《尔雅》中的“荼”就是茶,《本草》中的“𣗪”也是茶,他还摘抄了含有荼、槚、茗的古籍文字约四十八条,构成《茶经》的“七之事”。我们将陆羽所列的茶的古代名称,以及这些名称的文献出处做了整理,如表1-1所示。

表1-1 茶的别名来源

	名 称	来 源
字(文字)	荼	《尔雅》
	𣗪	《神农本草》
	茶	《开元文字音义》
名(读音)	茶(chá)	《开元文字音义》
	槚(jiǎ)	《尔雅》(周公)
	蔎(shè)	《方言》(西汉杨雄)
	茗(míng)	《尔雅集注》(西晋郭璞)
	荈(chuǎn)	《尔雅集注》(西晋郭璞)

陆羽所列指代茶的常见名称有荼、槚、茗,然而这些字的原初含义与茶树、茶叶和饮茶都相去甚远,那么,这些古老的文字在何时与茶产生关联,又是如何关联在一起的呢?为什么陆羽称,这些字是茶的古老名称呢?

1. 茶的早期名称

唐人文献中茶的别称大致有荼(tú)、槚(jiǎ)、茗(míng)、蔎(shè)、荈(chuǎn)、𣗪(chá)等。这些代表茶的文字在意义、字形和读音上差别很大。荼、槚、茗都是很古老的文字,中国最早的字典《尔雅》已有记载,也经常出现在其他古代典籍之中。在唐代之前,古籍中的荼、槚、茗与茶树、茶叶或饮茶无关。

荼。荼字列于中国古老的字典《尔雅》中，也常见于“五经”、[①]《礼记》、《仪礼》和《国语》等古籍。荼在这些古籍中主要有三种含义：苦菜、白色的芦苇/茅草、田间的杂草。苦菜之义最常见，《诗经》[②]约有六首诗歌出现了荼字，有三首意指苦菜。例如，《大雅·绵》，[③]“堇荼如饴”中的堇和荼，指的是生长在陕西平原上的苦味野菜。“谁谓荼苦，其甘如荠”出自《邶·谷风》，[④]荼与荠是北方常见的两种野菜，荼是一种苦菜，荠比较甘甜。又如，《诗经·国风·七月》[⑤]“采荼薪樗”中的荼，学者认为是苦菜。[⑥]

荼也指白色茅草/芦苇，或茅草上的白芒，郑玄称“荼，茅秀”[⑦]。茅草常用来做床上的铺垫，白色的芦苇花还可以填充衣物抵御寒冬。茅

① 西汉时期，儒家学说被认定为官方学术。汉武帝时代（前156—前87）正式确立了五部官方认定的儒家经典，这就是被称为“五经”的《诗》《书》《礼》《易》《春秋》。

② 《诗经》是中国最古老的诗歌总集，它收录了从西周（前11世纪）到春秋中期（前6世纪），大约五百年间的诗歌，共计311篇。这些诗篇按照内容分“风”“雅”“颂”三部分。“风”是从周朝的十五个部族采集的歌谣，“雅”是周王室辖区的祭祀礼乐，“颂”是对祖先开拓基业的歌颂。歌谣记录了当地民众劳动、打猎、婚恋、宴饮等诸多生活场景，天文地理、宫室器用、山川草木、鸟兽虫鱼无不具备，涉及的动植物种类名目繁多，据统计有草类植物105种、木类75种、鸟39种、兽67种、虫29种、鱼20种，地理范围集中在以黄河流域为中心的北方地区。

③ 诗歌大意是，周部落在古公亶父带领下，离开豳地南迁开创基业。他们走到岐山（今陕西岐山县）脚下，看到一片肥沃的平原，长满茂盛的“堇”与“荼”，于是请巫师用龟甲占卜，得到可以停下来动工建房的启示。诗中说“堇”和“荼”就像饴糖那样甜，寓意族人来到周原，看到肥沃土地，内心无比喜悦。

④ 《邶·谷风》采集于邶地（今河南省汤阴县东南），属于周朝管辖下的地方诸侯国。诗曰：“行道迟迟，中心有违。不远伊迩，薄送我畿。谁谓荼苦？其甘如荠。宴尔新昏，如兄如弟！”大意是一位勤勉贤良的妻子，在丈夫有了新欢后惨遭遗弃。她回忆与丈夫在一起的快乐时光，夫妻同心至死不渝的誓言，如今皆成往事，不禁心生悲愤。诗中采用对比、象征手法，“荠”和“荼”象征妇人曾经的甜蜜与现在的痛苦。

⑤ 这首诗讲述的是农人们为衣食劳作的场景，按月份编排四季的变化，地点在周朝豳地（今陕西彬县、旬邑附近）。

⑥ 姜亮夫等编：《先秦诗鉴赏辞典》，上海辞书出版社1988年版，第296—301页。

⑦ 《钦定周官义疏》卷8《地官》，文渊阁四库全书本。

草也会用于葬礼,作为铺垫棺材的材料。“予手拮据,予所捋荼”[①]中的荼字就是茅草,“捋荼”是采收茅草铺垫鸟窝的意思。苇花呈现柔软的白色,也用来形容美丽的女子或花朵。诗歌《郑风·出其东门》,[②]一位男子在等待心上人,看到“如云”“如荼”的美女,但她们都不是男子思念的美人。“云”和“荼”的共同特征就是柔软和洁白,形容女子的美丽。成语“如火如荼”常用来形容盛开的美丽花朵,其中的“火”和“荼”分别代表红色和白色。荼的第三个古义指妨碍庄稼的恶草、稗草、杂草,“其镈斯赵,以薅荼蓼。荼蓼朽止,黍稷茂止”[③]中的荼和蓼都是田间杂草,引申为恶毒和艰辛的状况。

唐代之前,荼的读音和含义都没有改变,西晋郭璞《尔雅注》对荼的解释是:荼,苦菜(注:诗曰,“谁曰荼苦。”苦菜可食)。[④]颜之推在其《颜氏家训》之《书证》部分,[⑤]详细描绘了荼,也就是苦菜这种植物的形态,并指出南方和北方所谓苦菜并非同一植物。为了便于理解,颜之推的这段话用白话文表述如下:

---

① 出自《国风·鸱鸮》,诗歌大意是:一只母鸟控诉猫头鹰的罪行,猫头鹰抓走她的小鸟并毁灭巢穴。母鸟用爪子抓、用嘴巴叼来茅草修补鸟巢,爪子和嘴巴都受了伤,可巢穴还是不安全。

② 这首诗讲述的故事发生在郑地(今河南郑州及其周边),一名男子正在东门外等待心上人出现。

③ 出自《周颂·良耜》,讲述的是农人播种、除草和收割谷物,并在收获后祭神的场景。农人们用锄头翻地,斩断田里的杂草使之腐烂。

④ (晋)郭璞:《尔雅注疏》卷8《释草》第十三,北京大学出版社2000年版,第260页。

⑤ 颜之推生活在魏晋南北朝末、隋朝初期,根据《北齐书·文苑传》《北史·文苑传》和《颜氏家训》,可知他祖籍琅琊临沂(今山东省临沂市),家族业儒。西晋末随司马睿南下建康(今江苏南京),历经侯景之乱、北方政权轮番南侵和数次被俘,后留在北齐,经历了北周、隋朝的更迭。《颜氏家训》创作于隋统一全国以后,书中总结了个人经历、思想和为人处世哲学,以及对子女进行道德修养、文化知识方面的教导。

> 《诗经》里说:“谁谓荼苦?”《尔雅》、《毛诗传》都认为荼就是苦菜。另外,《礼记》说“农历四月苦菜开花而不结果”。据考证:《易统通卦验玄图》中说“苦菜长在深秋时节,经过冬天和春天,到夏天才长成”。现在中原地区的苦菜就是这样的。它也叫“游冬”,叶子好像苦苣但是比苦苣细,掐断后有白汁,花是黄色的,像菊花。江南地区另外有一种苦菜,叶子好像酸浆叶一样,它的花有紫色有白色,果实像珠子一般大,成熟的时候或者为红色或者为黑色,这种菜可以消除疲劳。据考证:郭璞在注《尔雅》时说,这是“蘵”,就是黄蒢。现在黄河以北地区的人称之为“龙葵”。梁朝讲《礼记》的人把它当作苦菜;但这种植物没有多年生的根,又是在春天才发芽,这是个大错误。另外,高诱注的《吕氏春秋》里说:“开花而不结果,叫英。”苦菜应当被称为“英”,因此更加知道它不是龙葵了。①

可见在隋朝初年,荼还是苦菜,也就是1—2年生的草本植物,类似苦苣(又称苦荬、小鹅菜),历冬而不死,又叫“游冬”。在今天的科学分类体系中,苦菜属于桔梗目、菊科。唐朝初年,荼的含义和读音出现了变化。陆德明②是唐初著名语言学家,他重新注解了《尔雅》,荼字被分别放入“释草”和“释木”两部分,且有两个读音,一个是“徒”,另一个是“直加反”。

---

① 《颜氏家训》卷6,《书证》第十七,檀作文译注,中华书局2007年版,第235页。

② 陆德明(约550—630),大约生于南朝梁,经历隋至唐朝,唐太宗时为十八学士之一。他采纳汉魏六朝二百三十余位音韵、训诂学家的著作,对《毛诗》《周礼》等诸多古典进行校刊,辨识古文字的读音和意义,完成《经典释文》一书。

> 荼(《释草》):字亦作荼。邢蜀、吴瞿雪、陆郑诸本皆同。《说文》有荼无荼。
>
> 荼(《释木》):音真加反,"真"字误,宋本作直。[①]

顾炎武发现,颜师古(581—645)在为《汉书》做注释时,荼陵一词出现两种不同的读音。同一个人为同一个地名注释却前后不一,令人感到奇怪。清初,一词两音的情况消失了,荼陵之"荼"就读作"宅加反",有时字体也改成"茶":

> 《汉书·王子侯表》荼陵节侯䜣,师古曰"荼音涂";(汉书)《地理志》荼陵,师古曰"荼,音弋奢反,又音丈加反"。一人注书,前后不同。今湖广长沙府茶陵州,字竟作"茶"而读为"宅加反",不知有涂音矣。[②]

荼字在唐初已经从读音上发生了改变,出现双重读音,但字体还没变。顾炎武通过观察泰山石碑,发现茶字大约在唐武宗时普及,出现形、音、义的统一,标志着茶字正式确立。那么,茶字为何能代替荼?从形、音来看,茶与荼的差别极大,唯一能将两者联系起来的只有字义,两种植物对于人类饮食的意义相同。荼在北方是一种苦菜,在食物匮乏的原始时代,苦菜的味道不好吃却可以救荒,茶树也是一种苦涩的植物,对于饥荒年代的南方山地居民来说,苦涩的叶片也是一种蔬菜。

槚。槚也是很古老的文字,通"榎""贾",与"楸"树同,指一种高大

① (唐)黄焯:《经典释文汇校》,《尔雅音义》下,中华书局 1980 年版,第 277、282 页。
② (清)顾炎武:《音学五书》,《唐韵正》卷 4,中华书局 1982 年版,第 270 页。

笔直的树木。许慎编著的《说文解字》成书于东汉和帝，对槚的解释是："槚，楸也，从木、贾声。春秋传曰：树六槚于蒲圃。"[1]后来的辞书大多沿袭其说，认为槚是"小叶子的槐树"，与楸、桐、梓等树木同类。春秋战国时期的槚（榎）是一种美木，人们常用它制作讼琴和棺木，种植在园中或墓地，因此也是死亡和墓地的象征。孟子是战国时代的哲学家和思想家，有一次他驳斥告子的学说称：园艺师如果舍弃园子里"梧槚"不管，却特意培育"樲棘"，显然是很糟糕的。[2]这里的梧槚为姿态挺拔的高贵树木，樲棘是长满棘刺疙瘩的低贱酸枣树，孟子用这两种树木做比喻，说明只懂吃喝饮食，不懂培育仁爱之心的人不能算是合格的人。

春秋末期的《左传》多次出现槚，例如，鲁襄公二年（前573）夏天，鲁成公夫人齐姜死了，齐姜的婆婆穆姜早就为自己准备好了制作棺木的"美槚（榎）"，季文子却拿去给了死去的齐姜用，此事被认为违背礼节。（《左传·襄公二年》）后来，鲁襄公的亲生母亲定姒也死了，在匠庆的恳求下，季文子勉强默许她用了蒲圃的槚树，那里的六棵槚树本是他为自己准备的（《左传·襄公四年》）。又见，《左传》哀公十一年（前484），吴王夫差要伐齐，伍子胥谏之，不听，还将他派到齐国下战书。伍子胥将儿子拜托给齐国的鲍氏，并改姓王孙。伍子胥返回吴国后被赐死，临死前说："在我墓前种上槚树，槚树成材时，吴国就要灭亡了！"

唐代之前，槚是茶的说法并不多见。陆羽《茶经》称"槚"是茶的古代名称，出自周公著《尔雅》。这本书的原始版本早已失传，后人改编的版本非常多，以郭璞《尔雅注》最为著名。这个说法似乎源于郭璞《尔雅

---

① （东汉）许慎：《说文解字》卷6上，《木部》，中华书局1963年版，第115页。
② 《孟子》之《告子上》，张燕婴等译注，中华书局2012年版，第256页。

注》,在这本字典中,榎、槐、楸等植物多相通。他对槚的解释是:"槚,苦荼。"后注,"树小如栀子,冬生叶,可煮作羹饮。今呼早采者为荼,晚取者为茗,一名荈,蜀人名之苦荼。"[①]值得注意的是,"榎"与"槚"在郭璞书中分列。槚列入《释木》的部分,却用苦荼这种草的名称解释,让人感到不可理解。郭璞的《尔雅注》在长期流传过程也极有可能被增删篡改,"槚,苦荼"的内容也有可能是后来增加的。荼在唐代以后才兼具两种读音,陆德明、颜师古在注释古籍时已经出现这种变化。

茗。"茗"通"萌","萌"指草、木萌芽的状态,作为名词则指草木的嫩芽或叶。东汉许慎《说文解字》对"萌"的解释是:"草芽也,从艹明声,武庚切。""茗"的解释为:"荼芽也,从艹名声,莫迥切。"[②]令人疑惑的是,在这本字典中,"萌"与"茗"并没有相通,而是分别列出。《说文解字》原本早已失传,今可见为宋太宗时徐铉重新修订,"茗"为新附字。清朝的郑珍著《说文新附考》对"茗"加了如下的按语:"荼芽之训,本《玉篇》"。[③]《玉篇》是南朝梁、陈之间的语言学家顾野王所撰,后人陆续有增补。郑珍考证后认为,"茗"字不见于汉代之前,乃后代俗语,汉代的"茗"没有"茶"的意思。

魏晋南北朝时期,"茗"多见于吴地,当地饮食代表者有三:茗汁、莼菜、鱼羹。南朝宋刘义庆《世说新语》讲了一则故事,说任瞻(字育长)迁徙到江南以后,变得郁郁不得志。有一次,他被招待一种饮料,便询问:"这是荼还是茗?"看到别人表情奇怪,又连忙辩解说:"我刚才问这是热是冷。"[④]

---

① (晋)郭璞:《尔雅注疏》卷9《释木》第十四,北京大学出版社2000年版,第297、306、309页。

② (东汉)许慎:《说文解字》卷1下,《艹部》,中华书局1963年版,第22、27页。

③ (清)郑珍:《说文新附考》卷1,商务印书馆1936年版,第17—19页。

④ (南朝宋)刘义庆:《世说新语笺疏》卷下之下,《纰漏》,余嘉锡笺疏,中华书局2015年版。

“茗”在南方很普遍，任瞻作为北方人并不认识。另一则故事是说，王肃曾经在南朝齐做官，因父兄被杀而投靠北魏政权。王肃刚开始不吃北方的饮食羊肉、酪浆，常吃鲫鱼羹，渴了就喝茗汁，且饮用量很大，被嘲笑为“漏斗”。几年后，王肃同高祖聚餐，吃了很多羊肉、酪浆，高祖很奇怪地问道：“羊肉和鱼羹比、茗饮和酪浆比，哪种食物更好吃？”王肃回答说：“羊是陆地珍品，鱼是水域珍品，爱好不同，都是珍品。从味道来说，羊好比齐、鲁大邦，鱼好比邾、莒小国，至于茗汁，则不足为酪浆作奴。”后来，“茗汁”就被称为“酪奴”。①

魏晋时文献中的茗汁、茗饮，在今天一般被译为茶饮。然而，翻阅各种文献查证，却没有任何证据显示它们就是茶饮。唐代之前有关“茗”的文献，都没有对这种植物进行介绍，也没有对这种饮料的详细描述，如何确定就是茶饮呢？反而从有些文献看到“茗”不一定指代茶的证据。三国吴（229—280）的陆玑考证了《诗经》里的动植物，在阐释“蔽芾其樗”“椒聊之实”这两句话时，提到吴人的“茗饮”：

> 蔽芾其樗：椿树中的山椿和下田椿大致没有差别，叶子与之很相似，只是更狭长，吴人用山椿的叶子制作茗饮。
>
> 椒聊之实：椒树与茱萸很像，有针刺，茎叶坚硬而滑泽，蜀国人制作茶饮、吴人作茗饮，都会用椒树的叶子一起煮以增其香。②

吴地的茗饮可能是山椿叶子制作的，也可以与椒树等其他叶子一

① （北魏）杨衒之：《洛阳伽蓝记》卷3，尚荣译注，中华书局2012年版，第222—224页。

② 本书在引用古籍文献时，为方便理解，尽量翻译成白话文，读者可以根据引文出处查阅古籍原文。这两条阐释出自陆玑：《诗经草木鸟兽虫鱼疏》（卷上），文渊阁四库全书本。

起煮。茶字在唐代以后才出现,陆玑的书中出现"茶饮"就很奇怪。陆羽《茶经》摘录了《桐君录》[1]的一段文字,据吴觉农考证,这段文字与《新修本草》[2]引述《桐君录》稍有不同,且《新修本草》比《茶经》引文多出一部分内容。[3]我们参考《新修本草》原文,将"苦菜"条引述《桐君录》的前面部分也加进来,与多出《茶经》引述的部分一起用【】标识,大致翻译如下:

【苦菜:味苦寒,无毒,主五脏邪气,厌谷、胃痹、肠渴、热中疾、恶疮。久服安心益气,聪察、少卧、轻身耐老,耐饥寒,高气不老。又叫做荼草、选、游冬。生长在山陵道旁,凌冬不死。三月三日采,阴干。怀疑就是今天的"茗",又叫荼,也能令人不眠,凌冬不凋,只生在益州。益州也有苦菜,正英下以注之。《桐君药录》云:苦菜叶子三月份长得很茂盛,六月份在叶子下面生出的直茎上开出黄花,八月份结出黑色的籽,黑籽落下后再生根,冬天也不会枯死。今天的"茗"与此很相似。】酉阳(今湖北黄冈县东)、武昌(今湖北武汉)、庐江(今安徽庐江县西南)、晋陵(原在江苏镇江,后移至常州)等地皆产好茗,东人(此处未详)做的是清茗。茗产生沫、饽等泡沫,喝了对人体很有好处。凡是可饮用的东西,大多采取它们的叶子,但天门冬和菝葜采用的却是它们的根,饮用这些东西对人体有益。

---

① 《桐君录》是一本医药类古书,大约成书于东汉(25—225),原书早已失传,内容已真伪难辨。

② 《本草》是托名神农氏的古医书,也称《神农本草》或《神农本草经》。此书大约成于东汉,后来经多人修改,所传内容不一。现存最早《本草经》是由梁朝陶弘景注释的《本草经集注》,当时《本草经》已是残卷,只剩《序录》和正文四条。唐高宗显庆四年(659),苏恭(又名苏敬)等人奉命重修《本草经》,称为《唐本草》(又名《新修本草》),也是世界第一部官方编修的药典。

③ 吴觉农:《茶经评述》,中国农业出版社2005年版,第239—240页。

巴东(今湖北省西南部、巴东地区、重庆奉节等地)还有真正的茗茶,煎煮后饮用,能使人无法入睡。还有用檀木叶、大皂李煮水当茶喝的,皆性寒。南方还有称为瓜芦木的植物,很多方面与茗相似,味道也很苦,弄成碎屑后当作茶饮,使人通夜无法入睡。熬盐的人时常喝这种饮料,交州、广州一带的人们最喜欢喝,客人来之前就准备好,烹煮一般都要加香料调和。

《桐君录》据说成书于东汉,但早已失传,这本书极有可能是后来加工或伪造的。茗、苦荼和苦菜在这一段的内容中极度混乱,相互掺杂,难以区分。《新修本草》对"茗、苦荼"的介绍如下:"茗,味甘苦,微寒,无毒。主疮,利小便,去痰热渴,令人少睡,秋采之。苦荼,主下气,消宿食,作饮加茱萸、葱、姜等良。《尔雅·释木》云:苦荼注:树小如栀子,冬生叶,可煮作羹饮。今呼早采者为荼,晚取者为茗,一名荈,蜀人名之苦荼,生山南汉中山谷。(新附)"从这条内容看,"茗、苦荼"很像茶,但书中的"苦菜"部分,包括引用《桐君药录》的内容,很多与《颜氏家训》的草本植物苦菜、苦苣相似,却又掺杂了"真茶茗"。制作茗饮的原料不一定是茶树,还有檀木、大皂李等许多植物叶子,可见茗在早期并非专指茶芽。

总之,茶由荼字演化而来。唐初,陆德明注释《尔雅》,荼出现在"释草"和"释木"两部分,读音也有差异,出现了一字两音现象,并在历史上维持了一段时期,直到"茶"字被普遍应用,荼荈、槚、蔎、荈等等代表过茶的名称逐渐消失。茗字作为吴地方言保留下来,这个字最初不专指茶树芽叶,唐代以后逐渐向茶芽含义转变。在茶字没有独立存在之前,"梌(搽)"字一度被创造出来,试图与荼原初的草属含义区别开来,突出更鲜明的木属特征。唐高宗显庆四年(659)修编的《唐本草》(又名《新修本草》),陈藏器于玄宗开元二十七年(739)重撰的《本草拾遗》都出现了"樣(搽)"字,不过也有可能是后人添加。据顾炎武《唐正韵》对"樣"的解释称,《广韵》下有"茶"的注释:"俗唐权德舆《陆宣公翰苑集序》'领新樣一串'而已作此字。"[①]这样看来,樣字也是在唐饮茶兴起后出现的,不过有些版本写的是"领新玠一串",不知为何出现这些差异。

2. 南方之嘉木:茶的道德阐释

历史上有两种广为流传的饮茶起源说,一种是神农氏发明了饮茶,另一种称秦人取蜀后出现茶饮。神农发明茶饮的传说最早出现在陆羽的《茶经》中,此书还收录了许多古人饮茶的故事,这种说法延续到后来,20世纪30年代在中国茶学界流传。1935年,美国人威廉·乌克斯(William H. Ukers)的《茶叶全书》根据神农氏的生活时代,推测公元前2737年前已经有茶饮。[②]这当然只是一种传说,不能看成可靠的历史。传说神农氏教导人民种植庄稼、学习医药、开展生活,现代学者将神农视为神话人物,发明饮茶的说法并不可信。[③]陆羽所著《茶经》首次描述了茶树的形态、大小、种类、叶子、花、果、蒂与根等,这在之前的传说和故事中从未有过。从陆羽的描述中,可见它们与今天的茶树很像:

> 茶者,南方之嘉木也,一尺二尺,乃至数十尺。其巴山峡川有两人合抱者,伐而掇之,其树如瓜芦,叶如栀子,花如白蔷薇,实如栟榈,蒂如丁香,根如胡桃。

① (清)顾炎武:《音学五书》,《唐韵正》卷4,中华书局1982年版,第271页。
② [美]威廉·乌克斯:《茶叶全书》,侬佳、刘涛、姜海蒂译,东方出版社2011年版,第3页。
③ 史念书:《茶业的起源和传播》,《中国农史》1982年第2期,第95—105页。

陆羽看到的茶树应该是野生的，有高大的乔木，也有矮小的灌木。巴山峡川的大茶树有两人合抱那么粗，这种高大的乔木如同交、广地区的“瓜芦木”。巴山峡川相当于今天的四川、重庆和湖北交界处的区域，也就是荆巴地区，当地有用茶树叶子制作药物的历史。《茶经》“八之出”还列出了全国出产茶叶的地方，山南、淮南、浙西、剑南、浙东、黔中、岭南等南方许多地区都有茶叶出产，只有 11 个州情况不详，这些产地大多位于偏僻山野的寺院附近，当时的产量很低，也没有看到商品化的迹象，多为南方山民和僧侣自食。在《茶经》出来之前，很多人不知道茶是什么，也不懂如何饮茶，买卖茶叶无从谈起。

《茶经》“七之事”中的许多故事无法确定是否就是茶，因为没有具体的描述，没有出现茶的典型特征。这些被陆羽认为是茶事的故事，存在不合理的地方，受到后人的质疑。例如，陆羽认为《诗经》中的荼就是茶，南宋学者魏了翁表示，苏东坡说“周诗记苦荼，茗饮出近世”，饮茶出自近世的意思很明确，且经传的注释都说“荼”是茅秀、是苦菜，“予虽言之，谁实信之”。①

王微是魏晋时代的南朝宋人，画家，祖籍琅琊临沂，二十九岁便英年早逝了。他在历史上并没有什么名气，只留下五首诗，《杂诗》是其中之一，这首诗中出现了“槚”字。陆羽摘抄了这首诗的后四句，列入“七之事”。这首诗的内容大意是：一位妇人的丈夫到远方征战，留下妇人独自艰难地生活。每当前方传来战争不利的消息，妇人都非常担心，胡思乱想着丈夫的车马被埋葬的地方，忍不住泪如雨下。全诗以妇人的语调创作，表达她对丈夫的牵挂，诗歌的后四句是：

---

① （南宋）魏了翁：《鹤山先生大全文集》卷 48，《邛州先茶记》，商务印书馆 1936 年版，第 413—414 页。

寂寂掩高阁,寥寥空广厦;

待君竟不归,收颜今就槚。①

由于陆羽将这首诗列入《茶经》,很多学者认为这首诗是中国最早的咏茶诗,“收颜今就槚”被理解为“以茶解愁之义”,翻译成“失望啊,且去饮茶解愁怀”。也有学者不同意诗中的“槚”是茶,他们认为“槚”应该被理解成死亡,这句诗就被翻译为:得知远方军事失利、无人生还的消息后,妇人过于哀痛,望着空荡荡的房子,等待自己那久久不归的丈夫,整日以泪洗面,最终决定殉情,在收拾泪容后即从容赴死。②“槚”多用于制作棺木,种植在墓地周边,象征着坟墓和死亡。南朝梁虞骞③的《游潮山悲古冢诗》中有“西光长槚落,促尔膝前尊”的诗句,这里的“槚”与坟墓的关系更明确。不过,“就槚”理解为自杀徇情似乎也不妥,结合前文的“老孤寡”,理解为常年等不到丈夫回家的妇人,一个人孤独终老可能更合适。

《茶经》“七之事”中还有一段涉及“茗”的故事,是否是茶也一直存在争议。这个故事来源于《晏子春秋》,原文是:

婴相齐景公时,食脱粟之饭,炙三戈(弋)五卵茗菜而已。

一些学者据此认为,春秋时期已有茶饮,晏婴则是中国历史上第一位茶人。这个推断存在两个疑点:一是晏子生活的年代约在公元前578—公元前500年,难以置信那时就有茶饮;二是齐国地处山东半岛,

---

① 吴觉农:《茶经评述》,中国农业出版社2005年版,第229页。

② 周超:《“收颜今就槚”释义献疑》,《江海学刊》2013年第2期,第24页。

③ 虞骞生卒年号不详,会稽人,约502年前后在世。

气候寒冷，并不适合生长茶树。如果说茶叶不是当地产的，而是从外地运到山东的，这种奢侈的饮食又不符合故事中晏子那生活简朴、廉洁高尚的宰相形象，所以无论从哪方面来看，“茗菜”中的茗解释成茶都很难令人信服。

有学者怀疑古籍流传中出现错误，“苔菜”可能被误写成了“茗菜”。①在《晏子春秋》的多个版本中，有的写成苔菜，有的是茗菜。清文渊阁《四库全书》、《四部丛刊》三编（史部）的《晏子春秋》（上海涵芬楼借江南图书馆藏活字本影印，1929 年）皆为“苔菜”，《太平御览》（卷 867）则是“茗菜”。中华书局的刘尚荣在审校《中国茶叶大辞典》时，无法确定晏婴是否为茶人，不得不迈入版本、训诂和校勘领域。他发现《太平御览》与《茶经》的引述几乎完全相同，皆为“茗菜”；元明清的善本和名家校刊本一律都是“苔菜”。尽管还是存在逻辑上的不合理，但 2000 年《中国茶叶大辞典》出版，晏婴被认定为中国饮茶第一人。②

晏婴饮茶的说法依然值得怀疑，③但人们大多选择相信这种说法。吴觉农认为，春秋时期山东就出现茶饮令人不解，如果说陆羽弄错了，误将“苔菜”当作“茗菜”，就更不应该了。犹豫再三以后，他还是相信那就是“茗菜”。《晏子春秋》里的这段话就被翻译成：“吃糙米饭，三五样荤食以及茶和蔬菜。”④考证文献的版本信息，发现写作“茗菜”的版本更为古老，不过，茗却不一定是茶树的芽叶，也可能是其他植物的芽叶。

---

① 林更生：《茗菜而已系误引——古茶书解读之廿四》，《福建茶叶》2013 年第 6 期，第 50—51 页；刘礼堂、宋时磊：《茗菜与苔菜考辨——兼谈茶事之起源》，《中国矿业大学学报》（社会科学版）2013 年第 1 期，第 91—96 页。

② 刘尚荣：《荟萃茶文化的精品辞书——〈中国茶叶大辞典〉述评》，《农业考古》2001 年第 2 期，第 57—59 页。

③ 游修龄：《陆羽〈茶经·七之事〉“茗菜”质疑》，《农业考古》2002 年第 4 期，第 88—91 页。

④ 吴觉农：《茶经评述》，中国农业出版社 2005 年版，第 208 页。

晏婴吃的茗菜应该类似野菜,由不知何种草木芽叶做成,这样才符合朴素宰相的形象。荼、槚、茗字最初都与茶无关,自从唐代饮茶兴起之后,这些词汇分别从义、音、形阐释茶,进而成为茶的代名词。

以陆羽的植物学知识、较好的古文献功底,只要稍作考证,就可以明白《诗经》等古籍中的荼、槚、茗,与南方的茶树从植物外观上差别很大,为什么还要将它们列入《茶经·七之事》呢?首先,我们不应该低估古人辨识生物的能力,认为陆羽不认识这些植物的差别,更不能轻视他们的古文水平。他们也许会对某些词义存在争议,绝不会出现如此大的错误。其次,古人不是现代植物学家,不会按照科学体系对植物分门别类,他们有自己的植物分类系统,如草属、木属等。贯穿茶事的逻辑线条不是现代植物学,也不是语言学,而是价值选择。安史之乱前后,以禅宗为代表的平民宗教在南方兴起,他们反对酒、肉和奢侈生活,主张简朴、廉洁的道德价值。荼与茶可以关联的点在于,它们都是苦味的野菜、药物,象征简朴的生活。槚、荈、蔎是"荼"的方言,同时,槚还是古代的美木,具有美好的寓意。

《茶经》"七之事"的故事大致分为这样几类:一是古老典籍中早就出现了荼、槚、茗,意味着茶古已有之;二是关于饮茶起源的神话传说,如神农氏发明了茶饮等;三是古代名人的饮茶事迹;四是讲述茶具有神奇功效,此类故事多来自宗教典籍和古代医书,如《搜神记》《续搜神记》《神异经》等志怪小说,佛、道传奇等。然而,《尔雅》《尔雅(集)注》等古老字典早已失传,《晏子春秋》等故事中的茗、槚其实与茶无关,源自志怪传奇的所谓茶事故事没有对茶树、茶叶特征的描述,无法证明它们是茶,茶事其实是陆羽选择和认定的。

按照现代科学的标准,"七之事"经不起推敲和考证。不过,陆羽讲述的不是茶树的客观故事，他采编茶事的标准与现代不同。通过陆羽编辑的故事，我们头脑中会呈现出这样的印象：饮茶具有悠久的历史，深深扎根于中国古老的文化脉络中，发明者为伟大的神农氏；饮茶代表美德，历史上赫赫有名的政治家，如晏子、桓温、陆纳和南朝的齐武帝无不饮茶；饮茶有很多神奇的功效，让人恢复精力、解除烦闷，令人身心愉快；饮茶还是隐异人士长寿的秘诀，能带来好的回报。总之，茶是一种有价值的美好饮料，适合“精行简德”之人，且具有神奇的功效。

《茶经》介绍了茶树及其产地，茶叶的制作和饮用方法，同样贯穿了美好生活的理念。茶是“南方之嘉木”，不在肥沃的土壤中生长，也不喜热闹的城市，偏爱贫瘠的山地。这种表述有违植物生长科学，曾经令现代农学家们感到困惑。如果我们明白，陆羽是基于特定的道德和价值表述茶树，也就没必要纠结是否客观和科学了。

（二）科学对茶树的知识再建构

早期博物学家观察植物的花、果等外在特征，后来发展到分析它们的内在结构。如今，生物科学更深入基因分析，越来越具有专业性，提供的知识早已超过普通人的感知和判断。一般认为，植物的本质和规律无法改变，科学研究的目的就是发现其本质和规律。西方科学自认为提供了符合自然的客观知识，传统的和非西方的地方知识属于特殊主义的文化产品；以现代科学作为出发点，中国传统动植物知识被认为是混乱甚至可笑的，批评者认为主客观混合、没有清晰划界。比如，有观点称，中国博物学与传统名物学、民族主义思想等因素纠葛在一起。①

① 王楠：《帝国之术与地方知识——近代博物学研究在中国》，《江苏社会科学》2015 年第 6 期，第 236—244 页。

近代以来,博物学家对茶树进行重新分类、命名和排序,并声称是客观的,符合自然规律。但大自然的生物拥有不变的本质吗?它们的物理属性与文化属性可以分离吗?科学本质上也是人造的知识,是一种特殊主义的文化,这一点从博物学那里看得更清楚。大航海时代,欧洲商业版图的扩张与博物学密切相关,殖民者致力于获取自然经济资源,将自然界纳入其掌控之中。科学总是将自己装扮成客观、中立的知识提供者,声称符合自然规则,是超越传统、超越非西方文化的裁判,但这只是具有倾向性的讲述方式,是科学故事的一种版本。科学是一种认知现象,具有偶然和随机性。没有固定不变的科学知识,在被卷入经济和权力斗争的那一刻,博弈便从未停止。近代以来,科学对茶树、茶叶和饮茶的重新建构,对西方抢占茶叶市场做出了重要贡献。

1. 制作科学:茶树的分类、命名与排序

近代以来,西方的探险家从世界各地搜罗有价值的生物与矿物,将其运到欧洲。探险家们搜集植物的范围非常广泛,重点还是具有药用、经济效益的植物,茶树就是其中最为重要的一种植物。植物探险的参与者主要是商人、传教士和学者,费用大多由东印度公司、国家科学院、大学、皇室、个人资助。面对种类繁多的植物,对其进行分类和系统化管理成为一个问题。人们采用不同的标准对植物进行描述,名称纷乱多样,混乱的情况持续了很久,直到瑞典科学家林奈的分类、命名系统被普遍采纳,情况才有所改善。林奈被称为近代生物分类学的开山鼻祖,1751 年在《植物学理论》(*Philosophia Botonica*)一书中,制定了植物的纲、科、属、种和变种名称。

植物分类学的标准多种多样,既有现实中的观察和总结,也有实验室提出的理论。确定植物稳定特征的途径有很多,没有一个是对植物完美的描述。在植物的花、叶、果实、根茎形态、大小等众多特征中，林奈选择了植物的性器官——雄蕊和雌蕊的数量、相对位置作为分类标准。他首先将植物划分为开花与不开花，开花植物又按照雄蕊的数量、相对长度等特点进行区分，共分为二十四纲，再根据雌蕊的特点划分为目。按照这个划分方法，茶树在系统中也拥有了一个位置，经过学术界长期的争论，茶树被描述为：

被子植物门（*Magnoliophyta*）
双子叶植物纲（*Magnoliopsida*）
杜鹃花目（*Ericales*）
山茶科（*Theaceae*）
山茶属（*Camellia*）

早期植物分类多以形态—地理学为主要方法，植物解剖学、胚胎学、孢粉学、细胞学、化学、分子生物学等都是分类中形状的提供者。[①]在双子叶植物纲的大类别中，萝卜、白菜、冬瓜、西瓜与夹竹桃、荷花等归为同类；杜鹃花目中既包括柿子树，也包括蓝莓、奇异果……面对复杂的植物，稳定的特性很难用单一的性状描述。林奈一生大多时间都生活在瑞典，依靠全球探险的学生们的描绘及带回来的标本，为许多从未见过的动植物分类和命名。他对于茶树的了解极为有限，甚至误以为绿茶、红茶属于不同树种，分别取名 *Thea Viridis*（绿茶）和 *Thea bohea*（武夷茶）。[②]林奈为许多动植物分类，依靠的不是实地观察，很多工

① 杨世雄：《茶组植物的分类历史与思考》，《茶叶科学》2021 年第 4 期，第 439—453 页。
② 陈炳环：《植物命名和茶树的学名》，《茶业通报》1983 年第 6 期，第 17—20 页。

作按照定好的标准在实验室完成。

1753年5月、8月,林奈分别发布《植物种志》(*Species Plantarum*)一卷和二卷,给茶树起了两个不同名称:*Thea sinensis L.*和*Camellia Sinensis L.*。*Thea*的名称源于荷兰东印度公司驻日本的外科医生、德国人甘弗(Engelbert Kampfer),他于1712年曾详细介绍过茶、红山茶、茶梅,将日文山茶花的发音Tsubakki转译为*Thea*,这也是山茶科*Theaceae*的词根。Camellia是德国一位传教士的名字,他于1688年到菲律宾传教,收集整理了300多种植物,在1704年《植物史》(*Historia Plantarum*)第二卷附录中用拉丁文发表,署名Georgues Fese Phus Camelus。林奈误以为这是一个英国人名,为纪念他而将茶树命名为*Camellia*。[①]在随后的一百多年里,学术界对于是否要将*Thea*、*Camellia*合并争论不休。

按照发表优先权的原则,1905年,维也纳国际植物学会议决定保留*Thea*,然而,1935年的阿姆斯特丹第六次国际植物学会却取消茶科,将*Thea*并入*Camellisa*属,成立单独的茶组。1950年,斯德哥尔摩国际植物学会将林奈两卷《植物种志》视为同期发表,扫除了*Thea*比*Camellia*更早发表、拥有优先权的障碍,同时,O. Kuntze于1887年命名的*Camellia sinensis. L.O. Kuntze*,简称*C. sinensis.*(*L.*) *O. Kuntze*,被认定为茶树正确有效的名称,这个国际通用名称延续至今。今天,我们在科学网上看到的茶树介绍是这样的:

茶树的原名为:茶

① 陈炳环:《植物命名和茶树的学名》,《茶业通报》1983年第6期,第17—20页。

拉丁名为:*Camellia sinensis*(*L.*) *O. Ktze.*

植物外形:灌木、或小乔木

枝条:嫩枝无毛

叶片:革质,形状为长圆形或椭圆形。①

在中国,茶树的命名与荼、槚等古典文化关联起来;西方的名称则扎根在古希腊、罗马的文化基石上。林奈的生物命名必须使用古希腊语和拉丁语,他无法容忍茶在闽南语中的“蛮语”发音/tea(thea)/,将/t/与/th/改为拉丁语无法发音的希腊字母/θ/,如此一来,/dea(thea)/便成为与希腊女神同名的/θεə/。瑞典与荷兰一样从事茶叶转口贸易,将从中国进口的茶叶重新包装后出售给英国。1731 年,瑞典的东印度公司成立,哥特堡号船长埃克伯格(Cark Gustaf Ekeberg)在林奈指导下,从中国带回成活的茶树。林奈兴奋之余,将其命名为埃种茶(*Camellia Ekebergia*)。②这个名字也体现了他的“双名法”,名称一般由种名、属名和命名者三部分组成:前面为属名,为首字母大写的名词,种名是位于后面的小写形容词,之后还可加上命名者的姓名或缩写。

中国是世界上最早饮茶的国家,茶树资源和种类丰富。然而,早期植物学家对茶树的分类基于狭窄、有限的茶树资源,偏向西方能够掌控的、被大规模种植在印度等地的茶树种类,中国许多茶树种类却没有被列入分类系统。林奈对茶树的分类基础就很狭窄,他没见过扎根土地的活的茶树。学界广为接受的茶树分类建立在林奈基础上,通过对山茶属(*Camellia*)和茶属(*Thea*)的降级处理,1854 年格里菲斯(Griffith)和

① 科普中国·科学百科·茶树,https://baike.baidu.com/item/茶树/2396857?fr=aladdin。

② 张汉良:《瑞典植物学家林奈与茶叶的西传》,《闽商文化研究》2011 年第 2 期,第 59—64 页。

1874年戴尔(Dyer)建立山茶组(*Sect. Camellia*)和茶组(*Sect. Thea*)概念,但他们提出的分类系统只涉及印度的山茶属植物。1958年,西利(Sealy)提出了新的山茶属分类系统。20世纪80年代,中国开展了茶树资源的普查,大量的新分类群被集中发表,自1958年至今,累计发表的茶组新分类群达54个。①

早期的科学活动由传教士、商人和博物学家承担,他们在世界各地搜集有价值的物质。曾经到过中国考察的奥斯贝克(Peter Osbeck)是林奈的学生,他对于中国的医学、博物学和农业技术表达出由衷的赞叹,称"医学和博物学都建立在长期的经验上,他们农业水平的完善让人羡慕"。在广东考察时,他详细记录了当地的风土人情、经济状况,并试图取得制造陶瓷器具的技术。学生们搜集的资料最终通过各种渠道汇聚到林奈手中,再由林奈筛选和梳理,将有用的部分引入瑞典。②帕特里夏·法拉(Patricia Fara)在《性、植物学与帝国》一书中写道:激励科学探索者的不仅是对自然的真正迷恋,还有其他一些动机——权力、金钱、声誉,林奈在瑞典、班克斯在英国的情况说明了科学研究是如何与商业发展及帝国掠夺交织在一起的。③

18世纪中叶,英国饮茶风潮盛行起来,这一时期也是博物学异常活跃的时期。林奈热衷于动植物搜集、分类和命名,告诉学生要努力学习有关自然的知识、制造技术,目的是经济利益和国家的竞争力。他的理想是将世界各地的好物种、先进生产方式引入瑞典,并将这些物种和

① 杨世雄:《茶组植物的分类历史与思考》,《茶叶科学》2021年第4期,第439—453页。

② 徐保军:《林奈自然经济理念的缘起与实践》,《自然辩证法研究》2015年第12期,第63—69页。

③ 转引自徐保军:《帝国博物学背景下林奈与布丰的体系之争》,《自然辩证法通讯》2019年第11期,第1—8页。

技艺据为己有。科学探索的代价很高，林奈及其学生的探险活动受到瑞典的科学院、东印度公司、大学、皇室和个人的资助，显然也是要给予相应的回报。他们从当地诸多文献中，考证草药的当地名称与拉丁语名称。[①]在英国大百科全书、美国国会图书馆、法国蓬皮杜图书馆，《茶经》均有较早的版本藏书。[②]茶叶在欧洲传播的最初阶段，被视为治疗多种疾病的草药，这些有关茶叶性质、药效的知识来自中国历史和文化，并不是全新的科学发现。

18世纪上半叶，在英国最为活跃的科学讲座人德扎古利埃(John Theophilus Desaguliers)，强调科学事业不仅是沉思上帝的作品，从事物的效果中发现它们的原因，也是"让技艺和自然服从于生活的需要，通过将适当的动因添加进事物发展进程以产生出最有益的效果的技术"。[③]植物学家的工作是通过实验、实地考察和文本研究，选择性地将植物的地方性知识转换成科学话语，声称发现了植物的固有本质和自然法则，对其进行巧妙又玄幻的解释，投入生活产生效益。林奈等人对茶树的分类与命名，使茶树从中国文化的土壤中"脱嵌"，植物客体与文化出现二元对立；科学又赋予茶树西方知识体系意义上的名称和分类，并通过对话语权的掌握，为茶树重新安排秩序。

印度等地的茶树资源被赋予优先等级，中国本土多样化的茶树资源则被忽略了。原因是印度是英国自己掌控的殖民地，中国的茶叶则不受其控制。没有所谓客观的科学，科学一开始建立就是人为制作的

---

① 安洙英：《19世纪英国草药知识的全球化和普遍化——以丹尼尔·汉壁礼的中国草药研究为中心》，《复旦学报》(社会科学版)2020年第6期，第58—68页。

② 陈倩：《〈茶经〉的跨文化传播及其影响》，《中国文化研究》2014年第1期，第133—139页。

③ 征咪：《18世纪英国地方科学讲座的市场化及其影响》，《学海》2018年第1期，第212—216页。

知识,这些知识狭窄、偏颇并带有明显的功利性。我们从近代有关茶树起源的争议中,可以将科学知识的本质看得更清楚。

2. 科学神话:茶树发源地的争议

英国饮茶热潮出现的早期,中国是茶叶市场的主要提供者,因此获得了巨大的收益。商人们一直寻求在欧洲、殖民地种植茶叶,以减少对中国茶叶的依赖。艾伦·麦克法兰在《绿色黄金:茶叶帝国》中说,欧洲人看不惯东方国家从本国产品中获利太多,他们决心找到并控制糖、鸦片、橡胶、咖啡、可可及其他必要的植物产品的生产。他们在英国建立了邱园(Kew Gardens),并在其他地方建立了规模较小的分园,“收集人”将他们弄到的植物样本送到那里。只要英国人一占据了那些植物生长的地方,他们就声称这些植物是他们的。早在1728年,一些荷兰人就将茶株带到好望角和锡兰。直到1828年,才在离中国很近的爪哇建立了像样的茶园,但真正有起色要晚得多。[1]18世纪早期,荷兰、瑞典等国开始将茶树移栽到欧洲,最终努力以失败告终。在印度、锡兰等殖民地种茶最终成功,这个过程也并非一帆风顺。

(1) 无中生有的科学问题

1780年,已有英国人、荷兰人将中国茶种带入印度种植,长期未能获得实质进展。英国人通过采购、偷盗等方法从中国获取茶树、茶籽运送到印度种植,并不惜重金高薪聘请中国技师到印度制茶,这种活动在19世纪30—60年代进入疯狂阶段,英国政府和企业都参与了猎取中国茶树、茶籽的活动,如今我们可以看到许多这方面的记载。威廉·乌克斯在《茶叶全书》中说,1838年和1839年,两批印度茶从阿萨姆运往

---

① 艾伦·麦克法兰、艾丽斯·麦克法兰:《绿色黄金:茶叶帝国》,扈喜林译、周重林校,社会科学文献出版社2016年版。

伦敦，标志着中国垄断茶叶的时代被打破，随后中国茶在英国的销售开始衰退。[1]事实上，印度茶并没有那么快取代中国的地位。

英国人对于阿萨姆茶寄予厚望，直到19世纪60年代，这里的茶叶经营状况还是没有起色，1867年几乎崩溃，英国人尝试以低价与中国竞争的努力失败了。投资者心灰意冷，市场需求不振，茶叶劳工成批死亡。要扭转形势，必须采取果断措施，方法就是将茶园变成户外工厂，尽可能地将茶叶生产的每一阶段工业化，并以此降低成本。[2]大工业生产方式并不是印度茶要解决的首要问题，在大规模生产之前，印度茶还必须赢得消费者的认可。英国人早已习惯了中国的绿茶和武夷红茶，习惯的口味不会轻易转换。相比之下，印度茶尽管价格低廉，但有浓厚的苦涩味，短时期内很难被英国人接受。印度茶急需一个闪亮的新标签，以赢得消费者的瞩目。

1877年，英国人贝尔登（S. Baidond）在其著作《阿萨姆之茶叶》（*Tea In Assam*）中明确提出茶叶原产于印度的说法，引起英国人的广泛关注。在这之前，阿萨姆地区也发现少数野生茶树，但都没有引起人们的重视。1824年，定居并娶了本地女子的英国人布鲁斯（R. Bruce），在山谷边缘与部落族人做生意时，发现了少数野生大茶树。他将采集的样本交给兄弟，又由兄弟转交戴维·斯科特。加尔各答植物园的专家收到戴维·斯科特的样本后回复说，那些样品虽然也属于山茶属，但和中国茶树不是一回事，十年间事情没有什么进展。1831年，英国中

① ［美］威廉·乌克斯：《茶叶全书》，依佳、刘涛、姜海蒂译，东方出版社2011年版，第169—171页。

② 艾伦·麦克法兰、艾丽斯·麦克法兰：《绿色黄金：茶叶帝国》，社会科学文献出版社2016年版。

尉查尔顿(Charlton)也在阿萨姆地区发现了野生大茶树,他与农业与园艺协会取得联系,并告诉他们,当地的苏迪亚人也爱喝一种用干叶子沏泡出来的液体,这些叶子晾干之后散发出中国茶叶的味道,但当局对此同样没有任何反应。

1835年,阿萨姆发现的茶树终于得到确认。总督的密探詹金斯(Jenkins)和查尔顿送来的报告中说:"这个山地国家到处都能找到茶树,我们在比撒省景颇地区的辖区里也有这种茶树。这种劣质品种肯定是本地生长的……它在各处疯狂生长……从这里一直到中国云南省那长达一个月的路途上。在云南,有人告诉我这种树在当地被广为种植……我想这肯定是真正的茶树了。"英国人认为这是一种劣质茶树,原本打算制作低档绿茶与中国竞争。有人建议将采摘下来的叶子运送到英格兰,由中国人指导一年,英国人发挥聪明才智用机器来揉挤、过滤和清洗茶叶,这样穷人也能喝上不掺异物的绿茶。[①]报告表明,阿萨姆当地的野茶树在云南有很多,而且此类茶树种植延伸到缅北和阿萨姆邦。

阿萨姆茶园种植的主要还是中国茶树,当地茶树参照云南茶树得到确认,相比云南等地数量少。自1839年,英国在阿萨姆建立茶叶公司,由布鲁斯负责,茶树印度起源说开始被炒作。先是布鲁斯兄弟印发小册子,列举他在阿萨姆地区发现了108处野生茶树,并称发现了一株高达43英尺、围径三英尺的大茶树,因此宣称印度是茶树的原产地,挑起了茶树原产地争议。1877年,英国人贝尔登发表《阿萨姆之茶叶》,主张"印度是茶树的原产地"。此后,英国的植物学家们纷纷附和,世界其他国家的科学家推波助澜,在科学界引发一场长达130多年的茶树

---

① 艾伦·麦克法兰、艾丽斯·麦克法兰:《绿色黄金:茶叶帝国》,社会科学文献出版社2016年版。

原产地问题大讨论。

根据吴觉农等人的研究，争议出现约七种观点：第一，据 1877 年贝尔登的说法，印度是茶树原产地。第二，中国没有发现野生茶树的学术申请，证明中国没有野生茶树。第三，阿萨姆种长势很“野”，所以是原种；中国各地茶树的树丛和叶子矮小，因此是由阿萨姆种在 1 200 多年前传入中国后变异的结果。第四，据 1919 年科恩司徒(C. Stuart)的说法，茶树原产地有两个：大叶种原产西藏高原以东，包括中国云南、印度阿萨姆、越南、缅甸等地；小叶种原产中国的东部和东南部。第五，据威廉·乌克斯《茶叶全书》，东南亚各国凡是自然条件适宜而又有野生植被的地方，都是茶树原产地。第六，1974 年，艾登(T. Eden)《茶》提出，茶树原产伊洛瓦底江发源处的某个中心地带，或者这个中心地带以北，但不在中国境内。第七，贝尔登 1977 年的说法，佛教传说，中国茶树是在五到七世纪时由佛教徒从印度传入的，然而威廉·乌克斯在《茶叶全书》中表示，中国关于茶叶的主要书籍没有这方面的论述，此说“殊属可异”。[1]

贝尔登《阿萨姆之茶叶》的论述荒谬得令人吃惊，充分展现了无中生有制造争议的娴熟技术。有关茶树如何从印度阿萨姆这个“中心”传播到中国，大批英国人包括科学家展示了虚构神话的才能，佛教传播说、河流携带种子、鸟兽传播等已经很离谱，艾伦·麦克法兰在《绿色黄金：茶叶帝国》一书中，还猜测是猿猴吃下茶籽携带到中国。他们讲述的是科学推测，但更像文学家的神话传说。英国提出茶树起源印度之前，不存在茶树起源问题。印度种植园的茶树、树种和制茶工匠都来自中国，起初阿萨姆地区发现的野生茶树没有引起英国人的重视，他们认

① 吴觉农、吕允福、张承春：《我国西南地区是世界茶树的原产地》，《茶叶》1979 年第 1 期，第 5—11 页。

为这是劣等山茶,并不是茶树,也知道此类茶树在中国云南、缅甸等地到处都是,但随着资本在阿萨姆的种茶投资初现成果,印度茶叶起源说出现了。

20 世纪 40 年代以后,中国学者开始寻找野生大茶树,捍卫茶树的中国起源论。1961 年,中国科学家在云南发现了一株古老的野生大茶树,冠名“野生大茶树之王”,此后,数百株野生大茶树在各地被陆续发现。20 世纪 80 年代,中国在全国开展茶树资源的大调查,一致认定中国云贵川地区是野生大茶树的聚集地。云南、贵州的山茶科植物种类丰富,树种变异多样,也是迄今野生大茶树最密集的地区,云南地区尤其密集。[①]中国科学界提出茶树起源的云南说,是对英国提出印度说的回击。经过长期的争论,学界倾向调和的观点,他们相信茶树源于一个中心,不限于某个国家,而是一片位于中国、缅甸、印度交界的区域。

如今,中国学界的共识认为,茶树发源地在中国的四川、云南、贵州、广西交汇的范围。[②]云南因其特殊的地理条件,极少遭受冰川袭击,包括茶树在内的许多古老珍稀植物得以保存下来。这一地区的野生大茶树有丛生、也有乔木,品种更丰富,具有原始形态和生化特征,因此是世界茶树原产地。[③]中国云贵川地区、缅甸北部山区茶树种类丰富,野生茶树种群数量众多。印度东部阿萨姆地区与中国的云南、贵州、西藏接壤,在这里发现的野生大茶树数量有限。当地居民生晒茶叶的方法并不独特,中国历史上早有记载。印度靠近中国边界地区的民族用盐巴和辣椒搅拌鲜茶叶制作的食物,与云贵川等地少数民族的饮食,如基

---

① 陈兴琰:《茶树原产地——云南》,云南人民出版社 1994 年版。

② 杨亚军主编:《中国茶树栽培学》,上海科学技术出版社 2005 年版。

③ 吴觉农:《茶经评述》,中国农业出版社 2005 年版,第 11—12 页。

诸族的凉拌茶类似，认为印度是茶树发源地的论断很是牵强。

(2) 历史与民族志的反证

科学深刻地卷入茶树原产地之争，认定茶树只有一个中心，其他地区的品种都由此演化。提出茶树起源假说不需要任何证据，各种说法都是虚构的故事，更关键的是，这些说法与中国史籍和民族志调查的事实相反。中国古籍最早记录的茶树出现在荆巴地区（今川东、鄂西一带），根据陆羽的观察，这里既有高大的乔木也有丛生的灌木，它们都是野生茶树，没有移栽和人工种植的记载。例如，晋代常璩《华阳国志》的《巴志》记载，周武王伐纣时，获得巴蜀之师的帮助，胜利后巴蜀贡献的物产包括"丹、漆、茶、蜜"；西汉时期，四川人司马相如的《凡将篇》出现了二十种药物，其中就有"荈诧"；西汉末年杨雄的《方言》一书称："蜀西南人谓茶曰蔎"；三国魏的张揖在其百科全书式的词典《广雅》中，记录了荆巴地区居民"采茶作饼"，与葱、姜一起煮饮的饮茶方式，至陆羽时期，长安、洛阳之间的广大区域，这种饮茶方式已经成为"比屋之饮"。

如果茶树故乡是在中国的云贵川、印度东部、缅甸北部的山地，它们又如何从中心向北传播到荆巴地区的呢？中国历史上没有任何饮茶由南向北传播的记录，反而可以证明饮茶是由北向南传播的。一些学者反对饮茶起源的云南说，他们认为中国饮茶起源于荆巴地区，更准确地说是在今天的湖北西部。朱自振说："我不同意把云南或其他地方列为我国茶树原产中心，更不同意把云南说成是我国茶的起源中心。我认为我国茶发端于鄂西，正式形成和兴起于史前巴蜀。云南和其他地区利用茶叶和饮茶的知识，是由巴蜀流传去的。"①史念书也认为，"茶

① 朱自振：《茶的起源时间和地区》，《茶叶》1982 年第 3 期，第 44—46 页。

或茶业的起源,笼统称巴蜀和简称蜀的说法,是不恰切的。事实上,巴蜀如果作为茶业的最早发展和传播中心,是可以成立的;但作为茶或茶业的起源地,就不能巴蜀并称,而只能说是巴,甚至于要上推到巴的故地今湖北西部地区”。①

云南茶叶的最早记载出现在唐代中期以后,南诏国(783—902)发生了叛乱,唐王朝派军队前去镇压,随军出师的官员樊绰编撰了一本地理志《蛮书》。《蛮书》又名《云南志》《云南记》等,是现存最早的云南地理专著。有关此书的版本、名称等情况,可参考方国瑜的研究。②樊绰的这本书里,记载了云南银生城山区居民的土法茶饮:

> 茶出银生城界诸山,散收无采造法。蒙舍蛮以椒、姜、桂和烹而饮之。③

银生城受南诏开南银生节度使管辖,在今云南景东、景谷以南,相当于西双版纳地区。樊绰此书作于咸通四年(863),这段资料抄录自贞元十年(794)。④唐代饮茶在此时已经兴起,早在783年,户部侍郎赵赞提出征收茶叶税。樊绰评价当地居民不懂采造法,显然是相对陆羽新茶法而言;当地人杂椒、姜等一起烹煮的方法,与荆巴古老的饮茶法相同,⑤

---

① 史念书:《茶业的起源和传播》,《中国农史》1982年第2期,第95—105页。

② 方国瑜:《樊绰〈云南志〉考说》,《思想战线》1981年第1期,第3—8页。

③ (唐)樊绰:《云南志校释》卷7《云南管内物产》,赵吕甫校释,中国社会科学出版社1985年版,第266页。

④ 方国瑜:《闲话普洱茶》,《中国民族》1962年第11期,第25—26页。

⑤ 陆羽《茶经》“七之事”引用三国魏张揖的《广雅》:“《广雅》云,荆巴间采茶作饼,叶老者,饼成以米膏出之。欲煮茗饮,先炙令赤色,捣末置瓷器中,以汤浇覆之,用葱、姜、桔子芼之。其饮醒酒,令人不眠。”

从历史和民族志调查的资料来看，云南当地居民的饮茶习惯可能来自荆巴地区。云南地区的布朗、佤、德昂等少数民族，都拥有悠久的种茶、饮茶历史，被称为古老的茶农。布朗、德昂、佤等种茶民族大多来自同一祖先，据说是从巴人的百濮之地南迁而来。濮人、百濮、百越是中原王朝对南方部族的总称，是一种笼统的称号。根据方国瑜的考证，古代濮人名号甚多，包括现在的布朗、阿佤、德昂族的先民。①

根据童恩正的研究，四川地区古称巴蜀，但巴人与蜀人实为两个来源。巴人最早的祖先发源于湖北清江流域，其强盛时期曾深入楚地，北到河南邓县，南到湖南沅、澧。蜀人远祖可能是原先生活于黄河上游的羌氏部落，他们又以四川为中心，不断向西藏、云南、贵州等地迁移，成为这些地区一些少数民族的来源。②春秋战国时期，北方陷入长期战乱，史载，楚王蚡冒占有濮地，武王“开濮地而有之”（《国语・郑语》）。大约在肃王四年（前 377），巴人攻打并占领了楚国（《史记・楚世家》）。巴人在湖北长阳县一带由五大部落组成，北宋《太平寰宇记》称，巴郡和南郡的“蛮族”有五大姓氏，分别是巴、佚、瞫、相、郑，他们都出自武落钟离山。

魏晋南北朝时期，北方陷入战乱，荆巴当地居民不断向西方的蜀地、东方的江南和南方的湖南、云贵等地大规模迁徙，同时也将饮茶习俗带到这些地方。朱自振、史念书等学者认为，四川地区种茶和饮茶习俗，应该也来自荆巴地区，源头在湖北北部。云南具有一定规模的茶叶生产应该在元明以后才出现，当地流传着“诸葛亮兴茶”起源说，经学者的考证并无实据，只是一则虚构的文学故事。然而，当地人都相信云

① 方国瑜：《中国西南历史地理考释》（上册），中华书局 1984 年版，第 222 页。
② 童恩正：《古代的巴蜀》，四川人民出版社 1979 年版。

南种茶、饮茶的源头,是北方的蜀地。布朗、德昂和佤族是云南古老的茶农,他们是从湖北西部迁徙而来,历史记载也获得民族志调查的印证。

苏国文是芒景布朗族头人的儿子,根据苏国文的口述,芒景布朗人有两本记本民族历史的书籍,《本勐芒景》(也称《芒景布朗族志》)和《南师帕哎冷》(《帕哎冷传》),原来一直由头人保存,20 世纪 60 年代被烧毁。苏国文等人后来通过访谈老人、搜寻历史碑文,查阅缅甸布朗族佛寺文献,对本民族历史和传统逐渐变得清晰。①苏国文在查阅了大量文献、碑刻和搜集民族口述史的基础上,撰写了《芒景布朗族与茶》一书。书中依据文献、碑刻,结合本民族的口述资料、与中原王朝历史文献、缅甸佛寺傣文文献相互印证,具有一定的可信度。苏国文发现,②中原王朝对百濮南迁的记载,在民族史诗、缅族佛寺文献中都获得了印证。

布朗人的祖先从北方一路南下,在争夺地盘的战争中不断失败,部族再次发生分裂,一个分支从"农当农写"再向西南出发,在目前的地区定居下来。历史上的布朗族从北方一路南下,这个北方很有可能就是荆巴地区。如果布朗族是从北方迁移过来,其饮茶的源头就在荆巴地区,荆巴饮茶历史更为悠久。布朗人具有悠久的种茶和用茶的历史,由于没有属于本民族的文字,族群历史通过口头歌谣、传说故事方式在代际传递。南传上座部佛教传入芒景后,布朗知识分子开始用傣文记录历史。

为了弄清楚本民族的来源及种茶的历史,在强烈民族感情的支配

① 李孝川:《民族文化传承的使者——一个布朗族"末代王子"的生命叙事》,《学术探索》2016 年第 3 期,第 143—148 页。

② 苏国文:《芒景布朗族与茶》,云南民族出版社 2009 年版。

下，苏国文长期致力于搜集和整理本民族的历史文献，古迹文物，并进行了大量的访谈，逐渐形成了对本民族历史、文化和发展的认识。他根据缅寺木塔石碑的记载，参考本民族的传统史诗《本勐》和《哎冷之歌》，以及中原王朝的历史文献、缅甸佛寺傣文文献和民间传说，对本民族的来源和种茶历史进行了全面清理。在《芒景布朗族与茶》一书中，他认为大约在1800年前，先祖帕(叭)哎冷带领先民定居芒景并种茶。这种说法基于民间传说进行推算，缺乏实证资料的支撑。在布朗民间传说中，祖先发现茶叶的过程颇具传奇色彩：

> 布朗族在祖先的带领下，不断南迁的过程中，偶然发现了一种植物的叶子可以食用。最初，人们并不知这是茶，只是将其作为草药和佐料食用，称为“得责”(意思是可以用盐巴蘸着吃的野菜)。这种作为蔬菜食用的方式，在今天布朗人食物中依然保留。由于生存条件恶劣，人们只能吃冷饭、盐和辣椒，上山采一把茶叶就是蔬菜了。有一次，布朗族的祖先得了重病，他睡倒在森林中，无意间采摘了些茶叶食用，没想到他的病因此好了，身体感到舒服爽快，眼睛也变得明亮起来，头脑也变得更加清醒。在古代社会，人们的生活没有保障，生活也没有规律，吃的是野果、野菜、野生动物的肉，这些食物大部分都是生吃，动物肉用火烧出来往往半生不熟，各种疾病流行是常有的事。一旦发生咳嗽、拉肚子这些病痛，布朗族都用苦米茶治疗。布朗族非常珍爱茶叶，每到一处便会种植茶树。这些种植的“得责(野生茶树)”称为“腊(特殊绿叶的意思)”，按照祖先的遗训，认为金银财宝可以消耗殆尽，但茶树却是永远的宝藏。

布朗族居住在大茶树密集的高山,有着种茶和以茶为食的传统。酸茶是他们的一种传统蔬菜,也曾作为贡品进献傣王。他们将茶叶做成的食物拿到集市出售,换取盐巴等生活必需品。从饮茶起源的神话看,茶叶最初是布朗人的蔬菜和药物。唐宋时期的南方山区,不乏以茶当做蔬菜、治疗“风疾”、提神醒脑的药物的记载。根据中国古老的史籍和民族志资料,巴蜀地区——准确地说是湖北西部一带是中国饮茶的发源地,随着荆巴地区人口迁徙,饮茶习俗向周边地区、包括云南等地扩散。很多学者认同饮茶的巴蜀起源,这种判断基于历史记载和考证,与现代科学的云南、印度、缅北起源说形成巨大反差。

(3) 茶叶暴利与科学炒作

19 世纪 30 年代之前,没有人会想到茶树起源能成为一个问题。中国既是历史上最早饮茶的国家,又是茶树资源最丰富的国家,早期提供了世界上绝大部分的茶叶出口,印度等地的茶树、茶种和制茶技术也来自中国。茶树起源问题在英国开设的印度茶厂产茶后出现,随着印度茶叶大工业生产方式的实现,印度茶树起源说的炒作也达到高潮。由于觊觎中国垄断茶叶供给获得的丰厚利润,英国开始利用鸦片扭转与中国巨大的贸易逆差,并不断尝试自己种茶。他们设立鼓励种茶的奖项,学习茶树知识和制茶技术,通过各种途径偷盗中国茶苗和茶种,选择适合茶树生长的地域,其中就包括印度的阿萨姆地区。

1836 年,英国聘请的中国技工来到阿萨姆茶厂指导造茶,同年生产出第一批茶叶运到伦敦;1840 年,东印度公司将三分之二的试点茶园交给阿萨姆公司,租期十年,租金为零。也正是在这一时期,管理茶厂的布鲁斯兄弟声称在当地发现野生茶树,并提出茶树起源的印度说。英国人在印度的种茶事业投入了巨额资金,在许多地方开展茶叶试点,仔细研究茶树生长习性，采用科学方法种植和管理茶树。然而，直到19世纪60年代，情况依然没有好转，土地开垦、茶树种植和劳工管理等都出现巨大困难，想要采用低价策略挤占中国茶叶市场的计划几乎就要破产。还有一个不得不提的难题是，印度茶味道浓郁苦涩，与清淡的中国茶区别很大。习惯中国茶叶的英国人，快速改变饮食习惯并不容易。

印度茶叶在伦敦拍出天价的新闻，以及茶树起源印度说及其引发的争议，成功吸引了英国大众的注意。茶树起源问题不仅吸引了大众的目光，也成为科学界讨论的话题，围绕着这一话题展开的讨论和辩论热闹非凡，英国人借此机会充分了解了印度茶的种种“优点”。在众多科学家的介绍下，原本想与中国争夺低端茶叶市场的印度茶，一下子变得“高大上”。科学家将印度茶说成是最原始的茶类，比中国茶富含更多有益元素、咖啡因和丹宁酸（酚类物质），习惯中国绿茶的英国人，口味被成功改造，印度茶被认为比中国茶更优秀。英国人对印度茶的接受度与日俱增，19世纪70年代，印度茶厂开始着手进行机械化改造，大工业生产方式逐渐成形。印度茶园里的茶树生长在农业科学的精心管理下长势喜人，茶叶制作全部采用机械化生产，无法机械化的采茶工作由殖民地的苦力完成，采取准军事化的管理，人成为机器的一部分。在这种高效的大工业生产模式下，源源不断的廉价茶叶供给英国市场。19世纪70年代起，印度茶击败了中国茶，成为英国市场的主要供给者。茶叶生产成本低廉，销售价格却很高，挤走了中国茶叶之后，垄断茶叶市场的英国殖民地茶叶，为资本家带来持续不断的丰厚回报，印度茶园的贡献占英国年收入的四分之一。与英国资本大发其财形成鲜明对比的是，印度苦力劳工及其国家并没有因此而致富，大量中国茶叶种植加工工人失业，成千上万原本生活已经十分艰辛的中国茶农和茶商陷入更为艰难的生活,这加剧了中国 19 世纪后期的社会动荡,并深刻改变了中国社会的发展进程。

在随后的一个世纪的时间里,英国在殖民地生产的茶叶倾销到世界各地,印度也从一个很少喝茶的国家变成人人喝茶。印度茶和日本茶通过大工业生产方式,生产出大量价格低廉的茶叶,挤占了中国茶的市场空间,但茶叶利润并没有惠及当地民众,而是作为成功的投资回报进入资本循环。近代世界茶叶市场格局的此消彼长,固然有资本、技术和生产方式等经济因素推波助澜,还应该看到资本操纵意识和观念的文化战争。所有人都知道,印度种植园的茶树种子来自中国,中国的云南等地有更多的野生大茶树,但打败假说却不能采用理性。中国栽培茶树的历史久远,茶树的栽培环境具有多样性、杂交分化、人工育种等多重因素作用,导致大量形态变异,[①]想要厘清其迁移、变异的历史,为不同种类的茶树定位和排序,科学发展到今天都很难实现。发起起源假说不需要逻辑、事实和证据,只要提出一个幻想的观点就够了。茶树印度起源假说无法通过实证检验,所谓野生大茶树只是商业炒作的噱头。当炒作的目的达到,茶树起源问题也就烟消云散,无论起源哪里都无所谓。

茶树起源的印度说不是单纯的学术问题,而是一场打着科学旗号的利益和权力之争。在击垮中国茶叶的竞争中,科学起到至关重要的作用。植物科学就是一种知识建构,它使茶叶从中国文化和历史中“脱嵌”,又在新的知识、权力结构中分类、命名和排序。通过饮茶生物需求说、茶树印度起源说,科学重塑了印度茶的价值,并改变了英国大众的消费口味和饮茶习惯。科学隶属于资本和权力,既不客观也不真实。

① 杨世雄:《茶组植物的分类历史与思考》,《茶叶科学》2021 年第 4 期,第 439—453 页。

库恩在《科学革命的结构》中批判说，科学家的知识和思维结构具有局限性，他们用固定的范式理论揭示自然，创造知识，但范式会发生颠覆和革命，从而带给人类全新的知识。①这句话揭示了科学知识的相对性，达成共识性的知识需要斗争和平衡，在持续不断的竞争中，知识被不断颠覆和改变。科学知识是被建构的说法，不等于虚无主义，只是提醒人们关注科学话语掩盖竞争，重新审视知识体系间的裂缝、背离和冲突，摆脱僵硬的知识体系带给我们的束缚。

二、营养、成瘾与文化主义

人类历史上出现了两次大规模的饮茶潮流，一次发生在中国的唐宋时代，另一次发生在近代的英美等国，这两次大规模、跨区域的饮茶潮流都带来了经济和贸易的繁荣，后者更是促进了资本主义海外贸易的发展和殖民扩张。饮茶热潮是如何发生的？或者说，人们为什么喜欢饮茶？我们很难用生物学意义上的“好吃”来形容茶饮，即便经过蒸煮、炒制，茶的苦涩口感已经降低了许多。远古时代的南方山地居民生活艰苦，茶叶有时会作为食物、药品。随着生活条件的改善，优质的蔬菜和药物替代了茶叶。唐代北方地区经济发达，有更多优于茶叶的食物和药物，大可不必千里迢迢将这种树叶运到北方。人们主动选择这种苦味叶片，不是因为生活压力，短时期和小范围的偶尔食用茶树叶子，是人类在食物、药品短缺情况下的被动行为，长期的群体饮茶热潮很难用药、食短缺来解释。

---

① [美]托马斯·库恩：《科学革命的结构》，金吾伦、胡新和译，北京大学出版社2003年版。

（一）作为文化表达的饮茶功效

在唐代饮茶风潮盛行时，社会上流传着许多饮茶具有神奇功效的传说，比如，消食化积、解除油腻、解酒、破睡、治疗百病等，认为饮茶对人体有某些神秘的好处。李肇的《国史补》记录了当时人们对茶饮兴起的猜测，传言饮茶治好了热黄病（白话译文）：

> 老人们说，五十年前的人多患热黄病。居民区的每个坊、曲都设有机构，专门以“烙黄”为业，时常有人泡在灞水、浐水的河里，早上去晚上才回来，叫做“浸黄”。近年来热黄病消失了，罹患腰脚痛的人多了起来，人们怀疑这是因为饮茶导致的。①

从以上这段记载来看，普通人对于忽然兴起的饮茶热潮也无法解释，他们将饮茶与流行病联系起来，人们对饮茶的功效也产生了分歧。热黄病应该是一种传染性的流行病，腰脚痛应该是骨质疏松类的病症，与年龄、营养等因素有关。2006 年有调查结果显示，习惯饮用浓茶的中国边疆民众深受氟中毒之苦。饮茶型氟中毒涉及西藏、内蒙古、新疆、青海、甘肃、宁夏、云南等广大区域三千多万人口，赫哲、布朗、德昂、仡佬等五十多个民族。②砖茶中含有很高的氟，氟中毒造成牙齿、骨骼无法逆转的损伤。如今人们相信饮茶与健康存在辩证关系，适当时间少量饮茶有益健康，长期饮用浓茶损害身体。

---

① 原文可查阅（唐）李肇：《国史补》卷中，（唐）李肇、赵璘：《唐国史补·因话录》，上海古籍出版社 1979 年版。

② 孙殿军、高彦辉、赵丽军等：《中国饮茶型氟中毒现况调查》，《中国地方病学杂志》2008 年第 5 期，第 513 页。

茶也称为茗、皋芦叶，在唐代的《唐本草》《本草拾遗》和《食疗本草》等中药典籍中，茶是苦寒的植物，具有去热解痰、消食、破除睡眠等功效。陈藏器《本草拾遗》认为茶为“万病之药”，“皋芦叶，味苦平，作饮止渴、除痰、不睡、利水、明目”，具有多种功效；孟诜的《食疗本草》对“茗”有类似的介绍，认为“茗叶利大肠，去热解痰，煮取汁，用煮粥良。又茶主下气，除好睡，消宿食”。同样，苏恭在《唐本草》中介绍说：“茗，苦荼。茗味甘苦，微寒无毒，主瘘疮，利小便，去痰热渴，令人少睡，春采之。”① 茶要热饮，冷茶伤身的观念深受医书的影响。

宋人李昉等编的《太平广记》有一则《消食茶》的故事，大意是唐宰相李德裕曾让舒州的官员寄些天柱峰茶，他说这种茶可以消除酒和食物中的毒性。收到茶叶后，李德裕命人煮了一瓯，浇灌在肉食上，在银盒中密闭，第二天打开看时，里面的肉已经化成了水。②至今，民间还有饭后饮茶消解油腻、酒后饮茶解酒的习惯，延伸开来又有饮茶减肥的说法。有一种说法认为，李唐王朝的权贵有游牧民族背景，肉、乳酪等油腻食物比较多，需要饮茶消除油腻。

但现代医学研究表明，饮茶能消食、解腻和解酒的说法并不科学。茶是碱性植物，与胃中帮助消化的胃酸产生中和，饭后、肉食后饮茶致茶中的鞣酸（单宁酸）阻碍食物中蛋白质的吸收，减少肠道蠕动并在体内滞留毒素，导致便秘或脂肪肝。食物中的铁、钙和锌等矿物质，也会因单宁酸的作用产生凝固，长期在饭后或肉食后饮茶，会引发骨质疏松和营养不良。茶叶较高的咖啡碱含量具有刺激神经、使心跳加快、扩张血管的作用，与酒精中的乙醇作用相同，对心脏和血管造成很大压力，

---

① 陈祖椝、朱自振编：《中国茶叶历史资料选辑》，中国农业出版社 1981 年版，第 209—210 页。

② （宋）李昉等编：《太平广记》卷 412《消食茶》，中华书局 1961 年版，第 3356 页。

浓茶不但无法解酒，反而会对心脏造成火上浇油的不良刺激。晚上饮茶会破坏睡眠，同样不利于身心健康。

在社会贵茶的狂热年代，饮茶的好处被夸大，遮蔽了反对的声音。綦毋旻是玄宗时的右补阙，曾上书朝廷激烈反对饮茶。他认为茶消食化瘀的功效只是暂时的，消耗人的精力、使人变得消瘦却危害终身。人们因贪恋好处赞美茶饮，其危害却无人提及。①

唐代茶饮兴起与禅宗关系密切，"茶禅一味"是这种关系贴切的表达："禅"的价值和理念通过饮茶表达，品味茶饮也是体会禅意。茶是宗教的一种文化表达物，所谓提神、醒脑、令人不眠、消脂等功效具有文化符号的意涵，与实际效用不完全一致。唐以后，茶的药物属性被医学界认定为凉性，饮茶可以消除烦躁的欲望，与古荆巴地区传统的姜、椒同煎的热饮属性完全相反。近代英美发展起来的红茶饮品，不再以清淡的绿茶为优，也没有诸多的禁忌。可见，饮茶治疗黄热病、消食、解腻和醒酒的传闻是文化隐喻，通过对比现代医学对茶叶功效的再建构，饮茶在特定时空中的文化意涵表现得尤其突出。

（二）饮茶功效的科学分析

茶叶传入欧洲的初期，也是作为对许多疾病都有疗效的药物在药店出售。西方有关饮茶有益健康的观念显然源于中国，这种观念在特定历史时期形成，作为先入为主的观念被欧洲接纳。现代科学的解释是一种功能论的分析，饮茶嗜好被认为是人类出于健康需求，因为茶叶具有人体所需有益健康的化学成分。英国19世纪的一本百科全书，引

---

① （清）董诰等编：《全唐文》卷373《代茶余序略》，中华书局1983年版。

用化学家李比希的实验数据，罗列了复杂的化学分子式和胆汁数据后，得出的结论是：茶叶中的茶碱（咖啡碱）可能有助于人体胆汁中牛磺酸的合成，茶碱比其他所有氮化植物更好地达成合成胆汁的目的，这也是茶叶受到素食者和少运动人士欢迎的原因，他们的胆汁合成在某种程度上有茶叶的功劳。①科学构建了人类的生理、心理和精神需求理论，通过分析茶叶的物理、化学成分，重新解释了饮茶流行的合理性。

1. 营养与健康

饮茶有益健康，这是医学界的主流观点。不过，茶叶作为药物的属性在消退，只是一种保健饮品。科学家通过对茶叶的化学分析发现，茶叶中含有咖啡碱（3%—5%）、茶多酚（20%—35%）、多糖（20%—25%）等300多种物质，大多有益人体健康。饮茶能刺激人类的中枢神经，从而达到消除疲劳的功效；饮茶还能刺激胃液分泌，帮助消化，并具有强心利尿、醒酒解毒、防止脂肪和胆固醇积累、抑制动脉硬化、杀菌消炎等多种功效。介绍饮茶有益健康的知识通过图书、网络被广泛传播，对茶叶成分的新研究还在继续，这是科学百科对茶的介绍：

> （名称及简介）：俗称茶，一般包括茶树的叶子和芽。
>
> （别名）：茶、槚、茗、荈。
>
> （成分及功效）：儿茶素、胆甾烯酮、咖啡碱、肌醇、叶酸、泛酸，有益健康。茶饮料是世界三大饮料之一。②

---

① 丁承慧、吴燕：《19世纪英人在华植物实用知识的采集与阐释——以〈实用知识传播学会的便士百科全书〉"茶"词条为例》，《科学与管理》2020年第2期，第57—66页。

② 科普中国·科学百科·茶叶，https://baike.baidu.com/item/茶叶/138766?fr=aladdin。

茶叶虽苦却无毒。科学家通过对茶叶蕴含成分的分析，指出饮茶有益人体健康，因而受到欢迎。在饮茶风潮盛行的年代，流传着许多饮茶有益健康的传奇故事，现代科学则通过分析茶叶成分、阐释人类生理、心理和精神需求，将饮茶视为满足人类普遍需要的饮品。

从营养和药用价值来看，很多植物都包含有益健康的成分，然而它们都没有掀起饮食热潮。从植物蕴含的有益成分解释群体饮食，是一种典型的功能论分析。其特点是根据结果推论起因，为已经存在的现象寻找循环论证的依据，没有真正解释饮茶潮流的根源。

2. 刺激性成瘾物

一些学者注意到山茶科含有咖啡因，茶、咖啡、可可、烟草与粮食不同，它们并非生存必需品，却让人沉溺其中不可自拔。近代运销欧洲的海外热销饮料中，茶、咖啡的共同特征就是成瘾性。茶是一种刺激性的成瘾物，饮茶让人上瘾的说法赢得不少人认同。在一本研究药物和毒品的书中，鲁迪·马蒂将茶与烟草、咖啡相提并论，称之为“一些使人上瘾的物质”。①什么才算成瘾物？人们的看法并不一致，一般认为，大麻、烟草、烧酒算是成瘾物，但鲁迪·马蒂甚至认为糖也算成瘾物。

成瘾物指各类合法与非法、温和与强效、医疗与非医疗用途的麻醉和提神物。成瘾不完全是负面词汇，考特莱特称之为与时代合拍的温和的、刺激的愉悦的精神刺激革命，属中性词。含有酒精、咖啡因的饮料，以及鸦片、大麻、吗啡、烟草，可卡因、古柯叶等都算成瘾品，还有海洛因、脱氧安非他命等许多其他半合成物和合成物。②有些学者认为，

① 鲁迪·马蒂：《外来物：烟草、咖啡、可可、茶和烧酒的输入和全球传播，16至18世纪》，[英]波特、泰希主编：《历史上的药物与毒品》，鲁虎等译，商务印书馆2004年版，第35—68页。

② [美]戴维·考特莱特：《上瘾五百年：瘾品与现代世界的形成》，薛绚译，上海人民出版社2005年版，第2页。

这些物品本身无害，只有滥用时才会产生极大危害。茶只能算是具有轻微刺激的轻成瘾饮料，喝浓茶还是淡茶，喝多还是喝少，决定权掌握在饮用者手里，一般情况下很少有人愿意让自己上瘾。

人们普遍相信茶是一种兴奋剂，嗜好饮茶的原因是茶叶中含有令人兴奋的成瘾物质。莫克塞姆是赞同这种说法的，即近代英国人对茶的嗜好源自咖啡因成瘾，咖啡因就是一种兴奋剂。茶叶中含有2%—4%的咖啡因，咖啡因成瘾取决于茶叶投放量，与冲泡时间也有关系。冲泡1分钟后，一杯茶里的咖啡因含量为10—40毫克，投放的茶叶量比较大，冲泡时间又有5分钟，里面的咖啡因含量就要高达100毫克，比一杯咖啡的咖啡因浓度（75—180毫克）高多了。①经常来说，饮茶的人对咖啡因的耐受性越来越强，饮茶越多就越容易上瘾。如果饮茶成为一种习惯，即是典型的成瘾标志。②

咖啡因成瘾也被用来解释唐宋茶饮兴起现象，一些学者相信嗜茶者源自生物需求，想要使身体变得亢奋，也有摆脱劳作产生疲劳、求得身心放松的需求。饮茶的嗜好一旦形成习惯，以后便无法摆脱。③有些学者还将饮茶与饮酒类比，认为早期人们喝茶的动机与喝酒相似，就是“为了一醉”，因此谈不上好喝不好喝。酒也是辛辣的刺激性饮料，口感也并不好。酒被称为清洌甘美，变成日常饮料，也是后来发生的事。④人们最初开始喝茶、买醉的时候，是不会管味道好坏的，只是因为后来习惯了，才变得美味起来。

---

① [美]罗伊・莫克塞姆：《茶：嗜好、开拓与帝国》，毕小青译，生活・读书・新知三联书店，第34页。

② 仲伟民：《全球化、成瘾性消费品与近代世界的形成》，《学术界》2019年第3期，第89—97页。

③ 徐晓村：《饮茶起源考论》，《中国农业大学学报》（社会科学版）2003年第3期，第76—80页。

④ 关剑平：《茶与中国文化》，人民出版社2001年版。

嗜好饮茶的人们是否为了寻求刺激,或者消除苦闷、通过"买醉"刺激神经变得亢奋呢?在唐代,酒、药、茶是解忧的三大饮品,药指的是魏晋以来道士们制作的丹药,比较著名的如"五石散",是由英石、钟乳石等五种石头炼制的,对人体有强烈的刺激,长期服用会中毒身亡。药与酒对人体产生极强的刺激,在亢奋中令人暂时忘却烦恼,茶则是通过清醒、冷静的思想让人超脱烦恼。《茶经》"六之饮"区分了水、茶、酒的效果差异:水能解渴,酒能消愁,茶能清醒。与更具刺激和成瘾性的药、酒相比,茶反而以令人清醒和冷静著称。

李白是唐玄宗时著名的诗人,嗜好饮酒消愁。那时饮茶的人还不多,他只创作了两首茶诗,都与禅寺和僧侣有关。中晚唐的白居易最爱喝酒、吃药和饮茶,他流传下来的诗歌约有 2 800 首,涉及酒的有 900 多首,茶诗大约有 50 多首。①从这些诗歌中可以看出,喝酒才是白居易的最爱,也是他认为最好的消愁药。在《镜换杯》这首诗中,白居易写道:铜镜照出衰老的容颜,增添了烦恼,不如用铜镜换酒,消除烦恼;白居易在《劝酒寄元九》这首诗中,对比了楞伽经、丹药和酒的消愁效果,酒因"神速无以加"占据消愁药的首席地位;白居易比较茶、酒、忘忧草这三种消愁物后,认为酒的解忧效果迅速又有力,茶的功效不显著,忘忧草则发力很慢。

酒与茶都有大批的爱好者,双方为各自的爱好争论不休。1900 年敦煌莫高窟发现的敦煌遗书中,有一篇据称中晚唐乡贡进士王敷作的《茶酒论》,由阎海真抄写于开宝三年(970)壬申岁。这篇文字以拟人手法,设计了茶与酒激烈争论谁是高贵饮料的场景:酒讥笑茶是不值钱的

① 赵国雄:《从白居易的茶妙趣说起》,《广东茶业》2007 年第 3 期,第 28—30 页。

草木，从古至今权贵都喜欢饮酒而不是喝茶；茶却说酒是“破家败宅、广作邪淫”、令人昏乱、罪孽深重的祸害。饮茶令人头脑清醒，深受幽隐禅林人士的喜爱。在大众普遍的认知中，酒是富贵与热闹的象征，代表了世俗的欲望与昏沉；茶的形象则是朴素与冷清，饮茶能够起到醒睡、涤荡昏聩的作用，让人保持清醒和理性。

近代茶饮风靡英国，贵妇们在宫廷里举办的下午茶，展现出的也是理性、优雅和文明。茶叶受到无数人的追捧，诗人们为其创作赞歌，也不是因为茶叶具有刺激和成瘾性。科学对于饮茶的分析忽略了一个事实，那就是作为蔬菜、药物的茶叶局限在当地，没有获得传播；人类历史上两次大规模的饮茶风潮，人们愿意花费大价钱从遥远的地方购买茶叶，都不是因为食物和药物匮乏，不是出于营养、健康、追求刺激的目的而饮茶。

3. 两种文化主义

文化主义者将茶视为文化符号，有些文化研究者注意到，饮茶并不是为了满足食物、药物的需求，反而体现出更为浓厚的精神满足感。他们试图从精神层面理解饮茶潮流的出现，认为饮茶为人们提供了休闲、娱乐的平台，是人类心灵和精神的寄托。进化论文化主义与马斯洛需求理论相似，将人类的需求分成不同的层次，假设物质（经济）—精神（文化）不断递进的需求关系。人类只有在满足安全、食物和健康需求之后，才会发展出娱乐、美和精神追求。精神需求建立在社会安定、政治昌明和经济繁荣的基础上，从进化论的文化主义视角出发，饮茶出现在中唐，建立在国家强盛的基础上，为精神追求提供了丰厚的物质基础。

进化论文化主义假设饮茶发生在安定、富足的社会，事实却与之相反。唐代饮茶热潮兴起的历史阶段，不是王朝最强盛的时期，而是在安史之乱以后，也就是王朝由盛转衰的转折点。之后的李唐王朝日趋衰落并走向灭亡，中国经历了五代十国的军阀混战。军阀混战并没有阻碍饮茶消费，反而愈发盛炽，延续到北宋达到饼茶文化的高峰。文化、权力和经济的关系其实很微妙，文化有时是金钱和权力的附庸，有时却反其道而行之，越是混乱和动荡的环境，越能激发出璀璨的文明。如果说饮茶不是为了满足生理，而是蕴含了某些精神，那么也绝不像进化论者所说的那样，由安定、富足的物质基础进化出的精神需求。

对于人类嗜茶的爱好，还有一种唯物文化主义的解释。人类学家马文·哈里斯写了一本书叫做《好吃：食物与文化之谜》，书中列出了许多奇怪的饮食习俗和禁忌。[①]某些人奉为美味的食物，却遭到另一些人的拒绝甚至痛恨。奇怪的饮食总是充满神秘感，追溯好吃起源的努力异常艰难。书中引用一位法国人类学家说法：当我们观察饮食中的象征和文化现象时，不得不接受这样的事实，那就是，我们很难讲出什么道理，饮食习俗完全是由任意原因造成。马文·哈里斯从生存环境、基因结构和神秘的偶然性等方面分析特殊饮食，例如，有些人不喜欢喝牛奶，因为他们生长在非游牧地区，历史上从未有喝牛奶的习惯，体内存在排斥牛奶的基因；佛教不杀生的教义和素食主义，可归因于人口激增、资源枯竭的生存环境。

按照马文·哈里斯的唯物文化理论，饮茶属于禅宗素食文化，也可以归因人口压力和资源紧张。唐王朝的国力并不像有些人想象的那样强盛，朝廷曾经多次发布禁酒令，应该与粮食短缺有关；肃宗和代宗崇佛，佛教徒遵守戒酒、戒食肉、过午不食的饮食习俗，食物以素食和饮茶

① [美]马文·哈里斯：《好吃：食物与文化之谜》，叶舒宪、户晓辉译，山东画报出版社2001年版，第1—3页。

为特色，从马文的理论分析，应该都是由于资源紧张。唯物论文化分析似乎有些道理，却经不起进一步推敲。历史上的人口压力和资源紧张随处可见，为什么只有唐代中叶发展出禅宗、素食和饮茶？唯物文化主义聚焦于关注文化现象的生存环境，却忽视了文化本身的独特性，文化并非完全依附于环境，也有独立自主的一面。文化唯物论与进化文化主义有着共同的缺陷，那就是缺乏对物的独特性关注，也忽视了时间、空间因素对文化生成的影响。

三、时空视角下的文化物

自然科学和经济学的理论一致认为，食物来源于植物、动物和矿物等丰富品种，世界各地民众因地制宜开发出丰富的食物种类，为人类提供营养、健康和能量，看到食物就想吃的欲望镌刻在人类的基因。古代与现代饮食的差别在于，前者的食物粗陋、杂乱且稀少，人们时常处于半饥饿状态，生命中的大部分时间都用于寻找和争夺食物；资本主义时代通过物质交换、农业技术和发达的运输，极大扩充了食物的种类和数量，致使现代食物更加丰富多样，饮食也变得卫生、健康且精美。对经济学者有关饮食的宏大叙事，社会—文化学者持怀疑的态度，他们意识到人类饮食没那么简单，饮食在维持生命的基础上，也承担了社会功能。

（一）社会性饮食

20世纪初，社会—文化视角下的食物研究指出，饮食具有友谊、互助和社交等社会属性，“社会性饮食”的概念应运而生。主流经济学认为驱动交换的是利益,英国人类学家马林诺夫斯基(Malinowski, Bronislaw Kaspar)否认了这种观点。第一次世界大战期间,他来到太平洋上的特罗布里恩德的小岛调查当地居民的生活。他注意到当地有一种称为库拉(Kula)的物品交换体系,白色贝壳臂镯(Mwali)和红色贝壳项圈(Soulava)按逆时针和顺时针在岛屿部落间交换和流传。这个小岛地处热带雨林,动植物种类异常丰富,食物很容易获得,储存食物(如甘薯)和冒着航海风险交换似乎都没必要。当地的食物交换很常见,人们进行食物交换的动机不只是为了经济利益,也有认同、炫耀和满足的需求。[①]法国人类学家莫斯(Marcel Mauss)观察到,夸富宴普遍存在于北美洲、波利尼西亚、美拉尼西亚、新几内亚等地原始部落,他称为竞技式的总体呈现。[②]部族首领们准备数目庞大的干鱼、甘薯饼、布丁、猪肉,慷慨地供客人们尽情享用,饮食在这里也具有传递善意和互助精神的作用。

人类进食过程充满仪式感和意义,不同于动物的“吃”。德国的社会哲学家西美尔(Georg Simmel)是少有的对“吃”感兴趣的古典社会学者,他注意到古代闪米特人通过共餐表示兄弟般的友情,阿拉伯人将异族人当作朋友的方式就是共同吃喝,对于许多古老民族来说,禁止共餐意味着对“外人”的敌视和排斥。共同吃喝在过去具有巨大的社会价值,食物除了承担生存必需品的角色,还是人类互助、友爱和社交手段。人类饮食具有一定的规则、仪式和社会意涵,比如,吃饭是在预定的时间进行,这样才能让一个圈子里的人碰面;进餐按照一定的秩序进行,

① 苑国华:《论“库拉圈”理论及其人类学意义》,《新疆师范大学学报》(哲学社会科学版)2006年第4期,第74—77页。

② [法]马塞尔·莫斯:《礼物》,汲喆译,陈瑞桦校,上海人民出版社2002年版,第8—9页。

不是任意和无序的；高阶层的宴会上完全压制个性，吃饭的姿势、谈话的题材都有统一的标准。西美尔生活在新、旧社会转换的时代，传统社会在加速消失，现代都市在动荡中无法预期。他描绘的高贵、优雅的聚餐似乎只存在于过去，对现代社会的未来比较悲观。他沉浸在对传统文化的回忆中，称现代城市餐饮业已经失去文化的意义：

> 人们仅仅是为了吃饭才聚集在一起的，会聚本不是人们原来寻求的价值，而恰恰相反，先决条件则是必须和这些与己无关的人坐在一起，一切餐桌的装饰，所有优雅的举止，都离不开吃饭为目的这一物质中心。对饭店餐桌表现出来的各种细腻的反感说明，只有社会化才可以使进餐这一目的上升到美学上更高的等级。如果为了会聚而会聚不存在独立的意义，则这种等级的特点也就在一定程度上缺少了精神的意义，这样的特点也不再能克服这种矛盾性，不再能避免进餐时生理上的丑态。①

早期饮食中的文化和社会性，也许只是美化和幻想的乌托邦。第二次世界大战以后，美国人类学家西敏司(Sidney W. Mintz)来到波多黎各的加勒比地区开展田野调查，他认为即便是偏远的部落民族也早已被卷入资本主义的工业体系，未受现代污染的淳朴社会并不存在。早期社会人类学家对初民社会有一种浪漫的想象，只是为了弥补社会快速变迁产生的失落感而幻想出的乌托邦：

---

① [德]格奥尔格·齐美尔：《桥与门：齐美尔随笔集》，涯鸿、宇声译，上海三联书店1991年版，第281—286页。

> 当代许多人类学最杰出的实践者将他们的视线转移到所谓现代或西方社会,但他们,还有我们其他人心底都还抱着一种幻觉,希望存在"未受污染的真品"。甚至那些研究过非初民社会的人也渴望延续这种观点,那就是我们专业的力量来自我们对初民的把握,多于对变迁或对"现代化"的研究。①

随着资本主义在全球的扩张,哪里还有未受现代污染的社会?饮食卷入资本主义的世界体系,资本、技术、传媒决定着我们吃什么,怎么吃。20世纪七八十年代以后,初民饮食行为研究和"社会性饮食"理论逐渐式微,人们开始关注饮食现象,食物需求及动力问题。学者们采用宏大的政治—经济叙事,揭示推动食物消费的社会力量。

(二)茶是一种文化物

世界上食品种类繁多,有些独特的食物流行起来,这种现象不是必然的,而是有意识地选择和创造出来的。虽说人类是杂食动物,接受某种食物却不是天生的,但很多奇怪的饮食已经无从知道其起源,人们一出生便接受了悠久的传统。在族群历史上从未接触过牛奶的人,可能出现牛奶不耐受,因纽特人历史上以肉为食,几乎没有米面和蔬菜,糖不耐受的概率很高。饮食具有民族性,也存在文化隔阂。一种来自陌生地方的饮食,让另外一个地方的民众接受并不容易。起初,英国人对于蔗糖、茶叶、咖啡等异域食物相当陌生,那么,英国人是何时、又是为何接受这些异域饮食?饮茶进入英国的动力机制

① [美]西敏司:《甜与权力:糖在近代历史上的地位》,王超、朱健刚译,商务印书馆2010年版,第11页。

值得进一步探究，只有在渴望的推动下，商品化和大规模生产的工业化方式才有可能。

人们习惯将饮食称为生活必需品，很少称之为文化物。谈到文化的时候，大多数人想到的只有语言、文学和艺术，文化物的概念主要出现在艺术领域。近年来，社科学者打破了这种认识，他们意识到文化物普遍存在。“你吃什么就像什么（You are what you eat）”这句英文俗语可以有多种解读，基本的意思是你吃的东西决定了你的体重、健康水平。如今，这句话被赋予额外的社会、文化意义，衍生到你吃的东西反映你的社会身份、阶层、种族和文化归属等等。弗格森（Ferguson, P.P.）鼓励人们用艺术方法研究烹饪，他通过观察更广泛的专家、观众和实践者群体，对19世纪法国美食展开分析，理解艺术来源、食物的意义和价值，探索将饮食作为文化的典型模型。[①]

法国历史学家布罗代尔说，烟草的迅速传播并非因为它一开始就有某个生产市场充当后盾，我们指的是有一种文明做凭借，如胡椒在其遥远的起源地印度，茶在中国，咖啡在伊斯兰国家，甚至巧克力也曾在新西班牙依托一种高度发展的文化。[②]在中国，茶与文艺界渊源甚深，饮茶与琴、棋、书、画同类，都是重要的文人雅事。中国茶文化学者认为，陆羽的《茶经》标志着中国茶文化的确立，也是茶文化进入学术视野的标杆，[③]唐代饮茶兴起本身就是一场文化运动。茶作为中国传统文

---

① Ferguson, P. P., “A Cultural Field in the Making: Gastronomy in 19th-Century France,” *American Journal of Sociology* 104, no.3(1998):597—641.

② [法]费尔南·布罗代尔：《15至18世纪的物质文明、经济和资本主义》（第一卷），顾良、施康强译，三联书店1992年版，第309页。

③ 余悦：《中国茶文化研究的当代历程和未来走向》，《江西社会科学》2005年第7期，第7—18页。

化的象征,受到社会各界的日益关注。[①]从世界范围看,茶、咖啡、巧克力等异域饮食进入欧洲也是文化事件,饮茶让人变得优雅,给家人和朋友提供温暖和社交空间。

吸引群体饮茶的绝不是营养、成瘾等生理需求,也不是物质满足或匮乏环境中的精神需求。茶叶是人造的文化物,文化是一个复杂的概念。有关文化的定义很多,一般指人类创造的物质产品、制度、技术,以及思想、精神等非物质存在。本书的文化、文化物的概念受西美尔的影响,他用精神这个抽象的术语定义文化,并用“从封闭的统一通过展开的多重性到展开的统一道路”这一拗口的哲学表达解释文化。[②]西美尔的文化概念比较特别,有以下几个特点:

第一,文化是主观的、内在的,是主观生命有限却不可改变的极化。文化一旦被创造出来,它的内容就是严格和有效的。在西美尔看来,自然是文化物,社会的主体并不是物,而是个体组成部分和相互关系。关系就是审美的对象,因而社会也是艺术品。同样作为文化物的自然、社会不完全相同:“自然的统一体——对于这里赖以为前提的康德的立场来说——仅仅在进行观察的主体身上实现,仅仅由观察的主体开始并由本身并不结合在一起的感官的要素所产生;与此相反,社会的统一体是由它的要素直接实现的,因为它们是有意识的和综合性的——能动性的,社会的统一体不需要有观察者。”[③]

---

① 马莉:《中国茶文化的全球化传播探析——评〈文化传播视野下的茶文化研究〉》《中国教育学刊》2019年第11期,第116页。

② Simmel, G., *The Conflict in Modern Culture and Other Essays*, trans. German by K. Peter Etzkorn(New York: Teachers College Press., 1968.), p.29.

③ [德]齐美尔:《社会是如何可能的:齐美尔社会学文选》,林荣远编译,广西师范大学出版社2002年版,第359页。

第二，西美尔的文化含义不同于现代社会的普遍界定，促进物质与权力生产的技术、知识和制度不是文化，人的生命价值才是文明的本质，被培养的技能、知识只有在精神上集中、道德和实践上内化时才能称为有教养的（有文化的）。[①]他举例子说，人类培育的自然物不是文化物，哪怕它们能给人带来喜悦和幸福感：

> 如果说在花园里嫁接的一枚果实和一尊雕像同样是文化产品，则语言微妙地说明了这种关系，它把果树称作“被培育的（kultiviert）”，但绝不会说把光秃秃的大理石块“培育”成雕像。在第一种情况里，人们预先假设果树有一种结出这种果子的自然驱动力和生长倾向，经过精心的照料，果树就成长超越了自然的限制；至于大理石我们就不会预先假定它有产生雕像的相应倾向。化身为雕像的文化意味着人的特定能力的提高和升华，而人的能力的原始表现我们称其为“自然的”力量。[②]

现代科技和所有功能、工具性知识都不是文化，西美尔的理由是，追求利益本来就是生物的本性，就像农作物天生就会生长和结果一样。文化并非自然的本能，而是人类大脑想象、主动创造的产物。现代科技出于利益的目的，加速了作物增产却没有改变其本性。现代文明进程的特征是生活日趋外在化，技术压制了个人价值等内在方面的东西。[③]

---

① Simmel, G. *The Conflict in Modern Culture and Other Essay*（Teachers College Press., 1968）, p.29.

② ［德］西美尔：《货币哲学》，陈戎女、耿开君、文聘元译，华夏出版社 2018 年版，第 476 页。

③ ［德］西美尔：《宗教社会学》，曹卫东等译，上海人民出版社 2003 年版，第 182—183 页。

理性压制了感性个体,审美现代性要站在启蒙现代性的对立面,"以审美之力激起对个体的直接存在和快乐幸福的渴望,从而使个人再次回到主观性和个体性。"①

第三,西美尔提出了一个文化辩证的理论,一个文化物的概念。理解文化最重要的地方在于它是由"主观精神(subjective spirit)"和"客观精神创造(objective spiritual creation)"这两个都不包含文化的要素之间的联系产生的。②主观精神通过客观精神创造表达自己,但客观精神不能等同于文化。文化物形成的本质既可以是主观(思想)的物化,也可以是物的主观(思想)化。知识、艺术和道德不是有目的、可测量的外在物或行为,也不是个体的和固有的,而是群体分享的社会性存在。如果文化表现为个体心理意识,无法被他人识别或共享,可以在外部被接触到,那么这种私人情感、态度和思想便无人知晓,它们必须借助外在物实现社会性。

文化(主观文化)与文化物(客观文化)分离的理论,使得两者都拥有了独立存在的价值。文化不是物的附庸,物也拥有独立的属性。人类思想、精神必然通过创造性的文化物获得表现,文化物也是独立存在的,既不是主观精神也不是客观存在的物。文化物诞生的那一刻,便宣布了既不同于文化,也不同于物,而是一种不断发生改变的独立存在。思想和心灵的变化永不停息,文化物在时、空的变化也不会停止。

西美尔的一个研究主题叫做饮食社会学,③探讨的是吃的行为和

---

① 欧阳彬、朱红文:《社会是一件艺术品——西美尔的"社会学美学"思想探析》,《天津社会科学》2005年第2期,第65—69页。

② Kyslan Peter, "What is culture? Kant and Simmel," *International Journal of Philosophy*, no.4(2016):158—166.

③ [德]西美尔《时尚的哲学》之《饮食社会学》,费勇、吴謇译,北京文化艺术出版社2001年版,第29—36页。

饮食制度。在提到文化、文化物的概念时，他指的是绘画、音乐、雕塑等文艺作品，还没有关注饮食领域。我们认为，食物与其他物一样，也是人类创作艺术品的客体，尤其是对于茶叶这种并非生存必需的饮食来说，值得从文化物的视角探索其起源。

（三）时间、空间与茶饮

人类学和社会学具有忽略历史的学术传统，马林诺夫斯基研究部落民族信仰和神话传说时，毫不掩饰其现实即历史的观点，他说："神话的功能，既不是解释的，也不是象征的。……它的功能就在于它能用往事和前例来证明现存社会秩序的合理，并提供给现代社会以过去的道德价值的模式、社会关系的安排，以及巫术的信仰等。"[①]一切历史都是现代史，传统只是现代社会编织自己的素材。在宗教研究中，涂尔干(Emile Durkheim)注重历史，但目的是通过对最简单社会、基本宗教形态的分析，发现导致人性中产生宗教情感的原因。[②]在涂尔干看来，历史宗教是现代宗教的简单模型，研究历史是为了删除复杂的枝节，看清楚现代社会的纲要和框架，历史与现代本质相同。

时间在古典社会人类学研究中无足轻重，或者成为现代社会表达自己的附庸，成为穿越时空的集体精神展现时的背景。意大利历史哲学家克罗齐(Benedetto Croce)说过，"一切历史都是当代史"，1915 年，他出版了德文著作《历史学的理论和历史》。原文含有一个"真"字，即"一切真历史都是当代史"。[③]这句话的意思不是历史可以任意捏

① [英]马凌诺斯基：《文化论》，费孝通译，华夏出版社 2002 年版，第 79 页。

② [法]涂尔干：《宗教生活的基本形式》，渠敬东、汲喆译，商务印书馆 2017 年版，第 233 页。

③ [意]贝奈戴托・克罗齐：《历史学的理论和实际》，[英]道德拉斯・安斯利英译，傅任敢译，商务印书馆 1982 年版，第 2 页。

造,他希望统摄性的集体精神基于现实需求重构历史,时间在这里受到轻视。

英国社会学家约翰·厄里(Urry John)批评说,"从某些方面来看,20世纪社会理论的历史也就是时间和空间观念奇怪的缺失的历史。但我也将指出,这种缺失的局面是不可能全面维持的。"[①]20世纪70年代以来,社会科学经历了一场思想变革,功能主义理论黯淡下去,新马克思流派盛行。时间、空间被纳入社会科学理论的范畴,成为社会理论家探索的核心要素。英国的社会理论家吉登斯(Giddens Anthony)对经典的社会学理论,包括功能—结构主义、进化论展开批判:

> 多年来,可称之为"正统一致"的一系列假说在社会学领域占了支配地位。其中的佼佼者为帕森斯、默顿、利普塞特等人。正统一致具有如下特征,在哲学方面是自然主义。正统一致用各种说法表明,社会学在很大范围内同自然科学共有一个相同的认识论框架。在方法论方面是功能主义。赞同正统一致的学者认为,在所有自然科学中,社会学同生物学最为相近,宏观生物学中惯用的"结构—功能"解释可作为社会学解释的内核。在社会变革方面是进化论。[②]

他提出了一种非功能主义和非进化论的社会学观点,认为大多数的

---

① [英]约翰·厄里:《关于时间与空间的社会学》,载[英]特纳(Turner, B.S.)主编:《Blackwell社会理论指南》(第2版),李康译,上海人民出版社2003年版,第505页。

② 吉登斯、卢野鹤:《社会理论中的时间和空间:对结构主义的批判》,《国外社会科学文摘》1987年第6期,第48—51页。

社会分析学者只是将时间、空间看成是行动的环境,时间视为可测的钟表时间,但这只是产生于西方文化。社会科学家在时间、空间问题上存在缺失,一直未能从时间、空间的延伸上就社会系统的构成方式建构社会理论。他说,传统社会学理论的缺陷在于,时间总是处于“共时”和“历时”的割裂状态:共时法分析可使社会学家确定社会稳定的根源,历时法可用于理解社会系统中的变化。时间割裂的观点造成了社会学和历史学的区隔,而在时间视角下,共时和历时、社会学与历史学实现了统一:

> 关于社会学和历史学之间关系的流行观点把两者截然分开。许多人认为,社会学从事于揭示那些享有自然科学规律同等逻辑地位的规律和概说。因此这些规律是同时间和空间分离的,在有限的条件下运用于全部历史阶段。历史学则是可用这些规律加以组合的内容:如历史学家提供原始材料,社会学家从中归纳出一般结论。我认为不存在这样的区别。……历史学和社会学之间显然没有区别,结构双重性定理是整个社会科学的基本构成原则。

结构双重性定理(结构化理论)中的时间不存在割裂,却可以分层:每一社会再生产的要素都包含三个相互衔接的时间层次。第一层次是直接经验的暂存,也就是舒茨(Schutz Alfred)仿效伯格森(Bergson)的活动时段;第二个层次是 Dasein(存在)的暂存,指有机体的生命周期;第三个层次是布罗代尔(Braudel, F.)所说的习惯时间的长时段,即社会习惯的长期沿袭或发展。在时间的三个层次视野下,重要的是要看到三个层次的相互渗透,看到每一件社会相互作用的要素都含有习惯时间的长时段。

吉登斯认为,舒茨的现象学时段和布罗代尔的长时段在结构化理论的逻辑上同等重要,但由于大部分社会学理论家都带有浓厚的现象学色彩,注重行动者的知识而往往忽视了对时间的敏感度,因而有必要对习惯时间的长时段进行重点阐述。他还提到研究历史的方法,即"从我称作片段特征和时空界限的角度来理解社会构成和改革。片段指具有一定方向和形式的社会变革过程,一定的结构改革在这种方向和形式内发生"。比较一个历史关头与另一个历史关头发生的极为相似的片段过渡,会发现迥然不同的形式和截然不同的结果,要弄清其中的重要意义,就必须认真对待社会学和历史学具有同一性的这一命题,从而抛弃进化论和某种抽象的比较社会学。

空间是现代社会学理论引入的另一个重要视角,同样被用于分析饮食现象。玛丽·道格拉斯(Dame Mary Douglas)观察到,人们对于"洁净"和"肮脏"的观念与物体本身关系不大,也许只是空间位置发生了改变,原本洁净的物就变得肮脏。例如,鞋子原本是不肮脏的,但如果你把它放在餐桌上,那么它就变得肮脏;食物本身并不污秽,如果你将盛放食物的器皿放在卧室,或者食物喷溅到衣服上,它就变得污秽起来;如果你将卫生间的设施放在客厅,室外的东西带到室内,内衣出现在放外衣的地方等,那些原本"洁净"的东西,立刻变得"肮脏"。[1]"洁净"与"肮脏"的观念与卫生学意义上的概念不一致,"物"的属性并不固定,人们会根据特定的时间和空间,赋予"物"不同性质。白牛既是普通的牛,也可以作为献祭的"圣物",它的生物属性没有发生变化,最大的区别在于变化的时间和空间。"洁净"与"肮脏"似乎是人们头脑中的纲

① [英]玛丽·道格拉斯:《洁净与危险》,黄剑波等译,民族出版社2008年版,第45页。

要，这种纲要无所不包，包括了所有有序体系的摒弃元素。玛丽·道格拉斯采用结构主义理论框架，如今看来很有缺陷，她假设人类头脑中具有一套先验的分类系统，事实上，空间与物一样，本质上都是人与人之间的关系体现。

饮食社会研究也引入空间的视角。艾伦·谢尔顿(Shelton, A.)认为，餐厅与剧院一样，“是一个组织化的空间，即运用空间、话语和品味将其转化为社会结构的符号化空间”。[①]乔安妮·芬克尔斯坦(Finkelstein Joanne)在外出就餐的研究中，将就餐的场所和空间作为社会关系的重要体现。正式而气派的餐馆、娱乐性餐厅和便利的咖啡馆和快餐店，对就餐的人而言代表着不同的行为方式。[②]人们到麦当劳等美国快餐店消费，不止品尝食物，还有食物所在的空间，那是一个“美国化的地方”。[③]洋快餐刚进入北京时，人们到那里去吃这种食物，也是为了体验“一种新的价值观念、行为方式和生活关系模式”。[④]

茶叶是一种常见的饮食，但它并非生存必需品，不同于粮食、蔬果等物资。人们饮茶不是为了获得身体健康、营养或刺激，功能论和进化论的解释存在缺陷。茶饮在唐代中叶以后出现，陆羽式的新式茶饮与古老的“食茶”“药茶”存在本质差别。饮茶风潮与当时中国社会文化结构变迁之间的关系密切，饮茶嗜好在空间和群体中的分布并不均衡。因此，我们将茶叶视为一种“文化物”，从时间、空间角度对饮茶实践开展研究。

---

① Shelton, A., “A theater for eating, looking, and thinking: the restaurant as symbolic space,” *Sociological Spectrum*, 10, no.4(1990):507—526.

② Finkelstein, J., *Dining out: A Sociology of Modern Manners*.(New York: New York University Press, 1989).

③ Fantasia, R., “Fast food in France,” *Theory and Society*, 24, no.2(1995):201—243.

④ [美]阎云翔:《中国社会的个体化》，陆洋等译，上海译文出版社 2012 年版，第 320 页。

第二章
美味茶饮的诞生

茶饮用茶叶烹煮或冲泡而成，在日常生活中已经很普遍。茶叶的制作、饮用有一定的方法，饮用时还配有相应的器皿。在中国南方生长野生大茶树的山区，当地人很早便懂得利用茶树叶子，作为蔬菜或者药物。不过，人类早期食用茶叶的经历没有被记录，应该是由于以下两方面的原因：一是茶树叶子并不是优质蔬菜和药物，只有在食物、药品匮乏的情况下才被人类食用；二是当地没有文字记事。唐代中叶以后，茶饮才真正出现，陆羽《茶经》是标志性的起源，介绍了南方产茶地区、荆巴野生茶树的生长。在南方野茶生长地区，人们采摘茶树嫩叶制作羹汤、菜粥，老叶与香料熬煮药饮。陆羽对夹杂着香辛料的古老茶叶饮品很不屑，称其为“沟渠中的弃水”，那么，他所谓的真正的茶饮又是什么样的呢？

陆羽认为，茶饮并不追求口感爽滑，却有益身心，“精行简德”的人饮用最有效；真正的茶饮在采摘、制作和饮用时有许多规则和禁忌，也不像当地居民那样，为了解渴只在夏天喝冬天就不喝，而是每天可以多次饮茶。晚唐的皮日休表示，自周以至于国朝（即唐朝）的茶事，陆羽

(季疵)说得已经很详细了。陆羽之前的茶饮与他物混合烹煮，与烹煮蔬菜粥饮没什么差别。陆羽撰写《茶经》，讲清楚饮茶的道理、发明饮茶器具、教人们如何饮用，使饮茶的人“除痟而去疠”，去病的效果比医生还快。[①]在陆羽撰写《茶经》之后，真正的茶饮才诞生。

苏东坡的诗《问大冶长老乞桃花茶栽东坡》开篇即说：“周诗记茶苦，茗饮出近世。初缘厌粱肉，假此雪昏滞。”唐宋文人大多清楚《诗经》里的茶不是茶，苏东坡说，真正的茶饮是在近世出现的。因为人们厌倦了饮酒吃肉，借助饮茶扫除昏昧的生活。真正的茶饮起源于唐代中叶的安史之乱期间，陆羽的《茶经》在这段时期完成。在这之前有关茶的记载极少，甚至“茶”字都没有创造出来。我们今天每天都可以饮用的真正的茶饮，与古老的饮茶习俗之间既有联系、又存在非常重大的区别。古老的茶叶食用方式，与陆羽等人所谓的真正的“茶饮”之间的关系是什么？作为药物的浓厚苦涩的古老茶汤，在唐代中叶以后如何忽然变成人们竞相追逐的美味，从而引发风靡全国的饮茶热潮？本章中我们将从时间、空间的视角，解析陆羽等人所说的茶饮出现之前，人类对茶树叶子的利用方式，并从特定的社会—文化结构中理解美味茶饮的诞生。

一、前茶饮时代

茶叶的信息在唐代中叶之前非常少见，我们对远古时代的茶树、茶叶的了解大多源于陆羽《茶经》“七之事”，里面搜集了古籍中的饮茶故

---

① (唐)皮日休:《茶中杂咏并序》,《全唐诗(增订本)》卷 611，中华书局编辑部点校，中华书局 1999 年版，第 7105 页。

事,其实很多不是真正的茶。例如,《诗经》中的“荼”指北方常见的一种苦菜,可以用来充饥,陆羽认为就是茶,显然是不对的,唐宋时期很多文人指出了这个问题。“荼”在唐代转变读音,也成为茶树的代名词。尽管作为苦菜的“荼”与茶树属于不同植物,但在唐代苦菜和茶树却共享一个文字。唐人之所以要用古籍中的苦菜“荼”代表茶树,与文人有意将茶树与远古文明联系起来有关,还有就是它们都是苦味无毒的植物,也都可以用作蔬菜。江南人很早就懂得辨识草本芽叶是否可食,采摘可食的芽叶烹煮成蔬菜汤,或与米、面、豆类、香料等同煮,做成“茶粥”“茗汁”类的羹汤。茶树叶子含有咖啡因,有激励精神的功效,有时也做药物使用。

(一)作为蔬菜、药物的茶饮

陆羽在《茶经》中列举了南方食用茶叶的几个例子,荆巴地区很早就有“采茶做饼”、炙烤碎化后与椒、姜、薄荷等香辛料同煮的习俗,这种饼茶也是唐宋茶叶的主要形态,此外还有散茶、末茶、粗茶。荆巴地区的饮茶习俗历史悠久,并在西安与洛阳之间的广大区域内传播,但影响力仅限于特定地域。据《茶经》摘录《桐君录》的资料,今天在越南北部、中国的两广一带的居民也有饮茶的习俗,他们采摘味道很苦的“瓜芦木”叶子,与香料一起煮水,煮盐人常饮用保持通宵不眠。“瓜芦木”的叶子应该含有咖啡因,也属于茶树一种。

唐宋时期的其他文献中也有食用茶树叶子的记载,比较有名的两条记录,一是樊绰的《云南志》,记录云南西双版纳区域内的山区居民,用散茶叶与椒、姜、桂一起烹煮饮用;另一条来自北宋大型地理书《太平寰宇记》。通过已经失传的古书《茶经方》的一段文字,可以了解有关泸州地区(今四川省泸州市)“夷獠”奇特的茶饮习俗(白话译文)。

泸州有茶树,“夷獠”携带挖了洞的瓢,爬到树上采摘芽茶,先含在嘴里,等到茶芽舒展,再放入瓢中,随即塞上洞口,回家后放在温暖的地方,这样造出的茶味道极好。粗茶的味道辛辣,热性,当地人说饮此可治疗风疾,通称为泸茶。①

唐代李商隐先后担任过县尉、秘书郎、东川节度使判官等低级官吏,曾代泸州百姓作《为京兆公乞留泸州刺史洗宗礼状》,挽留刺史洗宗礼,文中说当地“郡连戎僰,地接巴黔。作业多仰于茗茶,务本不同于秀麦”。②可见,泸州当时少数民族众多,僰人以茶为业。“泸”是茶的当地方言,这里的居民很早便懂得利用茶树,创造出独特的饮茶方式。他们将刚采摘下来的嫩叶含在嘴里,再放入瓢中塞好,回家放到温暖的地方,冲水制作茶饮;茶树的老叶子制作的粗茶,有浓厚的辛辣味,当地人将其视为治疗风疾的药饮。

这条资料对于了解古老的茶饮料非常重要,它显示了古人利用茶树叶子制作饮品的两种类型:嫩叶微苦,经过暖化后散发清香,适合制作可口的饮品;粗叶和老叶苦涩味浓厚,咖啡因含量高,当地人与香料同煮,作为药物用来治疗“风疾”。风疾的范围比较广泛,表现为受寒的症状。值得注意的是,茶树老叶制作的浓苦药饮,在当地人看来是具有

① (宋)乐史:《太平寰宇记》卷88《剑南东道七·泸州》,王文楚等点校,中华书局2007年版,第1740页。

② (唐)李商隐:《为京兆公乞留泸州刺史洗宗礼状》,(清)董诰等编《全唐文》卷772,中华书局1983年版,第8048页。

刺激性的“热性”饮品，这与唐代中叶饮茶兴起之后，包括唐代医学界在内，将茶定性为可以治疗“热疾”的“凉药”属性完全相反。从时间缝隙中，我们可以更清楚地看到药物的文化属性。

（二）古代“食茶”的现代延续

唐代中叶之前所谓真正的“茶饮”出现之前，在南方山区野生茶树生长地区，当地民众很早就懂得采集茶树叶子食用，但此类饮食很少被记录。从零星出现的资料来看，大概有三种茶树叶子食用的方式：作为蔬菜、饮品和药物食用。茶树的嫩叶可以被作为蔬菜食用，就像其他绿叶菜一样，用于凉拌、腌制，做粥或煮汤。云南茶山的基诺、布朗、佤、景颇等少数民族，习惯采摘茶树鲜叶当蔬菜食用。用茶树鲜叶与盐巴、大蒜加其他食物和调味品搅拌而成的凉拌茶，或者用茶树鲜叶腌制成酸茶、腌茶。基诺人习惯用茶作为蔬菜来吃，他们随手从茶树上采摘几把嫩鲜叶，用力揉搓碎之后放入碗中，与揉碎的香辛料和调味品，如黄果叶、辣椒、盐等一起拌和，这便是基诺族称为“拉拔批皮”的“凉拌茶”。①凉拌茶在吃米饭时佐餐，是当地的一道蔬菜。如果用揉碎的嫩茶叶、黄果叶，与包烧好的菌菇和山泉水一起煮，便成了美味的茶汤。

早在 1598 年，荷兰人范·林索登的《旅行日记》就记录了印度人的食茶，他们用茶叶与大蒜、油一起拌着吃，将茶当作蔬菜食用，也会将茶叶放入汤中煮食。1815 年，英国驻印度的上校莱特证实了这种吃茶方

① 基诺人的凉拌茶、包烧茶，布朗人的青竹茶、酸茶，都是采摘茶树鲜叶制作。凉拌茶的制作方法是：采摘鲜嫩茶叶后，将其揉搓变细后放入碗里，加清水，再投入酸笋、盐、大蒜、辣椒、黄果叶、酸蚂蚁等佐料，搅拌均匀即可食用。载搜狐网：《基诺族的“凉拌茶”和布朗族的“青竹茶”、酸茶》，https://www.sohu.com/a/228419679_461796，2018 年 4 月 18 日。

式。周重林等人认为，茶作为蔬菜的吃茶方式与云南德昂、景颇、布朗、傣族等类似，藏族的酥油茶也体现了食茶的习惯，喜马拉雅山麓两侧民族都有这种习惯。有学者认为，印度吃茶习惯是中国景颇族（缅甸称克钦族）带去的，景颇族是跨境民族，分布在云南、西藏、缅甸和印度等地区。[①]景颇族还有用竹筒腌茶的习俗，一般是在雨季中进行，制作的方法是：从茶树上采摘鲜叶，清水洗净，在竹箔上晾晒、沥干水分并揉搓，再与辣椒、盐等搅拌均匀；放入事先准备好的竹筒，用木棒塞紧、压实，再将竹筒口塞紧，倒置以滤除水分，两天后用灰将筒口封住。三个月以后，剖开竹筒，将腌好的茶叶取出，晾干即可食用。食用时常与麻油、蒜泥等一起拌食，味道很是鲜美。

德昂族也称达昂，旧称崩龙族，主要居住在云南省德宏傣族景颇族自治州，潞西县和临沧地区镇康县最为集中，其余则分散在耿马、盈江、梁河、瑞丽、保山、陇川等地，他们也被称为古老的茶农，据说先祖很早就开始种茶，也有制作酸茶、腌茶的习俗，以此作为菜食或零食。德昂族制作酸菜的方法是：将采摘下来的新鲜茶叶，放入干净的大竹筒中，放满后压紧封实，经过一段时间的发酵后，即可拿出来食用。酸茶可以直接放入嘴中咀嚼，味道酸中带苦，又略有甜味。他们制作腌茶的方法如下：当地妇女采摘茶树的鲜叶，将其放入一只灰泥缸里，直至放满。缸里的茶叶用厚重的盖子压紧，腌制数月就可以食用了，也可以与辣椒等拌食。腌茶也可以用陶缸，将新鲜的茶叶洗净后与辣椒、盐一起搅拌，将陶缸里的茶叶压紧、盖严，几个月后就可以拿出来吃了，也可以用作零食。酸茶和腌茶也是布朗族的传统食物，制作方法与德昂族有少

① 周重林、太俊林：《茶叶战争》，华中科技大学出版社 2012 年版，第 74 页。

许差别,大多在每年五六月的高温潮湿的夏季制作,将采摘的茶树鲜叶蒸或者煮熟,放置在阴凉处晾晒和发酵,再装入竹筒中压紧封口,埋入土中数月后即可食用。酸茶可直接食用,也可与辣椒、盐拌和后食用。

鲜茶叶经过暖化和加热,能降低苦味同时催生淡淡的清香。古代的泸州人采摘茶芽后含到嘴里、又在瓢中塞好,回家后放在温暖的地方,以此制作清香的茶饮。传说有些茶香通过体温暖化产生,据说吴中洞庭东山碧螺峰上产茶,有一次春茶采摘时,多到筐里放不下,于是将茶叶放在怀里,茶叶因热气忽发异香,众人惊呼"吓煞人"(吴中方言)。康熙三十八年(1699)改名为"碧螺春"。①现实中,日晒、烧烤加热茶芽则更常见,最简便的方法是将鲜叶放在火上烤,等散发出焦香的味道,煮饮或用开水冲饮。用芭蕉或棕树叶将鲜茶叶缠紧包好,埋入火塘的灰堆,利用炭火的余热催生出茶叶的清香,这种做法叫做"包烧"。一位游客在云南攸乐山的基诺族所在地,记录下品尝"包烧茶"的场景:

> 基诺人喜欢把茶凉拌来吃,也会把茶烘烤后品饮,但最有特色的喝茶方式还是包烧茶。在常年雾气缭绕,野生大型乔木茶树上采有巴掌大的老茶叶子,用一种叫冬叶的特殊植物包成一包,埋在火塘的灰堆里,烧至冬叶焦黄,取出打开,茶叶也由青转黄了,再放入茶罐中煮饮。这种茶水比我们平时饮用的茶多了些苦涩,有解渴开胃的功能,喝一大口保你一天不想再喝其他的茶水。②

① 这则故事的源头应该出自清代王应奎的《柳南续笔》(1757),后来广为流传,出现在清乾隆年间成书的《太湖备考》、清嘉庆年间成书的《清嘉录》、清末《郎潜纪闻》等文献中,至于是否由康熙皇帝赐名,疑点颇多。参见文旅中国:《"吓煞人"的碧螺春》,https://mp.pdnews.cn/Pc/ArtInfoApi/article?id=33105291,2022年12月27日。

② 佚名:《去攸乐山品基诺族"包烧茶"》,《大观周刊》2006年第9期,第55页。

传统的基诺族家庭都有一个火塘，“包烧”是当地利用火塘使食物变熟的方式，可以包烧任何食材。冬叶是包烧茶中常见的用来包裹茶叶的植物叶子，较老的茶鲜叶用冬叶包扎好，放到火塘中烤制。包烧好的茶叶既可晾晒储存，也可马上冲饮。由于直接冲饮口感苦涩，经过揉捻、干燥后再烹煮味道更好。在现代社会，“包烧茶”逐渐退出人们的生活，只是旅游中体验异文化的保留项目。如今攸乐山基诺族制作包烧茶，火塘已经由烧烤架替代，包裹的茶鲜叶用的是嫩芽而不是老叶。茶树鲜叶不易储存和运输，作为蔬菜的茶叶饮食具有明显的地域性，很少向其他地方传播。

相比茶鲜叶制作的菜食和汤汁，作为药物的茶叶流传地域更为广泛，古代荆巴地区传统饼茶最为有名。饼茶只是对块状茶的典型称呼，饼茶的形状也不一定是圆的，也有方的或其他任何不规则的形状。饼茶使用的是茶树的老叶和粗叶，在秋季采收，方式也很是粗放，有时像收割庄稼一般，用镰刀连枝带叶割下来，经过蒸煮、捣制、黏合、烤制成块。块状的饼茶压制得很紧，干燥后硬如石块，饮用前要用刀、锥等工具撬开，将小块磨碎烹煮，有时还要加入椒、姜、桂等香辛料，这样能使口感更为爽滑。

饼茶的制作方式非常多样，模具和包装常常就地取材。云南茶山的少数民族用竹筒制作的筒状茶，傣族称之为竹筒香茶，方法是用采摘的鲜叶塞进竹筒中压实，在火上烤干，直到烘焙干燥变成深褐色的柱状干茶。[①]饮用时，从圆柱形茶叶上掰下少许煮饮或冲泡。煎煮浓茶之前大都是

---

① 傣族竹筒香茶制作有几个步骤：(1)采摘的鲜叶经过日晒后软化，将其塞入一截鲜竹筒中，竹筒另外一端有节；(2)将塞满茶叶的竹筒放在火塘上烤，待里面的茶叶软化后，用木棒捣实，继续装入茶叶烘烤，直到竹筒内已经被茶叶填实；(3)将被茶叶填实的竹筒口用竹叶塞住，在火塘上用文火慢慢烘焙干燥，直到竹筒变成焦黄为好；(4)待竹筒冷却后，剖开，取出里面圆柱形的深褐色茶叶；(5)将圆柱形的茶叶用牛皮纸包好，放在干燥的地方储存。这样的茶叶放许多年都不会坏。

将茶叶（散茶或竹筒烤茶掰下一些）放在瓦罐中再次烘烤，以去除存放中形成的潮气，茶叶也在烘烤中变得焦香。人们在野外劳动时也会带着茶叶，就地砍伐一截竹筒装水烧开，放入茶叶后几分钟就可泡好，伴着饭食一起饮用。

普洱茶、黑茶、砖茶、茯茶都是古代饼茶、散茶和粗茶的延续，但现代饼茶大多不再用粗老的叶片，而是采用春天的嫩叶甚至茶芽，制作得也越来越卫生又精致，无论在功能还是制作工艺上，与作为药物的古老“饼茶”都完全不同。荆巴人、古泸州人、南诏当地人制作的饼茶、散茶或粗茶是一种药物，用来治疗各种伤风感冒等流行疾病，有些在烹煮时与姜、桂、椒等香辛料同煮，一方面这些药材都具有刺激性的热性，另一方面口感也更好。云贵川地区的少数民族老人至今爱喝这种茶叶，中国西北、西南的许多少数民族也保持喝浓茶的习惯。

云南思茅地区哈尼族、拉祜族、水族喜欢喝罐罐茶，散居在丽江、保山、迪庆、德宏、楚雄、大理等地的傈僳族的雷响茶，云南玉溪市新平县彝族的百抖茶，贵州西部边陲乌撒彝族的乌撒烤茶都是古老的药物茶，可以提神并解除劳动的辛苦和疲劳，受到当地劳动者的欢迎。有些上了年纪的人甚至不可一日无茶，一天不喝茶，会感到浑身乏力；喝了茶后则感到神清气爽，很有精神。①亲朋好友围坐在火塘边，一边喝茶一边聊天，时常也会在喝茶时配备一些小吃，或者将食物泡到茶汤中做饭食。

> 茶叶放在瓦罐中预热和烘烤，边烤边抖，茶叶在瓦罐不停翻滚，烤茶的火是特别讲究的，不停抖动茶罐的目的，应该是为了使

① 谭亚原、杨泽军：《云南茶典——丰富多彩的云南少数民族茶》，中国轻工业出版社 2007 年版。

茶叶受热均匀。当茶叶的色泽变得金黄，发出阵阵焦香，便可以向罐内倒水了。茶罐内满是白色的泡沫，刮去泡沫后再次补水，反复数次后就可以品饮了。煎好的浓茶汤色红艳，滋味浓酽，茶汁要加水冲兑，否则会像烈酒般令人沉醉。

一些学者认为，茶叶利用的历史不断进化，演化阶段分为：茶菜—茶药—茶饮料。事实上，作为蔬菜、药物和饮料的茶各自独立，三种类型在不同的时空出现，不存在更替或进化关系。“茶饮”诞生以后，茶菜、茶药依然存在，荆巴一带用茶叶制作蔬菜、老叶制作药饮的习俗并没有消失。直到今天，云南的德昂、布朗等茶山民族还在用茶鲜叶做菜，西北和西南一些少数民族也有“罐罐茶”这种浓烈如饮药的习俗，只不过随着人们生活条件的改善，作为蔬菜、药物的茶叶食用方式在日益衰退，只作为文化遗产出现保存在旅游和特色餐饮中。

二、“美味”茶饮的文化制作

在食物匮乏的环境下，茶树的叶子和苦菜都可以充饥。远古时代，荼（苦菜）、茗（草木芽叶）和槚（茶树叶子）大多味道苦涩，与米、面等粮食和肉食相比，属于难以下咽的平民饮食。《诗经》中那位被丈夫抛弃的妇人发出“谁谓荼苦”的质问，表明荼是一种难以下咽的食物；《晏子春秋》中的晏子也因饮食中出现茗菜，被赞誉为生活朴素的高级官员。荼粥、茗粥都是用草木芽叶做的蔬菜粥，味道苦涩难以下咽，一直都是穷人饮食的象征，人们对其唯恐避之不及。中唐以前，茶树在南方山区默默无闻，用其叶片烹煮的食物也很少被记录，之后随着饮茶热潮的来临,茶叶的社会地位也发生了翻天覆地的变化,过去难以下咽的穷人饮食,转而成为甘甜、美味的高贵饮品。

(一)茶饮由苦转甜

饮茶风潮伴随着安史之乱出现,经历了肃宗、代宗时期的发展,德宗建中年间(780—783)已经非常流行,常州、湖州交界处建立的皇家茶园产量不断扩大,权贵阶层对于茶叶的需求量大增,茶叶也是价格昂贵的商品。随着茶叶商品贸易的繁荣,德宗建中年间,赵赞提议开征茶税。社会上流传着许多神奇的饮茶传说,文人们对于茶叶和饮茶的赞美更是数不胜数。茶饮被称为美味,被喻为"醍醐"和"甘露",是神仙丹丘子饮用的长寿饮品。陆羽用香、甜、滑、熟描述品茶的感受,皎然则称茶饮是仙人们的"琼蕊浆",喝一碗可以涤荡昏昧,使思维变得清爽,两碗神清气爽,就像一场清凉的雨露消除了尘土飞扬的浑浊,喝三碗就可以得道,令心中的烦恼一扫而光。①

上元二年(761),李白来到金陵(今南京),遇到在这里出家的族侄中孚禅子。中孚禅子赠送了他一些产自荆州玉泉寺的茶叶,李白创作题为《赠族侄僧中孚玉泉仙人掌茶》作为酬答。在这首诗的序言中,李白称这是一款旷古未见的茶叶,因其"拳然重叠,其状如掌",故特意取名"仙人掌茶"。②他详细介绍了茶叶的由来,并称茶树生长在仙境般的

---

① (唐)皎然:《饮茶歌诮崔石使君》,《全唐诗(增订本)》卷821,中华书局编辑部点校,中华书局1999年版,第9343页。

② 唐代茶叶以饼茶为主,经过"蒸—捣—拍"加工成饼块的形状。早期的饼茶为手工"拍"制,还没有专门的模子,所以茶饼的形状千奇百怪,厚薄不一。拍好的饼茶用竹丝、棕麻绳穿成一串,从数片到数十片不等,在火上烘烤干燥。"曝成仙人掌"说明仙人掌茶似乎是由日光晒干,不是采用炭火烘焙。

环境中。茶叶的味道清香滑熟，饮此还有令人返老还童和长寿的神奇功效，常饮此茶的玉泉真公八十多岁还能面若桃花。这首诗的序言，翻译成白话大意如下：

听说荆州玉泉寺靠近清溪的群山，山洞里大多有钟乳石窟，石窟中有玉泉交流，还有体型大如乌鸦的白蝙蝠。蝙蝠又称仙鼠，活了千年之后才变成白色，倒悬在石洞中，因为喝了钟乳石的水而长生。乳水流出石窟，茗草就长在水边，枝叶如同碧玉。玉泉真公常采茗草做成茶饮，他已有八十多岁，面如桃李般鲜亮。这里的茗茶味道清香滑熟，与其他地方不同，饮此能返老还童，令人长寿。我在金陵（南京）游历时，见到宗侄中孚禅子，他向我展示了几十片茶，形状就像重叠的手掌，名为“仙人掌茶”。茶是玉泉山新出的，自古以来从未见过。中孚赠茶给我并题写了诗歌，邀请我酬答，于是有了这篇诗歌。后来的高僧、大隐见到此诗，知道仙人掌茶的名称源自中孚禅子和李白。①

这首茶诗是较早的茶叶赞美诗，李白用“清香滑熟”形容饮茶的口感，后来的陆羽、皎然等人对茶饮的赞美更为夸张，称之为醍醐、甘露、只有神仙才能喝到的“琼蕊浆”。唐代最著名的茶诗来自卢仝，他通过描述品茶过程的丰富层次，生动展示了饮茶从一碗到七碗、由身体愉悦到心灵净化、美好感受逐渐升华的丰富体验：

---

① （唐）李白：《答族侄僧中孚赠玉泉仙人掌茶并序》，《全唐诗（增订本）》卷178，中华书局编辑部点校，中华书局1999年版，第1823页。

一碗喉吻润。

二碗破孤闷。

三碗搜枯肠,唯有文字五千卷。

四碗发轻汗,平生不平事,尽向毛孔散。

五碗肌骨清。

六碗通仙灵。

七碗吃不得也,唯觉两腋习习清风生。

蓬莱山,在何处。玉川子,乘此清风欲归去。①

这首诗在唐宋时期广为流传,通常称作“茶歌”或“七碗茶歌”,日本后来还根据卢仝饮茶法发展出一个茶道流派。唐宋时期,文人们对于茶饮的赞美数不胜数,民间流传的饮茶神话数量庞大。《太平广记》是北宋初年李昉编的一部类书,收录了汉代到宋初的野史小说、宗教杂录,其中就有许多有关茶饮神奇功效的传说。南宋以后,人们对于茶饮的认识逐渐变得理性,一些文人已经不能理解唐人对茶的狂热情绪。南宋程大昌评价《卢仝茶诗》为“怪奇”,这段话翻译成白话大意如下:

卢仝《谢惠茶诗》由一碗到六碗功效不同,由浅到深罢了。他夸赞饮茶功效,感到两腋生出习习清风,不知蓬莱山仙境在何处,玉川子乘风欲归去。案:温庭筠《采茶录》《天台记》也说:“丹丘出大茶,服之生羽翼。”《茶谱》中蒙山中顶茶有神奇功效:“得到四两,服用一两便可去痰,二两无病,三两轻身换骨,四两马上成地仙。”

① (唐)卢仝:《走笔谢孟谏议寄新茶》,《全唐诗(增订本)》卷388,中华书局编辑部点校,中华书局1999年版,第4392页。

一位僧人只获得一两蒙山中顶茶，服用后立刻消除病症(疑为瘥)，容貌大变，像三十几岁的人，眉毛和头发变成绿色。据说饮茶使身体轻快，成为飞仙，类似传说唐代比比皆是，不是卢仝一人有意做出奇怪的说法。①

程大昌认为卢仝过分夸大了茶的功效，不过这也不能说卢仝在故意为怪，因为类似的故事在唐代比比皆是，整个社会风气都是如此。如今，人们无法体会到唐人饮茶的感受，尤其是文人笔下无比美味的体验。陆羽从味道上将茶与古代的槚、荈区别开来，给"茶"下了一个有"味道"的定义：

其味甘，槚也；不甘而苦，荈也；啜苦咽甘，茶也。②

按照陆羽的定义，槚的味道是甜的，荈的味道是苦的，而茶的味道是"啜苦咽甘"，也就是"由苦转甜"的。这种"味道"上的定义很难理解，因为人类无法产生生理上的味觉同感。茶学专家吴觉农对此感到困惑，他认为，从茶的物理属性来看，甜而不苦的茶是没有的，这是无需解释的常识。宋徽宗《大观茶论》认为完美的茶味有四个特点：香、甜、浓、爽，但没有苦味。陆羽所谓"啜苦咽甘"就是先苦后甜，是好茶的特征。茶叶的甜味并非像糖那样，而是"醇而爽"的感觉。陆羽从味道定义茶，

① (南宋)程大昌：《演繁露续集》卷4《卢仝茶诗》，文渊阁四库全书本。

② 陆羽《茶经》"五之煮"中从味道定义的茶名称。根据吴觉农《茶经评述》的校释，不同的《茶经》版本对槚、荈的味道描述是完全颠倒的：有的《茶经》中将"味甘"的定义为槚，"苦味"为荈，有的则说，"味苦而不甘"的是槚，"甘而不苦"的为荈。

应该属于饮茶时的感受,归入"五之煮"令人费解。[①]原本苦涩的茶叶,为何会转为甘甜?单从生理上很难理解味道的变化,对于"由苦转甜"的感受,吴觉农用"醇而爽"勉强理解,但并不符合陆羽的原意。

(二)味道、文化与社会性

味道的研究长期受到社会科学的忽视,它通常被认为主观的、只能由个人体验而很难诉诸语言、文字、缺乏共享性的存在,有只可意会不可言传的意味。人类似乎只能借助隐喻,用触觉、视觉等其他感受才能描绘味道。例如,巧克力的美味被形容为像丝般柔滑,借助了触觉等其他感觉器官。费恩(Fine, G.A.)认为,嗅觉、味觉被定义为第二感官而得不到尊重,一些人认为它们不仅次要,而且比视觉和听觉更低级,著名的哲学家亚里士多德、圣托马斯阿奎那、康德、黑格尔都持这样的观点。[②]克斯梅尔(Korsmeyer Carolyn)也认为,从西方哲学思想的源头看,相对于心智、智力及与之有关的视觉和听觉,与食物相关的"味道"(包括味觉和嗅觉)被列为低级和原始的感官。[③]

进入现代社会,西方倾向于使用科学和经验主义量化和解释所有现象,处于感官最底层的味觉被忽略和误解。味觉常被怀疑为不稳定、不合理,无法进入公共讨论的个人感受,但这是错误的认识,"味觉"与其他所有人类现象一样,都是被社会建构的文化现象。克斯梅尔将品

---

① 吴觉农:《茶经评述》,中国农业出版社2003年版,第163页。

② Fine, G.A., "Wittgenstein's kitchen: sharing meaning in restaurant work," *Theory and Society* 24, no.2(1995):245—269.

③ Korsmeyer, Carolyn, *Making Sense of Taste: Food and Philosophy* (Ithaca: Cornell University Press, 1999).

味分为"味道的感觉(taste sensation)"与"味道的体验(taste experience)",前者指的是舌头、嘴巴等品味器官的生理感受,以及科学对于甜、咸、酸、苦四种基本味道的化学分析,后者则包含了人类特有的感知,包括知识、象征等其他方面的感受。这意味着"味道"不仅由生理器官感受,知识、观念等认知层面的意识也起到关键作用。克斯梅尔的味道理论与西方哲学上的基本理念类似,都存在"生理""文化"二分的问题,很难说存在独立的生理上的味道,味觉体验本身就是一种文化感知,知识是获得快乐、幸福的先决条件。

我们在西美尔的"感觉社会学"中,①也看到将"味道"作为可以观察到的社会现象的可能性,不过这方面的思想没有被深入探讨。此后,法国社会学者布迪厄(Pierre Bourdieu)的"品味/味道"区隔理论却有着深远的影响,按照这一理论,"品味(味道)"在不同阶层间存在差异,是一种"文化资本",具有在不同阶级间划分边界的功能,也是权力、身份和地位的象征。②例如,对于没有受过艺术训练的人,高雅音乐、歌剧恐怕是枯燥乏味的噪音,安静的博物馆令人感到冷清和不适。这一理论常用于分析音乐、绘画、博物馆等高雅艺术等文化领域,却很少被用于分析饮食,尽管他也谈到过食物,提到精致的早餐、鱼及油腻的肉在不同阶层品味(味道)上的区别。古斯曼(Guthman, J.)认为,③布迪厄的品味/味道理论有助于开发社会学对食物的研究,不过也存在很多问

① [德]西美尔:《时尚的哲学》之《感觉社会学》,费勇、吴謍译,北京文化艺术出版社2001年版,第1—14页。

② Bourdieu, P., *Distinction: a Social Critique of the Judgment of Taste* (Cambridge: Harvard University Press, 1984).

③ Guthman, J., "Commodified meanings, meaningful commodities: rethinking production-consumption links through the organic system of provision," *Sociologia Ruralis* 42, no.4(2002):295—311.

题，招致的批评主要有：

第一，布迪厄过于强调“品味/味道”的区隔，没有看到文化具有整体性和同一性。费恩（Fine, G.A.）举例说，日本茶道是一种有影响力的审美活动，对观众来说就像看一幅画一样重要。同样，在一碗鱼汤中，你可以发现马赛渔民的经济状况、法国人对感官说的热情，以及海洋和花园之间的共生关系。西蒙（Simon）和斯图尔特（Stewart）通过对鲍勃·迪伦（Bob Dylan）文化“跨界”的研究，说明艺术价值的整体性。[①]另外，布迪厄过于依赖上流阶级的“烹饪素养”，不能解释有关品味的全部问题，因为美味适用于整体社会阶层。阶级区隔的“品味（味道）”在现实中并没有那么严格，人们寻求广泛的审美和文化知识。一些实证研究表明，高品味的人比其他人更具有文化“杂食性”。

第二，布迪厄似乎将文化分析简化为霍布斯的利益之间的权力斗争，[②]将文化物视为权力游戏中的象征，[③]倾向于社会学的功能分析，却牺牲了对审美关注中的规范性和有效性的理解。[④]海默尔（Highmore, B.）更是直言不讳地说，布迪厄根本就不关心品味的审美维度，他实际上对品味不感兴趣，也很少在作品中提到它的特殊品质。[⑤]克斯梅尔则呼

① Simon & Stewart, "Celebrity capital, field-specific aesthetic criteria and the status of cultural objects: the case of masked and anonymous," *European Journal of Cultural Studies* 23, no.1(2019):54—70.

② Garnham N., Bourdieu, the cultural arbitrary, and television, In Calhoun C., LiPuma E. and Postone M.(eds.), *Bourdieu: Critical Perspectives*(Chicago, IL: University of Chicago Press, 1993), pp.178—192.

③ Hennion, A., "Music Lovers: Taste as Performance," *Theory, Culture and Society* 18, no.5(2001):1—22.

④ Harrington, A., *Art and Social Theory: Sociological Arguments in Aesthetics*(Cambridge: Polity Press, 2004).

⑤ Highmore, B., "Taste as feeling," *New Literary History* 47, no.4(2016):547—566.

吁，当代理论家必须超越布迪厄和品味领域的整体扁平化，进入饮食社会学。[①]楚贝克(Trubek, A.B.)认为，品味/味道不仅包括吃、喝的生理和感官感觉，还包含了所有感官，以及“物”所引发的全部认知和文化。他因此对布迪厄“好品味/味道”概念中的身份形式进行了批判，反而认为“品味/味道好”的表述更有价值。

在布迪厄探讨品味/味道之前，美学和价值问题一直被认为是社会学之外的东西。[②]许多社会学家试图将其放到一个“黑匣子”中，解决这些问题仍然存在挑战。[③]布迪厄将“品味/味道”从感觉领域成功转化为美学意义上的概念，并在社会科学领域广泛应用。不过，有学者批评说，这一理论主要用来理解高雅文化，将其运用到流行文化领域需要一定的想象力。[④]另外，品味/味道区隔是从阶级结构等外在因素理解“文化物”，并做了功能主义的循环论证，更多地展示了权力斗争，却很少关注人的感受、物所体现出的整体文化。因此，用布迪厄的理论无法分析群体性的饮茶流行，也很难理解在某些历史时段，苦涩的茶叶会“由苦转甜”，而在其他的历史时期和特定空间，同样的“茶饮”却再次变得难以下咽。

这里的茶饮“品味/味道”是社会性的，指的是一种群体现象。饮食的品味/味道作为一种被贬低的感受，也是可以公开讨论的社会现象。

---

① Korsmeyer Carolyn, *Making Sense of Taste: Food and Philosophy* (Ithaca: Cornell University Press, 1999), p.67.

② Simon & Stewart, “Evaluating culture: sociology, aesthetics and policy,” *Bioinformatics and Biology Insights* 18, no.1(2013):1—10.

③ Hennion, A., *Art and Social Theory* (Cambridge: Polity Press, 2004), p.39.

④ Fowler, B., Bourdieu, field of cultural production and cinema, In Austin G(ed.), *New Uses of Bourdieu in Film and Media Studies* (New York: Berghahn, 2016), pp.13—34.

它不是单纯的味觉器官对食物的自然反应，苦涩被人类的生物属性所排斥，甜美的体验则是由文化建构出来的。对于从未喝过咖啡、茶叶的人类来说，第一次饮用时生理口感的直觉并不好喝，然而经过学习相关的知识、懂得规则和长期培养，好喝的感受内化成自然的反应。亨宁(Hennion, A.)认为，作为符号的文化物却不是惰性的，相反，它们振作起来，加强自己。想要更好地理解"品味/味道"的变化，进一步发掘这一概念的理论潜力，需要对物质性，包括"物"和"身体"融入更多的理解。[①]我们借用布迪厄开创的社会学"品味/味道"概念，但抛弃了其阶级区隔的割裂视角，将茶饮"品味/口味"的群体改变视为一种整体的文化现象，围绕茶饮这一物质载体，深入探讨人类品味/味道演变的群体知识、认知和价值做出的贡献。

（三）如何制作"美味"茶饮？

茶饮在唐代中叶以后成为流行饮品，但这种饮料与荆巴、广南等地居民的传统茶饮区别很大，两者不存在继承关系。晚唐文人皮日休明确表示，在陆羽《茶经》传播之前，没有"茶饮"只有蔬菜汤，之后人们才知道如何制作和饮用茶叶。作为蔬菜和药物的传统茶饮有明确的功能性，味道是苦涩的，新式茶饮则"由苦转甜"。陆羽的功绩在于撰写了《茶经》，里面详细地讲述了饮茶的理论、茶叶产地、茶的制作和饮用方法、饮茶必备的器具等。陆羽并不是茶饮的发明者，他只是很好总结了方兴未艾的新式茶饮，它们最早流行于僧侣、诗客等文化社群，陆羽也是他们中的一员。

---

① Savage, M., Silva, E.B., "Field analysis in cultural sociology," *Cultural Sociology* 7, no.2(2013):111—126.

从茶叶制作和外观看来，陆羽之前与之后并没有太大的区别，都是采叶制作成饼、散、粗、末等四种主要形状的茶叶，烤制、捣碎，或直接烹煮和饮用，但在陆羽详细介绍采茶、制作和饮用过程中，却出现了许多的禁忌。换言之，只有依照陆羽介绍的方法，按照一定的规则，采用特定的程序，才能制作出“美味”的好“茶饮”。《茶经》用了很多篇章介绍采造、烹煮、饮用茶叶的方法、过程和器具，茶叶采摘、制作和饮用的规则繁多、过程复杂。以下是陆羽《茶经》“六之饮”中列举的、在制作美味茶饮过程中所面临的种种困难（白话译文）：

> 制作真正的茶饮有很多困难，可归结为九难：一是制造，二是辨别，三是器具，四是用火，五是用水，六是烤制，七是磨末，八是烹煮，九是饮用。不能在阴天和夜间制造，不能只凭嘴巴和鼻子品尝味道和香气，不能使用油腻和腥气的锅碗盆瓯，不用厨房煮饭的膏油薪柴烧火，那些湍急和停滞的水不能用来煮茶，不能烤制得外面熟里面生，绿粉飞尘不是茶末，烹煮时不能急切地快速搅动，夏天喝冬天就不喝并非饮茶。煮一次茶，最美味的不过头三碗，顶多不过盛五碗。如若有五位客人，就传饮三碗茶，七位客人传饮五碗。如果参与者在六人以下，没有固定的碗数，以少一人的量行茶，用多余的茶液精华作补充。

动物通过味蕾的直觉品尝食物，而人类定义“好吃”的标准更为复杂，文化也是令生理上出现舒适感的重要因素。在制作茶饮的过程中，涉及造茶、辨别、器具、用火、用水、烤制、磨末、烹煮、饮用等过程，每一个步骤都有许多禁忌和注意事项，例如，不能在阴天和夜间制造茶叶、品味茶味不能只用嘴巴和鼻子、不能用油腻和腥气的器具和柴火、不能用湍急和停滞的水煮茶……茶饮制作中的各种禁忌不完全为了口感和嗅觉上的舒适,更是思想、精神的体现。通过对陆羽列举“茶饮”制作禁忌的进一步探究,它们所展现出的文化意涵更为清楚。

1. 制作茶饮的茶叶、器具、水与火

这一部分包括茶叶、器具、水、火等物质选择标准和禁忌。制作美味的好茶,对于茶叶的品质、茶具、水、火等都有很多要求。在《茶经》中,陆羽列举了全国出产茶叶的地方,并对这些茶叶进行了评价和分等,但对于评价茶叶等级的具体标准,陆羽并没有说明。水对于制作“好茶”非常重要,陆羽、张又新有专门论水的文字,社会上流传着茶人们辨水的神奇传说。陆羽认为,烹煮茶叶的水最好的是河水、其次为泉水、再次为井水,但他对水的等级的判定标准不详。

陆羽还专门设计了一套饮茶器具,从煮水到废水和废渣的处理,共有二十四件(见《茶经·四之器》)。有些属于日常生活中常见的器具,如炉子、锅、碗等,有些则是特意为饮茶设计的茶器。即便是那些生活中常见的器具,也加入了陆羽的新构思。以烧水的炉子为例,陆羽设计的鼎状风炉不仅实用,还通过打造风炉的外形、绘制一些文字和图案等方式,赋予炉子特定的文化含义,使之具有以下这些陆氏茶炉的专有特征:

炉子制成古鼎的样子,并介绍了制作的材料和尺寸;

炉有三脚,上刻“圣唐灭胡明年铸”“坎上巽下离于中”和“体均五行去百疾”;

炉腹壁上刻的文字为“伊公羹,陆氏茶”;

炉子里面的支架上,刻了《易经》里的离、巽和坎卦,以及火禽、风兽和鱼的象征；

炉身还绘制了花草、山水图案的装饰。

茶炉有复古风格，“陆氏茶”与“伊尹羹”的文字类比，显示了陆羽的政治抱负。伊尹是公元前17世纪初的人，传说中辅佐商灭夏的著名政治家，据说他还是一位名厨，能烹调出美味的羹汤。伊尹烹调羹饮不止为了吃，还蕴含了治理国家的道理。老子曾言“治大国若烹小鲜”，调鼎之道也是治理之道。在古人的意识中，茶道也不是小道，同样隐含了文人们的政治理想。风炉雕刻了《易经》的卦相，并解释了水、风和鱼相生相克的道理。“体均五行去百疾”体现了中国传统文化的思想，这些思想同样体现在阴阳、五行（金木水火土）、中医身体的“五脏”理论，茶道中也隐含了这些传统思想。

在综合考虑清洁、雅致、耐用、朴素等多种因素，相对瓷、石、银等其他材料的锅子，陆羽认为铁锅更适合煮茶。他还重新改造了铁锅的底部，铸造时将中心部分做宽，这样火力集中，利于茶末沸扬。茶碗则要选用越州的青瓷，而不是质量更好的邢州白瓷。青色温润如玉，且使茶汤的颜色呈绿色；白瓷雪白如银，突出的是红色的茶液。唐代喜欢绿色的末茶，与青色的茶碗相配。宋朝则以白色的茶液为尚，黑色的茶盏衬托白色的茶末，被视为茶盏中的上品。

其他的小器具还有很多，例如，碎炭的挝、夹火的箸、烤茶的小青竹夹、放茶的纸袋、筛茶的罗、存末茶的盒、放熟水的盆盂、搅茶的竹夹、放碗的篮子、盛所有器具的“都篮”、放废水的涤方、饮茶后的渣滓存放器具、擦拭的绸巾，等等，陆羽介绍了这些器具的式样、大小、颜色、材质，以及上面的饰品和图案等诸多细节，虽说有些器具在日常生活中很常见,不止用于茶饮的制作和饮用,比如,碗不止用于喝茶,但陆羽根据茶道思想重新对它们进行了改造。吴觉农认为,陆羽设计的饮茶器具既有实用性,也有艺术性,器具使茶汤的品质更为出色,又力求外观的古雅美观,所有设计都围绕着这样两个目标开展。①

2. 饮茶的时间、地点和环境

采茶季节出现在春天的寒食期间(禁火时),此时茶芽初萌,芽叶鲜嫩,这与荆巴等地用老叶制茶、采茶做饼多在夏秋季节不同。造茶不能在阴天或夜晚,但饮茶时多在早上或晚上,这应该与禅者"习静"的思想有关。安静与清醒被认为是人类追求的美好愿望,与现实中的昏聩与欲望形成鲜明的对比。起初,饮茶的地点大多在寺院或野外的山林、溪水旁边,随着饮茶的流行,城市的公私宅院中多设有专门的茶室,位于庭院或室内僻静处。如果在室内煮茶,《茶经》列出的所有茶器都必须用到,在野外煮茶,松树间的石头可以作支架,炉子、灰承等器具可以省略不用,可以省去许多器皿;在清澈的小溪或泉水边,因为泉水足够清澈,盛水的水斗、滤水的器皿和滤水囊可以不用准备。

3. 志同道合的"茶人"

茶可以独自饮用,也可以与志同道合的人聚饮,饮茶的聚会称为"茶会""茶宴""茶集",参与者大多具有相同的信仰,可以共享思想、认知和精神世界。与同道中人一起饮茶,也是茶饮美味的条件之一,这样的茶会令人心情愉快、惬意。

4. 集体饮茶仪式

早期的饮茶多为集体聚饮,称为茶会、茶宴或茶集,《茶经》有关于

① 吴觉农:《茶经评述》,中国农业出版社 2003 年版,第 122 页。

聚会饮茶的介绍。参与者一般有3—7人,他们通过传饮方式共享一碗茶,也叫做巡茶,大家围坐一圈,茶碗由一个人传到邻坐的另一个人。一般情况下,5个人"传饮"3碗茶,7个人则需要5碗。茶会有时还伴有传花、做诗联句等文艺活动,皎然、颜真卿等人的诗集中,保留着茶会上的联句诗。集体饮茶和"传饮"具有宗教集会性质,其间,也有读经、讨论经书、冥想等宗教活动,目的是表达平等、分享的社会价值,增强集体感。随着饮茶向普通百姓普及,非宗教的茶会突出了社交、娱乐功能。

茶饮不是为了解渴,其美味不能靠嘴巴和鼻子品尝。茶饮不是生理意义上的美味饮品,而是文化表达的工具。判定美味与否依靠的不是感觉器官,而是知识、思想和精神理念。僧人皎然表示,饮茶之道"全而真",不是每个人都能体会得到。我们在实践中看到了践行的规则:刘言史的《与孟郊洛北野泉上煎茶》描述了与好友孟郊野外煎茶的情景,地点在洛阳北部的郊野,这里远离尘世,正是"求得正味真"的好地方。烹煮的"越笋芽"是春天在浙江山野里采制的,"鲜火"用堕落的鸟巢敲石而取,水是"避腥鳞"的泉水,茶碗用湘瓷,汲水、拾柴、烹茶……人们亲力亲为,没有仆人代劳……,这场茶会符合制作真"茶饮"的要求——在远离城市的自然环境中,茶叶、水、火、茶碗无不洁净,烹煮好的"茶饮"与同道中人共享,"涤尽昏渴神","可以话高人",品尝真正的美味。

三、茶饮兴起的历史片段

茶饮是唐代中叶以后出现的,陆羽的《茶经》就像是茶饮的宣言。茶饮是一种全新的饮料,与荆巴等地古老的茶菜与茶药完全不同。这种饮品发源的具体时间、地区是什么？为什么会出现在那个时间和地区？谁发明了“茶饮”？它为何对人们产生那么大的吸引力？想要回答上述问题，需要不断地爬梳古籍资料，通过相互印证的方法找到答案。这些问题必须放在当时的社会背景下——唐代中叶的历史片段中去理解，思考当时发生的事情，探寻那些倡导饮茶的茶人呈现出的群体特征，以及他们设计的饮茶规则、仪式所蕴含的思想、理念和价值。

（一）饮茶起源：时间、地点与社群

加拿大麦克马斯特大学研究中国古代宗教的贝剑铭（James A. Benn）认为，饮茶与安史之乱和宗教，尤其是佛教关系密切。[①]饮茶起源于安史之乱前后，许多证据都可以证明这一点，陆羽《茶经》在安史之乱结束时创作完成，之前饮茶的记载极为罕见。《膳夫经手录》大约成书于唐宣宗大中十年（856），作者杨晔的生卒年代不详，根据书中的内容判断，他应该是中晚唐人，当时的饮茶已成风俗，产茶州县遍布南方各地，许多地区产量惊人。这本书里详细记载了茶叶产地、产量和销售地，饮茶从初兴到繁荣的历史进程：

> 古时候没有听说茶饮，晋代以来，吴人采摘茶叶烹煮，称为“茗粥”。开元（713—741）到天宝（742—756）年间，社会上稍微有茶，至德（756—758）和大历（766—779）以后，茶渐渐多了起来，建中（780—783）以后已经非常多了。[②]

① [加]贝剑铭：《茶在中国：一部宗教与文化史》，朱慧颖译，中国工人出版社 2019 年版，第 70 页。

② （唐）杨晔：《膳夫经手录》，续修四库全书。

安史之乱之前的开元、天宝年间，社会上“稍稍有茶”，这是唐代饮茶初兴的阶段。封演，河北省景县人，天宝十五年(756)进士，大历年间为县令，德宗时官至御史中丞。他是天宝年间(742—756)的太学生，也是饮茶初兴时期的亲历者。在他的笔记小说《封氏闻见录》中，出现了两条饮茶兴起的社会传闻。一条传闻将茶饮兴起归功于陆羽、常伯熊等人，他们都是当时著名的茶人。陆羽撰写的《茶经》详细介绍了饮茶功效、茶叶的制作方法和饮用方法，还设计了饮茶必备的器具，大大增加了饮茶传播速度。人们对于《茶经》中介绍的二十四种饮茶器具，据说“远近倾慕，好事者家藏一副”。一个叫常伯熊的茶人，又对茶具和饮茶方法进行了改造，此后茶道大兴，上到王公大臣下到普通百姓无不饮茶。书中的另一条传闻对于了解饮茶初兴的历史也很重要，这段文字大意如下：

茶。早采的叫做茶，晚采者称为茗。《本草》记载茶能止渴，饮后让人无法入睡。南方人喜欢喝茶，起初北方人饮茶的不多。开元年间(713—741)，泰山灵岩寺的降魔禅师极力宣扬禅教。学禅时不能睡觉，晚上也不吃饭，只许饮茶。人们携带茶叶到处煮饮，此后相互模仿形成风俗。邹(山东邹平一带)、齐(山东济南一带)、沧(河北沧州市)、棣(山东省滨州市惠民县)直到京城的城市大多开有煎茶的店铺，不问僧道还是俗人，给钱取饮。茶叶从江、淮而来，载着茶的船和车川流不息，运来的茶叶堆积成山，品种很多。

楚人陆鸿渐作《茶论》，说饮茶的功效，煎烤茶叶的方法，造了二十四件茶具，放在专门的篮子里，远近倾慕，好事者家里都藏着一套。有一位叫常伯熊的人，在陆羽基础上进行扩充和润色，于是茶道大兴,王公贵族和朝堂上的官僚没有不饮茶的。[1]

这条传闻中出现了几个关键信息:一是饮茶出现的时间在开元末年,这与《膳夫经手录》的资料相互印证,说明开元、天宝之间是饮茶初兴时间,随后爆发的安史之乱期间,饮茶潮流迅速蔓延;二是早期茶饮与“学禅”有关,禅宗是唐代中叶以后的新兴宗教,与之前的佛教有很大区别。加拿大学者贝剑铭认为饮茶与佛教有关,这种表述并不准确;三是禅宗和饮茶在北方地区扩张的过程中,降魔禅师是一位有影响力的人物。他是北宗禅的弟子,与荆州玉泉寺有很深的渊源。李白的诗歌中出现的仙人掌茶,也是由荆州玉泉寺的僧人制作和饮用的。种种迹象表明,荆州玉泉寺极有可能是茶饮的核心发源地。

对于饮茶起源的问题,安史之乱、荆州玉泉寺与禅宗是三个重要的关键词,它们分别揭示了饮茶发源的时间、地点和主要社群。通过搜集和分析早期的饮茶资料,我们获得了更多的证据,说明它们与饮茶兴起有密切的关系。

1. 茶饮始于安史之乱

安史之乱是唐朝历史上最为重要的军事动乱,也是李唐王朝由盛转衰的转折点。安禄山发动军事政变不久,玄宗及其继任者肃宗相继病危,代宗继位后不久,持续八年的战乱也进入尾声。封演、杨晔是唐代饮茶风潮的亲身经历者,他们记录了茶饮从无到有迅速扩张的进程,社会上对饮茶风潮的种种传言。据此可知,茶饮始于开元末期至天宝年间,也就是安史之乱的前夕,肃宗上元(760—761)和代宗宝应(762—

① (唐)封演:《封氏闻见记校注》卷6《饮茶》,赵贞信校注,中华书局1958年版,第46页。

763)年间饮茶迅速扩张。陆羽在安史之乱期间完成《茶经》,肃宗上元初年(760),陆羽隐居苕溪(今浙江省湖州市)潜心写作《茶经》,《茶经》“四之器”中煮茶的风炉脚上铸着“圣唐灭胡明年著”的古文字,也就是平定安史之乱的第二年,即代宗广德二年(764),陆羽完成《茶经》写作。

天宝之前的茶诗极为罕见,有两首疑似的茶诗出现在开元初年。加拿大学者贝剑铭认为,蔡希寂创作的《登福先寺上方然公禅室》是唐代最早的茶诗,展现出典型的僧人晚餐。[①]福先寺应该是洛阳大福先寺,[②]蔡希寂的生卒不详,在历史上没有什么名气。从诗歌中表达出的虔敬态度来看,[③]蔡希寂应该是一位教徒,有一天来到福先寺参加宗教活动。在这座名刹古寺最高处幽静的禅房里,他与僧侣共进午餐,吃的是葵菜、菰米、饼等素食。这些食物被称为“真味”和“饴露”,与腥膻的肉食相对立。伴随着燃烧植物香料的轻烟,食物显得更加香甜可口。“晚来恣偃俯,茶果仍留欢”的诗句显示,他在晚上又被招待享用了茶果。一般来说,饮茶时伴茶的点心、水果或坚果等称为茶果,但在唐代可能是“茶”与“果”两种饮食。僧侣们有过午不食的习俗,中午吃过一餐后,晚上只是以茶果作为补充。

---

① [加]贝剑铭:《茶在中国:一部宗教与文化史》,朱慧颖译,中国工人出版社 2019 年版。

② 据福特(Forte, A., 2015)和王宏涛(2017)的研究,福先寺原本是武则天之母杨氏的住宅,后来捐给寺院。上元二年(675)名为太原寺(史称东太原寺),垂拱三年(687)改名魏国寺(史称魏国东寺)。武则天称帝第二年,即天授二年(691),再改名福先寺。武则天将福先寺作为她统治时期的重要国寺,投入巨大人力、财力,建有 1 200 间房屋,占地广、装修豪华。这里也是开展各种佛事活动的中心,如翻译和甄别佛经真伪、设立戒坛、定期的僧人受戒等。玄宗朝的福先寺似乎主要是密宗和律宗的道场,然而,开元二十四年(736)从大福先寺到日本传教的道璇,不仅传播了律宗,也在日本传播了华严宗和北禅宗,显示出福先寺宗教派别的多样性。

③ (唐)蔡希寂:《登福先寺上方然公禅室》,《全唐诗(增订本)》卷 114,中华书局编辑部点校,中华书局 1999 年版,第 1160 页。

开元十六年(728),孟浩然到长安参加科举考试,正值帝都长安的清明节。人们纷纷乘着车子外出扫墓、踏青,客居帝都的诗人坐在空空的厅堂"酌茗聊代醉",这首《清明即事》也是最早的茶诗之一。李白、杜甫都是唐代著名诗人,留下的茶诗却很少。李白的两首茶诗都是晚年的作品,仙人掌茶诗最为著名。学者们对李白仙人掌茶诗的创作时间意见不一,有的采纳天宝三年(744),有的采纳天宝十一年(752),或者上元元年(760)。[①]我们倾向于认为,这首诗应该是在李白晚年旅居金陵期间,即上元二年至代宗宝应元年(761—762)创作的。李白后来又投奔在当涂(今安徽省马鞍山市当涂县)作县令的族叔李阳冰,在一个炎热的夏天,他陪同李阳冰到化城寺游玩,僧侣用"茗酌"和"凋梅"招待他们,他因此创作了另一首茶诗《陪族叔当涂宰游化城寺升公清风亭》。"茗酌"是茶饮,"凋梅"是伴茶的果品。杜甫存留下来的1 400多首诗中,有四首诗提到"茗""茶茗"和"茗饮"。他有一次到巳上人的茅草斋房中做客,写下《巳上人茅斋》这首诗。"枕簟入林僻,茶瓜留客迟"中的"茶瓜",也是茶饮和伴茶的瓜果。

2. 荆州玉泉寺是茶饮发源地

荆巴地区是中国最早有茶饮的地区,三国魏张揖的《广雅》一书中,就有荆巴居民采茶作饼、添加葱、姜烹煮的记载。陆羽在《茶经》中介绍了这里有丰富的野生茶树资源,荆巴古老的茶饮在西安到洛阳的区域传播。安史之乱之后出现的茶饮与荆巴作为药物的茶饮并不相同,然而种种迹象表明,这里也是新式茶饮的发源地。我们能够看到的、有关唐代饮茶兴起的人物和传说,都与荆州玉泉寺有着千丝万缕的关联。

---

① 傅军:《唐代诗人李白与茶》,《上海茶业》2012年第1期,第26页;廖从刚:《撮把新茶注玉杯可助诗人笔花飞——李白玉泉茶诗之由来》,《湖北档案》2002年第2期,第40页。

第一，降魔禅师在北方传教并教人饮茶的传说。降魔禅师又称降魔藏禅师，赞宁所撰《宋高僧传》有他的传记，[1]据此可知，降魔藏姓王，赵郡人（今河北省石家庄市高邑县），其父为亳州（今安徽省亳州市）小吏。他从小性格孤僻，喜好独处，不畏鬼神，长大后身形挺拔，故号降魔藏。起初跟随广福院的明赞禅师吟诵《法华经》，剃度后学习律宗。北宗禅势力大兴，又投奔神秀门下。也有一种说法，说他是神秀的弟子普寂的再传弟子。无论他是谁的弟子，他的饮茶习惯无疑来自北禅宗。

北宗禅的发源地在荆州玉泉寺，神秀是其开创者。根据张说所作《唐玉泉寺大通禅师碑铭》，以及赞宁为其作的传记，[2]神秀俗姓李，陈留尉氏（今河南省尉氏县）人，二十岁在洛阳天宫寺受戒，四十六岁到蕲州黄梅双峰东山禅寺（今湖北省黄冈市黄梅县五祖镇五祖寺），与南宗禅的开创者惠能同为禅宗五祖弘忍的弟子。弘忍去世后，神秀离开东山，到荆州玉泉寺下院的度门寺住下来，并在那里传教二十余年，开创了北宗禅。久视元年（700），九十高龄的神秀受到武则天邀请到东都洛阳弘法。六年后，神秀在天宫寺去世，死后被赐予大通禅师的谥号。唐中宗亲自将其送葬到城外午桥，又派专使送至墓地。神秀的法身从洛阳龙门山送到湖北当阳玉泉寺，并赐钱百万为其建灵骨塔。

神秀的许多故事都不真实，他在生前并未受朝廷重视，北宗禅也是如此。普寂（又称大照禅师）在荆州玉泉寺时便追随神秀，神秀死后，普寂成为北宗禅的第二代领袖。开元年间，普寂、义福和降魔藏等人在北

---

① （宋）赞宁：《宋高僧传》卷8《唐兖州东岳降魔藏师传》，范祥雍点校，中华书局1987年版，第190—191页。

② （唐）张说：《唐玉泉寺大通禅师碑铭并序》，（清）董诰等编《全唐文》卷231，中华书局1983年版，第2334—2336页；（宋）赞宁：《宋高僧传》卷8《唐荆州当阳山度门寺神秀传》，范祥雍点校，中华书局1987年版，第176—178页。

方传教，北宗禅的势力迅速扩张，饮茶也随之兴起。降魔藏没到过南方，有关饮茶和禅学的知识应该由普寂等人传授，源于北禅祖庭荆州玉泉寺。

第二，李白称之为仙人掌茶的茶叶，也来自荆州玉泉寺。这是南京的中孚禅子送给他的，之前李白从未见过这样的茶叶，为此创作了一首诗歌，并在诗歌的序言中详细介绍了这款茶叶。唐代流行的茶叶为饼茶，这是荆巴古老的茶叶制作方法。在蒸煮、捣碎和拍成饼、块的过程中，会出现各种形态。这款茶叶的形状似手掌，李白为其取名仙人掌茶。茶叶由荆州玉泉寺的玉泉真公制作，这里的茶树生长在钟乳石洞窟边，清澈的溪水流过，洞窟内有许多生长千年的白蝙蝠，宛如一幅神仙世界的画卷。李白称白蝙蝠为“千年仙鼠”，因喝钟乳石窟中的水而长生不死。玉泉真公常饮“仙人掌茶”而面若桃花，暗示此茶具有返老还童的功效。

李白是一位道教徒，在介绍玉泉寺、玉泉真公和仙人掌茶时，夹杂了大量道教的概念、思想和符号。例如，茶树的生长环境类似《述异记》里面的描述，《述异记》又保留了失传的《仙经》等道教典籍的内容。蝙蝠在道教经典中象征长寿，《仙经》、葛洪《抱朴子》和南朝梁任昉的《述异记》中都有记录。《仙经》是一部早已失传的黄老道学典籍，其残卷多为后来的道教人士所引用。这本书将蝙蝠称仙鼠，据说千年后能变成如银的白色，栖息时倒悬，因饮用钟乳石的水而长生。东晋著名道士葛洪的《抱朴子》一书，也称白蝙蝠为色白如雪的千岁蝙蝠，据说蝙蝠倒悬是因为脑子重。

在法华宗(天台宗)的谱系中，玉泉真公是荆州玉泉系的惠真，他还有一个名称叫做兰若和尚。李华与李白是同一时代的人，曾经为法华宗（天台宗）左溪玄朗作过碑记《故左溪大师碑》，讲到天台法门（主要是天台宗浙江国清系）的传承，也介绍了荆州玉泉系的“真禅师”及其师傅宏景禅师，他说：“又宏景禅师得天台法，居荆州当阳，传真禅师，俗谓兰若和尚是也。”①真禅师就是李白所说的玉泉真公。左溪玄朗是法华宗（天台宗）浙江系传人，惠真是荆州玉泉系传人，二人同年生，也在相近时间去世。左溪谱系中的师徒传承比较清晰，但惠真的师承却很模糊。

法华（天台）在荆州的玉泉系，以恒景和惠真为代表。恒景原名弘景，又称宏景，宋人避讳，改称恒景，他是惠真的师傅。传说荆州玉泉寺由智颢创建，智颢是法华宗（天台宗）的实际创始者，其道场在浙江天台，因家乡在荆州，于隋开皇十三年（593）回到家乡传教。智颢与徒弟灌顶在荆州两年，讲解《法华玄义》和《摩诃止观》，但传教活动并不顺利。李华在讲述法华宗（天台宗）玉泉系传承时，含糊地将宏景（弘景）视为灌顶的传人，然而灌顶在宏景出生前就去世了，他不可能是宏景的师傅。这也说明法华宗（天台宗）玉泉系的发展并不好，以至于当时的人也不太清楚其传承。法华宗（天台宗）的“中兴”出现在湛然（711—782）时代，湛然将“法华宗”改为“天台宗”以突出其地域特色。湛然的俗家弟子中，梁肃和李华都是具有较高社会地位的官员，这对于天台宗的传播具有极大作用。

李华不仅为法华（天台宗）的左溪玄朗写过碑铭，也为惠真写过碑文，题为《荆州南泉大云寺故兰若和尚碑》。惠真俗家为南阳的张氏，十三岁便立志出家，先是在西京开业寺，后来又到天竺取经，在海上遇到从西天返回的义净后一同回来。他最终没有到海外求法，而是来到荆

① （唐）李华：《故左溪大师碑》，（清）董诰等编《全唐文》卷320，中华书局1983年版，第3241—3242页。

州玉泉寺跟随宏景学习律法。荆州的生活环境非常艰苦，惠真建造起简陋的居所，饮食方面也非常粗恶，有时候还吃不上饭。李华的这段文字，译为白话如下：

> （惠真）身体力行勤劳俭朴的生活作风，带领门徒在此修行，很多人不堪忍受如此辛苦，惠真和尚却以禅修为乐，舍弃睡眠和休息，寒冬和酷暑没有区别，他严格尊重戒律，只吃一种食物，在规定的时间里饮茶。①

李华碑文中的真禅师是一位严格遵守戒律、食素茹草的苦行僧，饮茶象征着其艰苦朴素的生活，这与李白诗中饮茶后面如桃花、长寿快乐的玉泉真公形象完全不同。李白与李华对同一个人的不同描述，与两人隶属的宗教差异有关，李白信奉道教，而李华则是从法华（天台）宗的视角为惠真，也就是李白所说的“玉泉真公”做传。荆州玉泉寺是许多宗教的重要发源地，法华（天台）宗在这里发展出第二分支，这里也是禅宗的祖庭。李白说的玉泉寺，李华称之为大云寺，这个名称显示其为摩尼教的寺院。唐中叶之前，道教是李氏王朝崇尚的国教，其他宗教往往伪装成“道教”以利于生存，其他宗教的传教者也被称为道人。禅宗表面上归属佛教系统，实际是多种宗教派别的混合体，其信徒经常改换门庭。随着宗教派别势力的此消彼长，惠真被不同宗教谱系纳入自己派系，他既是李白口中的道人“真公”，也是律师和禅师。

第三，陆羽、皎然等唐代早期茶人与法华（天台宗）玉泉系的关系也

---

① （唐）李华：《荆州南泉大云寺故兰若和尚碑》，（清）董诰等编《全唐文》卷 319，中华书局 1983 年版，第 3236—3238 页。

很密切,他们有关茶饮的知识源头也可追溯到荆州玉泉寺。陆羽曾是一名弃婴,竟陵龙盖寺(今湖北省天门市)智积禅师在湖滨捡到他并抚育成人。陆羽离开龙盖寺后到全国各地游历,后来在金陵、湖州长期居住,与诗僧皎然等人交往密切,并在湖州创作了《茶经》。有关智积禅师的记载很少,由于没有可信的记载,人们不知道陆羽的茶叶知识是否源自龙盖寺,但可以肯定的是,在湖州与皎然等人的交往对陆羽影响很大。

皎然的老师是苏州支硎寺的守真(《宋高僧传》等为"守直"),皎然在为守真撰写的塔铭中称"至荆府依真公,三年苦行",[①]可知守真曾到荆州玉泉寺,跟随惠真学习了三年。根据《灵隐坚道守直禅师传》的记载,[②]守真后来投入北禅宗的普寂门下学习楞伽心印,又到京师向密宗始祖善无畏学密宗法门,还到过五台山学习《华严经》。可见他的学习经历非常丰富,似乎也在不断改换宗教门庭。天台(法华)宗、律宗、禅宗、密宗、华严宗等宗教门派在编撰教史时,都将其视为自己的门徒。在赞宁编写的《宋高僧传》中被称为"律师",但他也被视为天台宗、北宗禅等其他宗派的僧人。

由于学习的内容庞杂多样,与皎然等一样,很难明确守真的宗教派别。他的饮茶知识应该是在荆州玉泉寺跟随惠真,或者北禅宗的普寂学习的,最终在杭州天竺山灵隐寺安定下来。在陆羽的评价体系中,杭州天竺灵隐寺的茶叶为最高等级。皎然对茶的痴迷显然受其师傅守真的影响,守真的茶饮知识无论源自惠真还是普寂,其发源地都是荆州玉泉寺。

---

① (唐)释皎然:《杼山集》卷8,《唐杭州灵隐山天竺寺故大和尚塔铭(并序)》,文渊阁四库全书本。

② (清)张大昌:《龙兴祥符戒坛寺志》卷8,杭州出版社2007年版,第126—127页。

3. 饮茶与禅学社群

降魔禅师教人饮茶的唐代传闻显示，饮茶是禅修的辅助手段。早期的饮茶几乎都出现在禅修活动中，“茶禅一味”的说法也深刻揭示了两者密不可分的关系。“禅”原本是辅助佛教修行的一种手段和方法，这种修行的方法据说在东汉桓帝时，就由一位安息僧人安世高传入中国。“禅”在中国古代的读音为 shàn，而 chán 的发音来自梵文 Dhyana，意思是静虑，即坐在那儿安静地思考。早期佛教有两种语言来源，一种是梵文，一种是缅甸、泰国、印度语。在梵文中“坐禅”为 Dhyana，缅甸、泰国、印度语则为 Jhana。冉云华在对比“印度禅与中国禅”的基础上，认为中国的“禅”多半是从 Jhana 翻译过来。禅宗名义上源于佛教，与佛教的关系并不密切，是佛教中国化的产物。

禅原本是一种宗教方法、手段和工具，许多宗教派别都有禅修的方法，禅宗更是以此作为本教的名称。许多人将禅宗等同于佛教，然而两者却有着不同的起源，经书、教义与崇尚的领袖截然不同。佛教源于印度，经典和教义都从西方传来，而禅宗则起源于中国，经书和领袖的源头都在中国。佛教徒必须熟悉翻译来的典籍，经过考试后被国家授予教籍，在国家注册的寺院中过着严格戒律和规范的生活。最初的禅宗教徒大多来自社会底层，没有进入国家教籍，也没有在注册的寺院出家。他们认为不必阅读经院学派翻译的西方佛经，南禅更是以惠能的语录《坛经》为经，也不必遵守戒律，只要心中有佛、遵循“菩萨戒”，出家和在家修行没有太大的差别。

禅宗提倡个人主义的修心、开悟说，主张以简便易行的方法修行，公然挑战官方认可的佛教权威。安史之乱之前，禅宗势力并不大，只是众多新兴的平民宗教之一，但在中唐之后却发展成唐宋时期主流宗教。

任继愈在谈到禅宗时，将其与隋唐以来的佛教做了区分。他认为禅宗特指隋唐时期佛教的一个宗派，在中国佛教史上独树一帜，具有鲜明的中国特色。[①]方立天也认为，禅宗是一个崭新的佛教体系，也可以说是佛教中的新教，中国化的表现。与印度佛教相比，禅宗更重视人本和平民，具有自性、简易、顿悟、现实等特点。[②]

荆州玉泉寺是众多新兴平民宗教的发源地，道教、法华（天台）宗玉泉系、摩尼教、北禅、南禅等都在这里发育，相互学习并最终汇聚成势力庞大的"禅宗"。荆巴地区原本是有记载以来最早利用茶叶制作茶菜、茶药的地区，这里也是唐代以后众多平民宗教的重要汇聚地，以"禅宗"为代表的新兴宗教提倡个人主义的"禅修"方法，"饮茶"既是"禅修"的一种方法和技术，也是新兴宗教表达思想的物理工具。安史之乱以后，李唐王朝的政治格局和社会结构发生巨变，寒门子弟和禅宗代表了新兴的政治文化新势力。饮茶首先出现在"禅修"的宗教社团，也受到寒门文士和底层官僚的欢迎，并随着禅宗的崛起迅速流行。元稹创作过一篇题为《茶》的宝塔诗，诗的开头写道：

茶
香叶，嫩芽
慕诗客，爱僧家
……

元稹点出了茶饮爱好者的群体特征，他们是诗客与僧家，这里的僧

① 任继愈：《禅宗与中国文化》，《社会科学战线》1988 年第 2 期，第 81—84 页。
② 方立天：《慧能创立禅宗与佛教中国化》，《哲学研究》2007 年第 4 期，第 74—79 页。

家不是传统佛教徒,而是禅宗等新兴宗教信徒,诗客也并非旧的文化贵族。唐代早期,选拔政治精英的科举考试以经学为重,世家大族子弟在考试中具有明显优势,诗歌、小说等文艺创作被视为雕虫小技不受重视;中唐以后,经学衰落了,文章歌赋和进士科在科举中的地位日益重要,为寒门子弟地位跃升提供了出路。诗客与僧家一样,都是新兴平民文化阶层的代表,寒门子弟往往既是"诗客",也是禅宗信徒。"诗客"与"僧家"关系密切,作诗、禅修和饮茶成为寒门子弟共同的爱好。有些寒门子弟隐在幽静的山林寺院读书,许多高僧本就是读书人。

(二)茶饮、禅宗与平民阶层的崛起

唐代中叶以后饮茶兴起,饮茶者具有明显的群体特征,几乎都是禅宗信徒。"茶"与"禅"的密切关系已是不争的事实,北禅的创始者是神秀,荆州玉泉寺是其祖庭,泰山灵岩寺教人饮茶的降魔禅师就是北禅的弟子。饮茶之与禅宗,绝不是宗教饮食或者僧侣生活方式那么简单,而是一种颠覆性的社会变革的产物。禅宗势力兴起和发展的安史之乱前后,也是中国古代社会发生全方位巨变后,出现一种全新社会类型的起点。很多学者努力从各个层面描绘社会的变化,也试图为这个新社会冠以合适的名称。禅宗是这一新社会类型的文化表现,茶饮是其表达方式。

1. 禅宗:大转变时代的平民宗教

陈寅恪在《论韩愈》一文中指出,唐代的历史可以分为前后两个时期,前期是南北朝旧时代的终结,后期是赵宋新时代的开启。无论是政治、社会、经济,抑或是文化、学术莫不如此。[①]安史之乱以后社会发生

① 陈寅恪:《论韩愈》,《历史研究》1951年第2期,第105—114页。

的巨大变化，一直延续到宋代构成了一种新的社会形态，受到中外学者的高度关注。1922年，日本学者内藤湖南发表了《概括的唐宋时代观》(《历史与地理》第九卷第五号)一文，提出宋代近世说。他将中国社会分为上古(至后汉中叶)、中世纪(十六国至唐中叶)与近代(宋元、明清)三个时段。在此基础上，他的学生宫崎市定将“宋代近世说”发展为“唐宋变革论”，从世界史的角度，将宋以后视为中国的文艺复兴时期，该理论风靡西方汉学界。20世纪八九十年代传入国内后同样引起学界重视。近年来，中国学界出现了许多类似的反思，学者们希望跳出国外设计的中国断代，独立思考和研究中国社会。①

法国学者谢和耐也称，宋代是中国的文艺复兴时代。中国在11—13世纪期间，政治、社会和生活诸领域都发生了深刻的质的变化，“政治风俗、社会、阶级关系、军队、城乡关系和经济形态均与唐朝贵族的和仍是中世纪的帝国完全不同。一个新的社会诞生了，其基本特征可以说已是近代中国特征的端倪”。②中国学者大多赞同唐宋时期中国发生的巨变，钱穆称，“论中国古今社会之变，最要在宋代。宋代之前，大体可称为古代中国。宋代以后，乃为后代中国。秦前，乃封建贵族社会。东汉以下，士族门第兴起。魏晋南北朝迄于隋唐，皆属门第社会，以成为变相的贵族社会。宋以下，始是纯粹的平民社会”。③也有中国学者认为，唐宋之际的社会变革不宜评价过高，当时的中国社会依然是封建社会，不能与西方文艺复兴类比。尽管历史学家对于唐宋变革的评价不同，但他们都承认中

① 有关唐宋变革的讨论，参见李华瑞：《20世纪中日“唐宋变革”观研究述评》，《史学理论研究》2003年第4期，第87—95页；《走出“唐宋变革论”》，《历史评论》2021年第3期，第76—80页。

② [法]谢和耐：《中国社会史》，江苏人民出版社1995年版，第257页。

③ 钱穆：《理学与艺术》，《宋史研究集》第七辑，台湾书局1974年版，第1页。

唐以后的社会与之前相比发生很大变化。正如胡如雷所说,放眼中国封建社会全过程,从唐中叶以至于宋代,的确发生了一些重要且显著的变化。①

从社会结构的角度看,最显著的变化是以“关陇集团”为代表的旧权贵的衰落,代表平民阶层的“寒门子弟”的崛起。“关陇集团”的概念来自陈寅恪,他说,有唐一代三百年间其统治阶级之变迁升降,即是宇文泰关中本位政策所纠合集团之兴衰及其分化。宇文泰融合关陇胡汉民族有武力才智者,创造了霸业,隋唐继承其遗产又扩充之。②李唐王朝的权力结构及其变迁,可以用关陇集团的扩张和瓦解来概括。这种社会形态可追溯到鲜卑族建立的北魏政权,北魏解体后的王朝,定都长安的西魏至于李唐王朝的沿革如下:元宝炬、宇文泰建立的西魏→宇文觉建立的北周→杨坚建立的隋→李渊建立的唐。西魏至于隋唐朝代的更迭并没有改变政权性质,这是一个以鲜卑民族为主体、与北方其他少数民族结成的贵族军事同盟,他们之间既有竞争,也通过联姻等方式结盟。

清代学者赵翼首先注意到隋唐权力集团的地域特征,陈寅恪的“关陇集团”概念不是地域的概念,而是对一种社会类型的概括。日本学者古川道雄说,清代赵翼所谓周、隋、唐创建者皆出身武川镇已成定论,有学者统称为“武川镇军阀”。陈寅恪“关陇集团”的概念是一个地域性的文化范畴,是由胡与汉、武力与才智等各种不同的种族及人力混合在一起形成的社会,武川镇军阀是这个社会的核心集团。③陈寅恪是中国最早运用现代社科理论,抽象出隋唐社会的理想类型的学者。“关陇集

---

① 胡如雷:《唐宋时期中国封建社会的巨大变革》,《史学月刊》1960年第7期,第23—30页。

② 陈寅恪:《隋唐制度渊源略论稿·唐代政治史述论稿》,三联书店2002年版,第234—235页。

③ [日]古川道雄:《隋唐帝国形成史论》,李济沧译,上海古籍出版社2004年版,第274页。

团”不是一个地域概念，而是一种社会类型、国家群的概念。这个概念既包括社会的权力结构、社会群体，也包括凝聚社会的集体精神。

李唐社会的权力核心是掌握府兵的氏族权贵，后来又吸纳士家大族的首领、佛教领袖进入统治集团，形成了牢固的门阀大族的权贵联盟。关陇集团的社会基础是部落军事联盟，军队和兵制几乎相当于国家。府兵由各部落按比例派出男丁组成，除了卫戍京师的特种部队，部落成员战时为兵，无事时作耕于野的农民，实行全民皆兵的组织方式。当战争发生时，命令和将领由中央派出，战事结束后，将领回到朝廷，士兵则回到原来的居所。①府兵制不仅是军事组织，也是分配土地、奴婢等财富、推举首领的经济—政治体制，可以称为唐朝国家的原型。

中原地区的汉人社会很早就发展出较高的农耕文明，魏晋南北朝时的战乱为士家大族的崛起提供了土壤。汉晋以来逐渐形成世家门阀社会，这是一种以族群为中心形成的自给自足、自我管理的封闭社会形态。士族之间通过联姻建立联盟，取代政府形成基本的社会组织。士族势力以山东、河北为最多，山东形成崔、卢、李、郑、王五大姓氏。为了笼络关陇豪右、迁到关陇的山东大族，西魏、北周的实际统治者宇文泰对鲜卑旧制进行了改造：一是用儒家文化中的周官制度名称改造鲜卑旧制，这是府兵名称的来源；二是赐予西迁关陇的山东大族籍贯为关内；三是赐予府兵将领（及其士卒）鲜卑姓氏；四是按照鲜卑部落联盟的财富分配方式，对战利品（土地、奴婢）进行分配。②

早期的部落联盟为了激发斗志，军官们的战功可以恩荫到子孙，随

① （北宋）欧阳修、宋祁：《新唐书》卷50《兵志》，中华书局1975年版。

② 陈寅恪：《隋唐制度渊源略论稿·唐代政治史述论稿》，三联书店2002年版，第140—141页。

着全国统一和战争终结,权贵阶层因拥有特权变得固化。他们的特权包括:恩荫子孙、获得永久的田产、免除赋税和劳役、犯罪按照官位高低减免刑责等。文官们同样按照品级享受不同的特权:五品以上属于高级官员,其子孙按恩荫制度生而为官,全家人免征赋税和徭役;三品以上官员的曾孙可受恩荫,五品以上限于孙辈;六品以下官员不能恩荫子孙,只能免除个人而非全家的赋役。因税法的变化,后来在实际执行赋税制度过程中,六品以下官僚家人的赋役也被免除。

从唐初到武则天时代,通过祖辈的特权获得官职的人很多,高级官员几乎都来自世家大族。唐高宗时的吏部侍郎魏玄同说,贵戚子弟很早便请求皇帝封官,以至于有些孩童腰戴银艾、穿着朱紫官服。弘文和崇贤馆的名衔,千牛、辇脚等高贵职位,无才无能的门阀子弟能轻易得到。①唐中宗时,萧至忠对官僚集团的固化和腐败感到忧虑,国家重要的官爵几乎都被宰相、近侍、显赫官僚的子弟占据,他们都是世家权贵的亲戚,生活腐化,罕有才艺,相互请托,占据重要职位而无所作为。他建议国家居安思危,量才授官,官无虚授;宰相以下及诸司长官子弟都改授外官。然而,他的奏疏未被采纳。②

在统一全国后不久,关陇集团掌握了大量的财富,生活变得腐化和堕落。贞观年间(627—649),长孙顺德做泽州(今山西晋城)刺史,没收了前刺史张长贵、赵士达侵占的膏腴上田数十顷,分给了贫弱者。③贾敦颐在永徽任洛州刺史时(650—659),没收权贵豪右逾制侵占的田地三千多顷,分给贫民。④豪强者逾越规则侵夺田地的现象非常普遍,不

① (后晋)刘昫:《旧唐书》卷87《魏玄同传》,中华书局1975年版,第2851页。
② (后晋)刘昫:《旧唐书》卷92《萧至忠传》,中华书局1975年版,第2970页。
③ (北宋)欧阳修、宋祁:《新唐书》卷105《长孙顺德传》,中华书局1975年版。
④ (北宋)欧阳修、宋祁:《新唐书》卷197《贾敦颐传》,中华书局1975年版。

受节制的土地兼并破坏了均田制，国家掌握的土地、赋税和人口数量不断减少，面临严重的财政困难。唐武宗时，因官职名衔的混乱，离任官员假借虚衔号称衣冠户，广置财产却能逃避赋役。[①]土地兼并也破坏了国家的军事基础，使府兵的来源面临枯竭。

天宝年间，府兵们的地位一落千丈，卫戍京师的士兵称为侍官，然而他们再也没有荣耀的感受，被驱使差遣如同奴隶，长安人羞于从事这份差事。守卫边疆的府兵大多受将领们驱使，从事一些辛苦的劳作。边疆将领不顾惜士兵们的生命，为了霸占其财产甚至乐见其死，府兵大批逃亡，以至于无兵可征。[②]常年征战无法回家的士兵早已不想打仗，他们没有机会在战场上升迁，像奴隶一样被驱使，死后财物又被长官侵夺。为了解决兵源难题，玄宗开元十年(722)，宰相张说提出以钱招募的募兵制，看似解决了兵源难题，却使原本亏空的国家府库更为困难。权力集团并不稳定，外部受到吐蕃、回纥等势力的威胁，内部的族群、阶级、宗教、文化冲突不断，逐渐走向分崩离析。

唐王朝的外部环境非常严峻，周边的地区政权势力都很强大，曾多次劫掠两京都城。随着均田制和府兵制的瓦解，王朝的财政和军事基础弱化，不足以抵抗外敌，不得不在边疆采用节度使制度，任用英勇善战的胡人将领以胡制胡。北方藩镇多由当地蕃人充任节度使，如成德军节度使李宝臣为奚族，卢龙节度使李怀仙为柳州胡人，淄青节度使李正已为高丽族。全国共设立了十个节度使，除了河西节度使的设置约在唐睿宗景云元年或二年(711—712)，其余九个节度使均在玄宗时期设立或升任。

---

① (唐)武宗皇帝:《加尊号后郊天赦文》(清)董诰等编《全唐文》卷78，中华书局1983年版，第820页。

② (北宋)司马光:《资治通鉴》卷216《唐纪三十二》，中华书局1956年版，第6894—6895页。

朝廷利用地方节度使的勇敢善战抵挡外敌,又时刻对他们实施约束和管控。安禄山等"寒族蕃人"为王朝抵挡周边入侵,他们因勇敢善战获得升迁,却没有获得足够权力。天宝元年(742),边疆节度使的兵力达到四十九万人,占全国总兵力85%。安禄山兼任三镇节度使,地域广大,兵力在诸节度使中最多,达二十万,李唐王朝的中央军却不满八万,仅凭中央军的势力无法与安禄山相抗衡。随着节度使实力的增长,他们试图摆脱中央控制,拥有更大决定权。玄宗时表面强盛,实则已无力控制节度使的膨胀。中央与地方的权力关系发生扭曲,只能通过战争方式进行调整。安史之乱不仅是一场军事叛乱,它也是民族、阶级和宗教矛盾不断积聚,最终无法调和后的总爆发。

开元二十年(732),时任幽州节度使的张守珪抓住几个偷羊贼,按照法律原本应该乱棍打死,在审问安禄山时却被他的豪言壮语打动,决定让他到军队效力以将功赎罪。安禄山凭借语言和狡猾的优势,果然屡立奇功而一路升迁,最终成为身兼平卢、范阳、河东三镇节度使的封疆大吏。

但安禄山凭借战功获得升迁后却不被信任,受到门阀权贵的严密管控。当时的宰相李林甫曾对玄宗皇帝说:"如果任用文人作为将领,他们生性怯懦,不敢冒着枪林弹雨作战,不如用寒族蕃人。蕃人勇敢善战,寒族则无同党而孤立无援。"①安禄山非常惧怕李林甫,严冬见到他也害怕得汗流浃背。②因其"寒族"身份,安禄山的反叛带有代表平民阶层反抗关陇贵族的意味,在社会上获得一定的支持者,不乏朝廷里的高级官员。三百多名投降安禄山的官员,大多是蕃族、寒士等社会边缘群体。

---

① (后晋)刘昫:《旧唐书》卷106《李林甫传》,中华书局1975年版。

② (北宋)司马光:《资治通鉴》卷216《唐纪三十二》,中华书局1956年版,第6905页。

安史之乱对于已经动摇的权力秩序带来沉重打击，关陇集团的根基开始瓦解，地方割据的力量日益增强，中央与地方权力关系发生了逆转。地方割据势力与中央政权处于竞争状态，为寒门子弟提供更多上升的空间。早在武则天(624—705)时期，处在内忧外患的统治阶级就面临严重危机，急需解决财政和军事等诸多困境。为了打破固化的权力结构，选拔真正的人才参与国家治理，武则天设立了由皇帝亲自主持的制举考试。[①]玄宗登基的第二年，下令搜罗怀才隐居的人士，发布了许多令有才能的人自荐的诏令。常举之外，又设通五经、通一史，进献文章和著述，等同制举。[②]寒门子弟姚崇、张说通过制科登第入仕，并在开元时拜相。天宝十载(751)，杜甫向唐玄宗进献《三大礼赋》获得赏识，被授予京兆府兵曹参军。[③]

安史之乱之前，制举、自荐和进士科等人才选拔新途径，对于寒门子弟实现阶级跃升的作用不应该被高估，旧权贵依然牢牢地享有各种特权。玄宗时开设的道举将道教经典纳入明经考试的内容，陈希烈、元载、李泌等人因为能讲《老子》《庄子》《易经》等道教典籍获得提拔，甚至升任到宰相位置。陈希烈精通道家学说，唐玄宗时召入禁中讲解《老子》《易经》，常以神仙符瑞取悦玄宗。天宝五年(746)因李林甫推荐成为宰相。陈希烈名义上是宰相，却从未掌握过实际权力。史载李林甫在家中处理政务，百官都到他家门口等待召见，陈希烈坐在政事堂上却无人前来，他的职责只是在公文上署名罢了。[④]德宗问，宰相必然被委

---

① (宋)王溥：《唐会要》卷76《贡举中·制科举》，上海古籍出版社2006年版。

② (唐)封演：《封氏闻见记校注》卷3《制科》，赵贞信校注，中华书局1958年版，第16页。

③ (后晋)刘昫：《旧唐书》卷190下《杜甫传》，中华书局1975年版，第5054页。

④ (北宋)司马光：《资治通鉴》卷215，《唐纪三十一》，中华书局1956年版，第6884页。

以政事,像玄宗朝的牛仙客和陈希烈这样的能算宰相吗?①

社会等级依然森严,从事工商业的家庭,其子女被排斥在官僚体系之外。据《唐六典》,吏部官员自己、同住亲属在大功以上的从事工商业,并作为家中专业者,都不得做官;开元二十二年订立户籍,士、农、工、商各专其业,"工商之家不得预于士,食禄之人不得夺下人之利"。②像李白、杜甫这样的平民子弟,出身商人或身为小吏,在世家大族掌权的时代很难跻身上层,通过各种途径结交权贵的风气非常普遍。开元二十二年(734),李白向荆州长史韩朝宗写了封自荐信,下面摘录自我介绍部分,译为白话如下:

> 我,李白,陇西一介平民,流落楚地汉水一带。十五岁爱好剑术,拜访过许多地方大员。三十岁学会文章,投递给朝廷里的高官。虽然身高不足七尺,却满怀雄心壮志。许多王公大人赞赏我的志节义气。这是我以前的心路和经历,现毫无保留地倾诉给您。③

李白出身商人,没有资格参加科举考试。他在少年时跟随师父学习文韬武略,想要为平定边患出谋划策,后来又到终南山学道,以此为媒介结交权贵。他后来放弃军功梦想,三十岁写诗歌做文章投递给权贵,最终还是一事无成。为了排解郁闷的心情,李白染上酒瘾,内心感

---

① (北宋)司马光:《资治通鉴》卷233,《唐纪四十九》,中华书局1956年版,第7512页。

② (唐)张九龄等著:《唐六典全译》卷2、3,袁文兴、潘寅生主编,甘肃人民出版社1997年版,第54、98页。

③ (唐)李白:《上韩荆州书》,(清)董诰等编《全唐文》卷348,中华书局1983年版,第3531—3532页。

到无比孤独。民间传说中他成功地接近玄宗，让皇帝的近侍太监高力士为他脱靴，这不过只是郁郁不得志的寒门文士的幻想罢了。

安史之乱以后，阶级的边界变得松动起来，原本被限制科考的商人、小吏，从事低贱职业的社会边缘群体有机会通过科举进入仕途，或者到地方节度使处任幕僚。过去，科举考试以秀才和明经为重点科目，诗词歌赋、撰写文章的进士科不受重视。经学的考试更有利于士族子弟，只有他们才有条件学习经典。安史之乱以后，明经受到嘲笑，进士科成为考试的热门，雕琢文章诗歌的诗客群体大兴。陈寅恪认为，进士科虽设于隋代，而其受到尊重，以为全国人民出仕的唯一正途，实始于唐高宗即武则天专政时期，玄宗遂成定局。[①]也有学者认为，在总体趋势上进士科日益受到重视，但其重要性并非在玄宗朝固定，时间上还要往后一些。[②]“贵进士而轻明经”的事例多出现在德宗贞元（785—805）、宪宗元和之际（785—820），我们认为这应该是重视进士科的转折期。

贞元以后，一批优秀的寒门子弟进士及第进入官场，韩愈、白居易、王播、孟郊等人都是在这一时期进士及第，他们大多出身贫寒。韩愈自称“家贫不足以自活，应举觅官，凡二十年矣”，[③]白居易也是“家贫多故”，[④]孟郊的父亲是一名小吏，任昆山县尉，家境贫寒。孟郊经历三次科举考试，贞元十二年（796），在他四十六岁时终于考中进士。唐代中后期的小说中，不乏底层人通过写诗、科举功成名就的传奇。贞元、元和年间，一位名叫胡令能的修补匠也学会了作诗。由于他的职业为补

---

① 陈寅恪：《隋唐制度渊源略论稿·唐代政治史述论稿》，三联书店2002年版，第205—206页。

② 吴宗国：《唐代科举制度研究》，辽宁大学出版社1992年版，第171页。

③ （唐）韩愈：《上兵部李侍郎书》，（清）董诰等编《全唐文》卷551，中华书局1983年版。

④ （唐）白居易：《与元九书》，（清）董诰等编《全唐文》卷675，中华书局1983年版，第6890页。

锅锔碗,人们都叫他“胡钉铰”。《全唐诗》收入他的四首诗,大多通俗易懂,用近乎白话描绘平民日常生活。

平民阶层在安史之乱后进入政治舞台,禅宗等新兴宗教的信徒也几乎都来自这个阶层。活跃在政治舞台上的平民新贵,很多也是禅宗信徒。禅宗分为北禅与南禅,北禅兴起于开元年间,开创者为神秀。据玄宗时的宰相张说撰写的碑铭,神秀于武德八年(625)在洛阳天宫寺受具足戒,武则天仪凤年间(676—679)隶籍荆州玉泉寺,神龙二年(706)在天宫寺去世后又归葬荆州玉泉寺。伊吹敦认为,神秀受戒与入籍的时间都是不真实的。禅宗领袖大多出身贫民,很多人不是正式僧侣。成为禅宗领袖后,国家才特意将他们的度牒改写,并安排到僧籍。[①]神秀早年的活动轨迹并不清晰,张说所谓“生于隋末,百有馀岁,未尝自言,故人莫审其数也”,也只是后人对其的神话。

禅宗信徒主要由工匠、商人、农夫等底层平民构成,很多都是目不识丁的文盲。南禅祖师惠能靠樵采为生,不识字,在寺院里做舂米的工作,偶尔听到《金刚经》里的一句话“应无所住而生其心”后顿悟。也有一种说法是,未出家之前,惠能是一位岭南新州(今广东省新兴县)的樵夫,家境非常贫寒,没有读过书,靠樵采卖柴为生,有一次在城市里卖柴,偶尔听到诵经,深受触动,从此有了寻师学道的念头。唐高宗咸亨初年(670),惠能安顿好母亲,便北上湖北黄梅投奔弘忍。惠能生前没有什么耀眼的事迹,具有传奇色彩的事迹明显是后人编造的。

安史之乱为南禅的发展提供了契机,南方山林里出现许多简易禅寺,由地方割据势力和私人支持,度牒也可以出钱购买,很多人为了逃

① [日]伊吹敦:《神秀得度受戒年代考》,《佛教文化研究》2015年第1期,第256—275页。

避赋税和徭役进入禅寺。信徒们白天从事着打柴、种地、渔猎、贩运等各种职业，夜晚聚众静坐禅修。许多被追溯为南禅分支的宗教小团体出现在南方丛林，其领袖带领信徒开荒种地、建立寺庙，有的也从事商业活动，形成别具一格的小社会。例如，大历年间（766—779），马祖道一带领僧徒进入丛林，在山区开垦种植；兴元元年（784），怀海禅师与其信徒进入江西省奉新县的百丈山，开山建寺，设立本教内部的戒律清规。百丈清规为其他禅宗门派仿效，自此风行天下。[①]贞元十一年（795），南泉普愿禅师来到池阳（今安徽省池州市）南泉山建造禅寺，"蓑笠饭牛，溷于牧童，斫山畬田，种食以饶，足不下南泉三十年矣"。[②]元和末年，沩山灵祐禅师在沩山（今湖南省长沙市宁乡县）开山建寺，这里山峰陡峭，杳无人烟。他以"猿猱为伍，橡栗充食"，开始艰苦卓绝的开垦种植，四五年间还是孤独一人，后来才渐聚人气。[③]

禅宗信徒不是传统意义上的僧侣，与权贵支持的经院佛教徒形成鲜明的对比。经院佛学由皇室和世家大族支持，由懂得西方经典的高僧把持，他们是阐释经典的权威和导师。僧尼必须剃度出家，随导师长期学习，经过考试获得国家的度牒。一旦成为僧尼，就必须遵守清规戒律。经院佛教反对僧侣参加劳动，僧尼靠施主的供养为生。按照唐朝法律的规定，他们也不能随意与俗人交往。佛教徒不从事劳动有两种理由：一是担心劳动影响修行，为了专心宗教事务放弃世俗劳动；二是劳动必然会产生破坏，哪怕是种植活动也难免杀生，从而破坏了戒律。因而，

① （宋）普济：《五灯会元》卷3《百丈怀海禅师》，苏渊雷点校，中华书局1984年版，第131页。

② （宋）赞宁：《宋高僧传》卷11《唐池州南泉院普愿传》，范祥雍点校，中华书局1987年版，第256页。

③ （宋）普济：《五灯会元》卷9《沩山灵祐禅师》，苏渊雷点校，中华书局1984年版，第521页。

《佛遗教经》称,佛教徒"不得贩卖贸易,安置田宅,畜养人民奴婢畜生,一切种植及诸财宝,皆当远离,如避火坑。不得斩伐草木,垦土掘地"。

禅宗信徒不读经典、不崇拜导师,不遵守清规戒律,主张佛祖就在每个人心中,不需要出家和修行,顿悟获得启示便能立刻成佛。早期的佛教领袖历经辛苦到西方求取真经,这些权威的典籍却被禅宗否定了。惠能不识字,他反对经院佛学的书本知识,主张不立文字,以心传心。惠能的故事有很大虚构内容,他的语录被收集成《坛经》,当然也是后人编制的,但可以反映出南禅的核心思想。对比来自西方的佛教真经,这本中国本土的典籍具有鲜明的反权威的革命性,主要体现在以下三个方面:

第一,每个人都有佛性,不必到外部去求。惠能说,人无论愚、智,佛性在本质上并无差别。只是沉迷不悟的程度不同,才有了愚、智的区别。[①]惠能从岭南来到湖北黄梅初见弘忍,弘忍曰"岭南人无佛性",惠能却说:人有南北,佛性无南北。[②]这场对话显示新旧教派思想上的巨大分歧。旧教认为佛是少数僧尼的专利,普通人没有理解经典的能力,新教却认为贫富贵贱都有佛性,甚至狗也有佛性。

第二,成佛无需出家和导师,在日常生活中修行即可成佛。惠能表示:"在家出家,但依此修。若不自修,惟记吾言,亦无有益","佛法在世间,不离世间觉;离世觅菩提,恰如求兔角",[③]在家、出家具有同等意义,行、走、坐、卧、担水、挑柴的日常生活都是悟道的空间。悟道依靠自己内心的"善知识"。菩萨戒经云:"我本元自性清净。善知识!于念念

① 陈秋平、尚荣译注:《中华经典藏书:金刚经·心经·坛经》,《坛经·般若品第二》,中华书局2012年版,第151页。

② (宋)赞宁:《宋高僧传》卷8《唐韶州今南华寺慧能传》,范祥雍点校,中华书局1987年版,第173页。

③ 《中华经典藏书:金刚经·心经·坛经》,《坛经·般若品第二》,第167—168页。

中，自见本性清净，自修、自行，自成佛道。”[1]也就是说，善知识能让人看见本性的清净，通过自修、自行、自我成佛。

第三，佛就在自己心中，可以顿悟成佛，关键在于个人领悟。惠能说，众生成佛在于一念之间，“今生若遇顿教门，忽悟自性见世尊”。[2]经院佛教中强调读经、打坐、坐禅等渐修方法被抛弃，南禅被称为顿悟法门，开启心智变得重要。禅师们通过语言、动作、小说、游戏启发心智，以促进人们的顿悟。打坐、坐禅等可见的规范不再重要，不可见的顿悟本质上是一场个人主义的修行。

德宗贞元以后(785—805)，禅宗进入兴盛时代，比较大的派别就有五家七派。新兴宗教除禅宗外，还有净土宗、天台宗和华严宗，其他宗教派别逐渐衰退不再。禅宗不是中唐以后唯一新兴的平民宗教，却是发展迅猛且势力最大的宗教社群。元和十年(815)，柳宗元为南禅创始者惠能(大鉴禅师)撰写的碑文，称惠能的学说流布天下，凡是谈论禅的无不以曹溪(即惠能)的学说为本。[3]五家七宗指的是禅宗比较大的分支，五家是曹洞、云门、沩仰、临济和法眼五大支派，临济下面又分出来黄龙、杨岐两个支派，与之前的五家合起来总称七宗。据印顺法师统计，惠能以后的二十二位著名弟子，除临济宗的义玄外，均在南方。[4]

禅宗并不是中唐以后唯一的平民宗教，沿着长江流域尤其是荆州地区有许多宗教流派，这里地处长江中上游，连接江淮之间的广大区域，是人员、物资和思想的交汇地，宗教资源一直都很丰富，既有本土的也有外来

① 《中华经典藏书:金刚经·心经·坛经》，《坛经·坐禅品第五》，第193页。
② 《中华经典藏书:金刚经·心经·坛经》，《坛经·付嘱品第十》，第259页。
③ (唐)柳宗元:《曹溪第六祖赐谥大鉴禅师碑并序》，(清)董诰等编《全唐文》卷587，中华书局1983年版。
④ 郭朋:《中国佛教思想史》(中卷)，福建人民出版社1994年版，第417—418页。

的。这里是唐代许多新兴宗教的祖庭或道场，荆州玉泉寺既是法华（天台）宗玉泉系、北禅的祖庭，也是摩尼教的驻锡之地。法华（天台）宗的思想体系非常庞杂，这也是禅宗、摩尼教等其他平民宗教的典型特征。这些平民宗教的思想、仪式与组织形式有很多相似之处，应该有相互借鉴和融合。

（三）吃茶去：禅宗与反思性茶饮

安史之乱以后，各种平民宗教发展迅速，禅宗势力尤其引人注目，并最终在众多宗教群体中脱颖而出。禅宗导师从离群索居的面壁禅修律师，转而进入俗人世界，将平民百姓的日常生活变成禅修的空间。经验丰富的禅师在生活中随机寻找素材，作为思想表达的工具。饮茶常见于信徒的日常生活，高明的禅师经常用茶饮、茶叶、茶具表达思想，启发民众。禅师们以茶阐释禅理，创作了许多被称为公案的经典案例，在传教过程中被反复提及、学习和模仿。

“吃茶”的公案很是著名，惠能的弟子马祖道一似乎是最早以此令人觉悟的禅师。一天，泐潭惟建在法堂后坐禅，马祖在他的耳边吹气，正在打坐的惟建被惊起。他看到是马祖，接着又进入禅定状态。马祖回到方丈室，让手下端了一碗茶给惟建。惟建没有理会，回到堂上。[①]马祖道一先是打断惟建的禅修，后来又请惟建吃茶，表达的正是南禅“不持律，不坐禅”，禅即生活的理念。

五代南唐禅宗史集《祖堂集》[②]也记录了许多“吃茶”公案。贞元年

---

① （宋）道原：《景德传灯录译注》卷6《洪州泐潭惟建禅师》，顾宏义译注，上海书店出版社2010年版。

② 《祖堂集》为南唐招庆寺僧人编辑整理，成书于南唐保大十年（952），是早于《景德传灯录》半个多世纪完成的禅宗史书，成书后不久便失传了，直到1912年，日本学者关野贞、小野玄妙等人在韩国发现高丽高宗三十二年（1245）印刷的《祖堂集》二十卷完整版。相关研究见柳田圣山：《关于〈祖堂集〉》，俊忠译，《法音》2013年第12期。

间，越州观察使差人向灵默和尚①请教禅法，问是“依禅主持”还是“依律主持”？灵默以一偈语回答：寂寂不持律，滔滔不坐禅。酽茶三两埦，意在钁头边。②观察使派人送来百把锄头，被灵默赶了出去。故事以诙谐搞笑的方式，说明普通人理解禅理的困难，类似的偈语也出现在仰山慧寂禅师③的故事中。这个故事记录了儒生陆希声与慧寂禅师之间的对话，围绕着“信仰方法”“出家”“持戒”“坐禅”等内容展开。最后，慧寂说的偈是：“滔滔不持戒，兀兀不坐禅。酽茶三两椀，意在钁头边。”④

“吃茶”经常作为反抗经院佛学、解放束缚的启迪工具，在面对陷入思想束缚和困境中的信徒时，禅师帮助他们常用的方法就是“吃茶去”。在北宋《景德传灯录》智常斩蛇的公案中，较早地记录了一则“吃茶去”的故事。比《景德传灯录》更早的禅宗史籍《祖堂集》虽然也有智常斩蛇的故事，里面却没有“吃茶去”的内容。下面这段话，来自《景德传灯录》对话最后的部分，包含“吃茶去”的内容，白话译文如下：

> 一天，智常正在地里除草，一位僧人到寺里求学。
> 忽然，一条蛇在面前经过，智常用锄头将其斩断。
> 这位僧人说：“久闻归宗的大名，原来是个粗鲁的和尚。”

---

① 灵默（747—818），常州人，俗姓宣。初入京师选官，路过洪州开元寺，谒马祖道一，闻禅感悟，遂出家。后又以石头希迁为师，依从修行二十年。德宗贞元初，入天台山，住白沙道场。贞元末，移住越州五泄山，世称五泄和尚。

② （南唐）静、筠二禅师：《祖堂集》卷15《五泄和尚》，孙昌武、[日]衣川贤次、[日]西口芳南点校，中华书局2007年版，第671页。

③ 仰山慧寂（840—916），也有说其生卒年龄为804—890、814—890，韶州怀化人（今广东省怀集县），俗姓叶。慧寂是潭州沩山灵祐的弟子，灵祐是马祖道一门下百丈怀海的弟子。慧寂后来在袁州仰山传教，与沩山灵祐合称沩仰宗之祖。

④ （宋）普济：《五灯会元》卷9《仰山慧寂禅师》，苏渊雷点校，中华书局1984年版，第534页。

智常回答:“坐主,请到茶堂里吃茶去。”[①]

智常禅师很喜欢用茶讲禅。“吃茶”与劈柴、除草、斩蛇等一样,都代表世俗的日常生活。在官方支持的经院佛学戒律中,僧人不允许从事除草这样的劳动,更不允许斩蛇杀生,然而智常对此却不以为意,非但除草、斩蛇,且否定来访僧人对自己的评价,体现他对经院佛学的反抗和不满。他让来访僧人到茶堂“吃茶去”,促其突破思维局限,摆脱经院佛教束缚。“吃茶去”最著名的公案是从谂禅师[②]与“赵州茶”的故事,这个故事只见于《五灯会元》。一天,两位和尚新到赵州,从谂问其中一位,“以前是否曾经到过这里?”其中一位和尚说“没有”,从谂说,“吃茶去”。另一位回答“到过”,从谂说“吃茶去”。站在后面的院主疑惑地问:“师傅,为什么曾到也说吃茶去,不曾到也说吃茶去?”从谂叫院主的名字,院主回应,从谂说“吃茶去”。

官方支持的经院佛学势力很大,有占地广阔又华丽的寺院,经常获得皇亲国戚和权臣勋贵们的巨额资助。这里的僧侣无需劳动,衣食无忧,能够专心学习和研究经典。他们很多能够读懂西方原版佛经,是这方面的专家和权威,拥有对佛经的解释权,也是广大信徒必须服从的导师。经院佛学代表权贵们的利益,广大民众在苦难的生活越陷越深。禅宗等平民宗教信徒都是佃农、樵夫、小工商业者等贫民和寒士,山林草庵就是他们的聚集地,宗教领袖带领大家一起开荒种地,才能养活自

① (北宋)道原:《景德传灯录译注》卷7《庐山归宗寺智常禅师》,顾宏义译注,上海书店出版社2010年版。

② 赵州禅师(778—897),法号从谂。他幼年出家,得法于南泉普愿禅师。唐大中十一年(857),年已八十高龄的从谂禅师行至赵州古城,信众请其住锡观音院。他在此弘法传禅达四十年,人称“赵州古佛”。

己，他们没有能力去西方取经。在南禅的公案中，“吃茶”是对经院佛学的反抗，是反读经、反坐禅、反一切清规戒律；“吃茶”也是南方山地百姓日常生活中常见饮食，象征着入世的修行。

在社会的主流观念中，酒、肉等饮食无疑是人人追求的美味，也是权贵奢侈生活的象征。对于平民阶层来说，他们并不拥有土地、财富和衣食无忧的生活，生活就像粗茶般苦涩，但甘之如饴。平民阶层反对权贵支持的经院佛教，提倡反酒肉的素食饮食，重新定义什么才是“好吃”和“美味”，表现出极强的反思精神和解放意识。“茶”这种荆巴间传统的艰苦饮食，成为禅宗等平民宗教倡导的美味，由苦转甘。禁欲主义在许多宗教信徒中出现，他们拒绝肥美的食物，以清淡清苦的饮食为主。这种现象难以用生理需求进行解释，只能是纯粹的意识和文化现象。

禅宗等新兴的平民宗教表现出强烈的自主意识，他们大多将世界分为心灵与物质、洁净与污秽、光明与黑暗，通过参与宗教的禅修、忏悔等方式，克服身体对物质的欲望，以净化心灵进入光明世界。新兴宗教重新定义了饮食的价值，酒与肉是世俗社会中的高贵饮食，在新宗教中却是肮脏有害的“腥膻”，引发昏聩、精神萎靡等不健康状态的根源，肥腻的油与肉象征着不洁、腥膻、肮脏；素食、茶饮则被赋予崇高的价值，使这些原本被世俗嫌弃的苦涩饮食变得甘甜和美味。荆巴山区贫民的苦涩茶饮，在新宗教中却成为备受推崇的神仙饮品。茶饮是一种反主流认知的饮食，具有社会反思性。

在远离城市繁华的自然野外，以及生长在那里的茶树也变得不一样。顾况写了一首赞美茶树的诗，[1]感叹上天孕育这种极具灵性的植

① （唐）顾况：《茶赋》，（清）董诰等编《全唐文》卷528，中华书局1983年版，第5365页。

物,却“惜下国之偏多,嗟上林之不生”,下国指南方不受关注的贫瘠山地,而上林则是长安这样的权贵聚集的繁华之地。茶树的植物形象是孤独、偏远又高洁的南方嘉木,隐喻受到权贵排挤和冷遇的、怀才不遇的寒士和平民。茶叶和饮茶被赋予美好意义,主要包括:

对苦涩与朴素生活的赞美。茶叶原本是苦涩的,与古代的苦菜一样,都是平民不得已的食物。平民宗教的信徒大多为底层民众,在南方过着开荒种田的艰苦生活,饮食只有当作蔬菜的苦涩的叶子,很少见到荤腥。《茶经》列举了许多古代“茶人”“茶事”,茶饮或者是神仙饮料,或者是高级官员生活简朴的美德象征。与普通人不愿“吃苦”的主流认知不同,这里能吃苦与朴素的生活方式与克服口腹之欲、追求高尚的心灵一致,都被认为是理性、道德的行为。

反酒肉。在食物匮乏的古代,酒肉都是很难得的高贵饮食,但新兴宗教对奢侈饮食的评价却是“腥膻”,是令人昏聩、不洁的饮食。陆羽教给人们茶饮制作和饮用方法中,“腥膻”禁忌贯穿整个过程,比如,烹煮时不能用油腻的锅、沾有油腥的柴、不洁的水,社会上也流传着许多用茶水“醒酒”、“消化肉食”的故事。

苏轼的《问大冶长老乞桃花茶栽东坡》一诗,开始四句是“周诗记苦茶,茗饮出近世。初缘厌粱肉,假此雪昏滞”。这几句诗表明了苏轼对于茶饮出现的时间、原因的理解。《诗经》很早就记载了苦荼,但茶饮却出现在近世,人们因为“厌粱肉”、涤荡昏聩而饮茶。说到“厌粱肉”,苏轼又不禁自嘲地表示,“饥寒未知免,已作太饱计”,自己目前还处于饥寒交迫的状态,却操心吃饱后的状态。茶饮“厌粱酒”并不意味着油腻的食物吃多了,处于饥寒的饮茶者大有人在。“厌粱肉”表达的是与权贵对抗的意识,“雪昏滞”也具有隐喻的作用。饮茶既能令人保持清醒,也有涤荡心灵、追求解脱的意思。

饮茶无法与肉食、油腻相融，不是生理意义上的，体现的是社会反思性。社会冲突不仅存在于政治、经济领域，也体现在日常生活很多方面，包括饮食文化。晚唐乡贡进士王敷创作的《茶酒论》通过拟人手法展现了两者的对抗。酒是雍容华贵、受人追捧的权贵饮品，茶则深受隐士、文人的喜爱，酒嘲笑茶的寒酸、饮后令人面黄肌瘦，茶嘲笑酒令人昏聩、败家，双方各不相让，竞争激烈。中唐以后，饮茶和素食兴起以后，与酒肉等"富贵"饮食之间的冲突一直存在，展现了权贵与平民之间尖锐的冲突。

凉性与消热。荆巴、泸州等地古老的药茶，将茶树的老叶与椒、姜等刺激性物质一起烹煮，用来治疗"风疾"，此时的茶性为热。中唐以后，茶的医学属性被定义为凉性，具有消暑、去热的性质。饮茶初兴时民间流传其能消除黄热病，玄宗时期反对饮茶的綦毋旻在民间传说中最终以热疾暴终。茶饮是刺激性的热饮，还是消除燥热的凉药？植物的属性本身也是人为制造的知识，是文化的一部分，植物本身不具有任何倾向性。

权贵们对财富与权力的欲望异常狂热，茶饮的"凉性"是对欲望世界的反思。王维与其母亲和弟弟都是北禅的信徒，长期茹素，与僧侣友人饮茶、清谈。《赠吴官》是王维创作的一首诗歌，讲的是一位吴官来到长安，想要通过攀附权贵获得升迁。这种现象在当时的官场非常普遍，由于权力被少数门阀和权贵紧紧把持，寒门子弟即便通过了科举考试，也不能获得官职和升迁。"长安客舍热如煮，无个茗糜难御暑"具有双关的语义，"长安客舍热如煮"既是指长安的夏天很炎热，住在客栈的吴官感到无比煎熬，同时也意味着他来到长安攀附权贵，内心的欲望让他感到焦灼不安。在这个时候,茗糜就是降暑的凉品,茗糜消除的炽热,不仅是身体上的暑热,也有心灵上的欲望。很明显,茶饮令人清醒、保持理性、冷静,不至于陷入昏睡、愚昧的功效,表达的是降低欲望、回归人性和真实的文化意涵。

制作美味茶饮对烹煮用水也有很高的要求,选择远离城市和人口聚集地的水源,这样的水没有受到世俗的污染,最大限度地保持了干净和纯洁。雪水、冰水煮茶时常出现在唐宋饮茶实践,取其洁白、晶莹的纯净寓意。五代十国时期,陶谷娶了党太尉的家姬为小妾,为了表现自己的高雅,在下雪天取雪水烹茶,并问小妾道:党家也懂得这个味道吗?这位小妾回答说:党太尉是个粗人,只会在销金帐中浅斟低唱、喝羊羔酒,哪里知道这些呢?![1]陶谷在历史上的形象是一位虚伪的文人,表面上是一位正人君子,内心对金钱和美女却很贪婪。

禅宗是平民阶层的宗教,与旧权贵支持的经院佛学形成激烈对抗,茶饮则是其重要的思想表达物。饮食也是有阶级性的,权贵与平民对于同一种食物难以品味出同一种味道,唐代的《茶酒论》充分说明权贵与平民饮食的冲突。饮茶兴起后不久便出现风俗贵茶的局面,茶饮进入上流社会,并向全社会扩散,形成一股饮茶风潮。在这个过程中,出现的困难和需要解答的问题包括:第一,茶饮如何从平民信徒的苦涩饮食,进入权贵阶层,成为一种昂贵的奢侈饮品?第二,从奢侈品到大众商品的道路非常曲折,大众如何愿意接受茶饮?茶叶长期生产和供给获得如何保障?下一章将对这些问题进行解答。

---

① (明)蒋一葵:《尧山堂外纪》卷42,吕景琳点校,中华书局2019年版。

第三章
繁　荣

茶饮在安史之乱前后出现，开元、天宝年间还只是“稍稍有茶”。早期的茶饮主要在宗教信徒中传递，茶叶具有明显的符号价值，制作和饮用过程比较复杂，有许多仪式、禁忌和规则。茶叶在此时并不是商品，也不是奢侈饮料，它只是一种文化表达物。“文化物”适用于有限社群，还没有普遍认可的价值：对于宗教信徒而言，茶叶是无价之宝；对其他人来说，茶叶可能一文不值。在饮茶开始的早期，皎然曾经感叹“俗人多泛酒，谁解助茶香”，①可见，绝大多数的人并不知道茶是什么，那时饮酒者多，饮茶者寥寥。早期的茶叶多由僧侣自己制作，自食之外作为礼物赠送给朋友。李白诗歌中的“仙人掌茶”，由荆州玉泉寺的“玉泉真公”/惠真自制，赠送给中孚禅子后，中孚又转赠送李白。陆羽时期，没有看到人工栽培茶树的记录，那时的僧侣们大多采摘野茶，自给自足或者作为礼物送人。

肃、代以后，上流社会出现茶饮，风俗贵茶的局面初步形成。当茶

① （唐）皎然：《九日与陆处士羽饮茶》，《全唐诗（增订本）》卷817，中华书局编辑部点校，中华书局1999年版，第9294页。

叶需求量增加,产量却很低时,价格就会变得很昂贵。大约在代宗永泰元年至大历三年(765—768),李栖筠任常州刺史,当地开始向皇帝贡茶。一般而言,上流社会的品味很难被社会下层理解,而让上层接受下层的品味更为困难。但在饮茶的例子里,却出现了平民饮食反向流入权贵圈子的情况。茶叶、咖啡的原产地都比较贫困,但它们都反向进入了更发达的地区和社会群体。

商品茶的出现最晚,大约在德宗建中、贞元以后,饮茶习俗开始向全社会普及。随着饮茶需求的大增,从事茶叶长途贩卖的商人获得丰厚回报,大量生产以供应大众消费的商品茶出现了。南方的很多山区被开垦出来种植茶叶,专门从事茶叶生产的"茶山"出现了。茶叶在历史进程中,呈现出不同的经济社会形态,由土著人的药饮、宗教人士创造的文化饮料、权贵阶层的奢侈饮品,再到大众消费的商品。这些物质形态的每一次变形,都意味着一场社会革命。茶叶呈现出的多样形态,不是由单一的社会力量推动的。药饮、文化茶、奢侈品和商品茶并不是相互隶属的关系,它们各自独立,有着各自的起源、动力和存在逻辑,也没有相互替代,直到今天也没有消失。

一、寺观茶的自给与馈赠

玄宗开元末年稍稍有茶,那时的茶诗数量极少,从唐朝诗人孟浩然、王昌龄、蔡希寂、王维、李白、储光羲、杜甫、湛然、李华等人的诗歌中,寻找出一些包含"荼""茗"或"茶"的诗歌,它们应该是最早的饮茶诗。此外,还有一个值得关注的现象是,这些最早的茶诗几乎都与僧侣和宗教活动有关。

（一）茶饮与禅修生活

禅原本是一种辅助修行的方法，后来成为禅宗立教的支点。在所有的平民宗教中，禅宗的发展势头最好。茶饮既是平民宗教的思想表达物，也是辅助宗教生活的重要工具。苦味的茶叶与肥腻的酒肉相对，茶象征反权贵的饮食。禅宗提倡素食和过午不食，但可以喝茶，喝茶不仅可以缓解饥饿，也有助于在禅修时保持清醒。早期的茶饮和禅修，大多以集体的形式进行，很少看到独自禅修的情况。但独自禅修的现象一定存在，从现有的资料看，绝大多数都是禅修聚会，其间这些人会一起喝茶。这种宗教聚会也称茶会、茶宴或茶集。茶会由僧人或信徒招集，地点在寺院、私家宅院或环境幽静的野外。举行茶会之前，召集者发出公告邀请同道中人一起参与。颜真卿曾为某禅师代写过一张茶会公告，内容如下：

> 颜鲁公帖：廿九日，南寺通师设茶防，咸来静坐，离诸烦恼，亦非无益。足下此意语虞十一，不可自外耳。颜真卿顿首顿首。[①]

公告写明举办茶会的时间、地点，还简明扼要地说了参与茶会的目的和意义。茶会是仪式感很强的宗教活动，《茶经》中介绍了繁多的规则和程序，饮茶也是禅修的一部分。随着读经、讨论宗教典籍、坐禅、弹琴、吟诗等活动的开展，宗教聚会也掺杂了娱乐节目和社交功能，参与者从中可以获得愉悦、接纳和归属感。根据颜真卿和皎然的茶诗，我们大概可以知道这种最早的茶会是如何开展的。《五言月夜啜茶联句》[②]

---

① （清）陆廷燦：《续茶经》卷下之三《茶之事》，文渊阁四库全书本。

② （唐）颜真卿等：《五言月夜啜茶联句》，《全唐诗（增订本）》卷788，中华书局编辑部点校，中华书局1999年版，第8973页。

是颜真卿唯一存留下来的茶诗,这首诗也出现在《皎然集》中。这是一首茶会时大家共同参与的联句诗,参与茶会的有颜真卿、陆士修、张荐、李崿、崔万、皎然等人。在这首诗中,“素瓷传静夜,芳气清闲轩”说明茶会是在夜晚举办的,饮茶的过程中大家都比较安静,装着茶水的素瓷依次传递,也就是陆羽介绍的传饮方式。

在好几首茶诗中都出现了夜晚的场景,茶会举办的时间常见于晚上,早上便散去,这一点很像摩尼教的宗教聚会。皎然有一首茶会的诗歌名为《晦夜李侍御萼宅集招潘述、汤衡、海上人饮茶赋》,①茶会的场景与颜真卿联句诗类似。茶会由李萼召集,参与者有僧人皎然、海上人,还有潘述、汤衡等文士,举办时间在“不生月”的晦夜。“茗爱传花饮,诗看卷素裁”,说明茶会上也有传花和诗歌联句活动。王昌龄的一首诗记录的也是茶会的场景,他与洛阳县尉刘晏等人参加了天宫寺的岸道人召集的茶会,地点在寺院的禅房。②“月明悬天宫”显示茶会在一个月明之夜,这些在外奔波的小官僚暂时摆脱府县的公务,在茶会上获得宁静,豁然感到一身轻松。刘长卿也有一首茶会诗,这次是与陈留县的小官僚一起参加惠福寺举办的茶会,“日隐双林西”显示也是在晚上,茶会期间也有诗歌联句。③

这些诗歌显示,参与茶会的基本都是出身寒门的县城小吏,他们应该没有豪门大族子弟的好命,无须努力就可以恩荫获得官职。权势微弱的寒门子弟,只能通过考试进入官僚阶层,工作繁忙且前途渺茫。茶

① (唐)皎然:《晦夜李侍御萼宅集招潘述、汤衡、海上人饮茶赋》,《全唐诗(增订本)》卷817,中华书局编辑部点校,中华书局1999年版,第9289页。

② (唐)王昌龄:《洛阳尉刘晏与府掾诸公茶集天宫寺岸道上人房》,《全唐诗(增订本)》卷141,中华书局编辑部点校,中华书局1999年版,第1432页。

③ (唐)刘长卿:《惠福寺与陈留诸官茶会(得西字)》,《全唐诗(增订本)》卷149,中华书局编辑部点校,中华书局1999年版,第1529页。

会是集体禅修的重要方式，底层官员通过参与茶会远离压抑的公务，获得放松和宁静。三月三日的上巳节，吕温与朋友在野外举行茶宴，他在创作的茶会诗中写道：酌香沫、浮素杯。殷凝琥珀之色，不令人醉。微觉清思，虽五云仙浆无复加也。[①]上巳节、清明节是中国传统节日，酒是节日的饮料。宗教信徒不饮酒，在节日期间以茶代酒渐成风俗，送别亲友也会在寺院举办茶会。[②]钱起有两首茶会诗，一次是与朗上人在长孙宅院里举办茶会，他写下"玄谈兼藻思，绿茗代榴花"的诗句。[③]《与赵莒茶宴》[④]的地点在野外的竹林，他们以茶代酒，感到无比自由和快乐。

随着禅宗势力的扩张，素食主义、过午不食和以茶代酒的生活方式，逐渐向人们的日常生活渗透，节日期间出现茶与酒的分歧，那些在信仰上比较模糊的普通人，往往要面对对立文化的冲击。不信仰宗教的大多数普通人，他们饮茶遵循实用主义的导向，认为饮茶可以治病和保持身体健康，举办茶会突出的是其娱乐和社会功能。无论是饮茶还是茶会，在生活中都出现了丰富的实践，这当然是后来随着饮茶越来越普遍出现的变化。

（二）寺观茶的自给模式

野生茶树生长的南方山区，当地居民有采茶的习惯。一般是在春

---

① （唐）吕温：《三月三日茶宴序》，（清）董诰等编《全唐文》卷 628，中华书局 1983 年版，第 6337 页。

② （唐）李嘉祐：《秋晓招隐寺东峰茶宴送内弟阎伯均归江州》，《全唐诗（增订本）》卷 207，中华书局编辑部点校，中华书局 1999 年版，第 2165 页。

③ （唐）钱起：《过长孙宅与朗上人茶会》，《全唐诗（增订本）》卷 237，中华书局编辑部点校，中华书局 1999 年版，第 2623 页。

④ （唐）钱起：《与赵莒茶宴》，《全唐诗（增订本）》卷 239，中华书局编辑部点校，中华书局 1999 年版，第 2680 页。

天茶树萌芽时，将茶作为食物匮乏时的蔬菜，夏秋时节的老叶偶尔用作药饮。随着平民宗教在南方兴起，饮茶成为信徒常见的饮食。茶叶生产主要在南方寺观里制作，供僧侣们自己食用，也会馈赠给亲友和同道中人。赠送茶叶似乎是寺院的传统，但寺院的茶叶不能用于赚钱。早期茶叶采自野生茶树，没有看到人工种植的痕迹。陆羽《茶经》记录了一些寻找野茶树的故事，他自己采茶也要到大山深处。《茶经》“八之出”介绍了当时全国的茶叶产地，涉及南方大部分省份。除十一个州情况不详外，其余都列出了具体的出产地，如峡州、襄州、荆州下辖某县山谷，以及湖州、常州、杭州钱塘、剑南州某地的寺院，这些山谷或寺院环境深幽、人迹罕至。唐代中叶之前，除扬州附近的江南地区，南方许多山区还是未被开发的荒蛮之地。

《茶经》汇集了寻找茶树的灵怪故事，例如，秦精在山里遇到毛人，在毛人的引导下找到“大茗”，这些故事表明，早期寻找野生茶树比较困难，茶叶产量很低，尤其珍稀。最初的茶叶采自野生茶树，随着宗教社群的扩张，出于自给自足的需要，寺院附近出现了种植茶。蒙顶茶是唐代早期的名茶之一，陶谷《清异录》有一则吴僧梵川种茶的故事。在荒无人烟的蒙山顶部，梵川建立僧庵，并开辟了一个小茶园，经过三年的艰苦开拓，制出绝味佳茗，取名“圣杨花”和“吉祥蕊”，每年不过五斤，用于上供菩萨。[①]五代蜀国毛文锡的《茶谱》也有类似的故事。毛文锡的《茶谱》早已失传，明人彭大翼《山堂肆考》抄录了《茶谱》，这个故事不见于之前的文献，内容更丰富，也充满奇幻色彩，故事的白话译文如下：

① (宋)陶谷、吴淑：《清异录　江淮异人录》卷下《茗荈门》，孔一校点校，上海古籍出版社2012年版，第102页。

蜀地雅州有一座蒙山，蒙山上有五座顶，顶上有茶园，五顶之一的中顶称“上清峰”。有一位僧人生病了，他总是感到冷。他遇到一位老父，对他说：“蒙山中顶有茶，春雷发动时，多找些人采，只能采三天。如若收获一两茶，用当地的水煎服，久治不愈的陈疾立刻消失，饮用二两不再生病，三两可脱胎换骨，四两便可成地仙。”僧人来到蒙山中顶，建造房子等待时机，终于收获一两茶叶，还没服完病就全好了。他八十多岁时，气力依然不衰。有一次来到城市，容貌像三十多岁，眉毛、头发皆为绿色。僧人后来到青城山访仙问道，不知所踪。如今，蒙山四顶茶园还有人采摘，中顶则被茂密的草木覆盖，上面野兽很多，人迹罕至。今天的蒙顶茶有“露镂牙”“镂牙”，都被称为火前茶，也就是禁火前采造的茶叶。①

寺观茶大多在远离城市的山林，有些僧人为了静心修行，更是在常人罕至的大山之巅建立寺观。随着饮茶的需求增加，僧人们会在寺观附近开辟一小片茶园，自己制作茶叶，自食之外分给朋友和同道。唐人笔记《因话录》有一则故事，主人翁是一位名叫刘彦范的僧人。他住在宣城当涂县（今安徽省马鞍山市当涂县），原本是一位博学的儒者，家乡人称“刘九经”，追随他学习的人多达几十个，据说与颜真卿、韩滉等人都是朋友。他喜欢喝酒却又很节制，八十岁身体依然强健。他在住所附近建了一个小茶园，被鹿破坏了，别人劝他建个围墙，名士们争相为其搬运石头。②

安史之乱以后，南迁居民开荒种田的同时，有的也辟出自食的小茶

① （明）彭大翼：《山堂肆考》卷193《乘雷摘》，文渊阁四库全书本。

② （唐）李肇、赵璘：《唐国史补 因话录》卷4《角部》，上海古籍出版社1979年版，第95页。

园。元和四年(809),李翱为循州(今广东省河源市龙川县)掌书记,听说当地“王野人”的事迹便记录下来。王野人原名叫王体静,祖籍同州(今陕西省大荔县),后来迁移到(循州)浮山观停顿下来,过起了自给自足的原始生活。他用竹子、树木做支架,盖上茅草就成了简陋的房子,没有衣服就用纸张缝制,与山林里的虎豹豺狼斗争。这样的生活维持了十年,最终拥有了房子、茶园,还开垦了三十亩地。他没有妻子,很少说话,但为人真诚,别人亏欠他的东西都不会计较。他在这里住了二十四年,六十二岁死于茶园。村民将其尸体放入凿空的木材,埋葬在茶园中。王野人是这片荒山的开拓者,如今这里的居民已有三百多家。①

在茶叶贸易并不发达的早期,自给自足的小茶园很常见。喜欢禅修的文人和官僚也会自建一个小茶园,满足食用需求。元和十一年(816),白居易被贬江西,在香炉峰北面、遗爱寺西边建了一所草堂,又开辟出一片茶园。②他深爱这里的环境,梦想在这里终老。晚唐时期,李唐王朝陷入混乱,许多文人对仕途不抱希望,在家乡过着闲云野鹤的生活。陆龟蒙有自己的茶园,租客也以茶叶交租。陆龟蒙和皮日休是要好的朋友,两人都是爱茶人士,他们自制评价标准,创作《采茶》《茶舍》《茶焙》系列茶诗。这些诗歌捕捉着江南小茶园的一幅幅景观,有茶舍、周边环境、采摘、烘焙的场景。

从生产方式来看,寺观茶与家庭茶园相同,生产大多为了自给自足,规模和产量非常小。陆龟蒙、皮日休等人的茶诗显示,农家自制茶是忙碌和欢快的。采茶时节,农民们在山间建一间小屋,茶叶从采摘、

---

① (唐)李翱:《解惑》,(清)董诰等编《全唐文》卷637,中华书局1983年版,第6429—6430页。

② (唐)白居易:《香炉峰下新置草堂即事咏怀题于石上》,《全唐诗(增订本)》卷430,中华书局编辑部点校,中华书局1999年版,第4756页。

蒸煮、烘焙、研膏等所有工作，都由家庭成员分工合作完成：有人到泉边打水，老爷爷将蒸好的茶叶研磨成膏，妇人们负责将茶膏拍成饼，……分工并不固定，一家人之间相互帮助。到了晚上，忙碌了一天的家人关上柴门，在柔和的月光下，茶叶的清香在空气中飘荡，这真是一幅美丽的画面。自给茶的生产存在很大不确定性，蒸、捣、拍、烘焙等诸多工序，很容易受到干扰，茶叶的品质和外观都不稳定。受到宗教约束，寺观茶的生产具有非谋利的性质，这些精心制作的茶叶很容易成为地方名茶。

（三）茶叶的分享与馈赠

早期的茶叶源于僧侣、信徒之间的分享与馈赠，他们是最早的爱茶人和茶叶制作者。制作的茶叶供奉神灵和自食，也赠送给朋友，而向僧人或朋友“乞茶”也很普遍。唐宋绝大多数的茶诗都是此类乞茶、赠茶和答谢诗，赠茶者会附上诗歌，收到茶叶的人也写诗感谢，赞美茶叶的美味、描述饮茶的感受。李白的“仙人掌茶”诗就是此类，卢仝的“七碗茶歌”也是酬谢诗。他用精彩的文笔，生动描绘了饮茶后丰富又美妙的感受，这首诗也成为千古名篇。

早期僧侣不事生产，依靠施舍和供养生活。寺院也有义务为信徒和访客提供食宿，包括提供免费茶水，体现众生平等、共享饮食的理念。唐文宗开成三年(838)，日本和尚圆仁来到扬州，到天台山的申请被拒绝后，一路北上到了五台山、长安等地，宣宗大中二年(848)回国。在他九年七个月的巡礼求法旅途中，经常受到寺院、官府和居民茶水的招待，还收到赠送的茶叶。[①]寺院用自制的茶叶招待访客成为一种传统，

① [日]圆仁：《入唐求法巡礼行记校注》，白化文、李鼎霞、许德楠校注，华山文艺出版社1992年版。

"且招邻院客,试煮落花泉。地远劳相寄,无来又隔年",[1]这首答谢赠茶诗出自晚唐诗僧齐己,他每年都会收到远方寄来的茶叶,招呼邻院的客人一起共享,或转赠他人。

李咸用是晚唐的一位诗人,《谢僧寄茶》[2]展现了赠茶、收茶、饮用、答谢的全过程。李咸用在少年时便遁入空门,对宗教有着坚定的信仰。春天来临,年轻的僧人采摘鲜嫩的春芽,为了驱赶睡魔制作茶叶。经过蒸、捣、研磨等一系列工序,僧人又在白纻布上过滤,拍饼、烘焙,赶在清明节前夕寄给李咸用。李咸用收到茶叶后,先将茶饼敲碎,"金槽无声飞碧烟"是碾茶时绿粉飞扬的景象,再用筛子筛成细腻的粉末,烹煮后就可以饮用了。为了表示感谢,李咸用回赠了这首答谢诗。答谢赠茶的诗歌还有很多,诸如《谢灉湖茶》《谢人惠扇子及茶》《谢中上人寄茶》等,在人们经常互赠礼物的活动中,茶叶是很常见的物品。

赠送礼物是最原始的物资交换方法,尤其是在商品经济不够发达的社会,礼物增进了彼此的感情,维护社会集体的存在。古代赠送物品的种类包罗万象,常见的有酒、茶、药、衣服、扇子等。杨东川(杨巢)是白居易妻子的哥哥,官任东川节度使,家境比白居易更富裕。他经常给白居易寄送东西,主要是衣服、茶叶等生活用品。[3]白居易也会收到其他朋友寄来的茶叶,[4]种类繁多,有蜀地的片茶"火前春"、绿昌明,还有

---

① (唐)齐己:《谢中上人寄茶》,《全唐诗(增订本)》卷840,中华书局编辑部点校,中华书局1999年版,第9557页。

② (唐)李咸用:《谢僧寄茶》,《全唐诗(增订本)》卷644,中华书局编辑部点校,中华书局1999年版,第7439页。

③ (唐)白居易:《谢杨东川寄衣服》,《全唐诗(增订本)》卷457,中华书局编辑部点校,中华书局1999年版,第5216页。

④ (唐)白居易:《继之尚书自余病来寄遗非一,又蒙览醉吟先生传题诗以美之,今以此篇用伸酬谢》,《全唐诗(增订本)》卷548,中华书局编辑部点校,中华书局1999年版,第5233页。

朋友自制的“白茗芽”，以及杨常州寄来的“毗陵远到茶”。[①]随着商品茶的增多，馈赠茶叶变少了，却并没有消失。即便人们可以在市场上买到各种茶叶，“乞茶”和“赠茶”也不会消失，尤其是名贵的好茶和自制的茶叶。赠茶不完全是因为茶叶匮乏，也承担了联络感情、体现互助精神的功能。

二、贡茶的生产与分配

《茶经》创作期间正值安史之乱末期，人们大多不知道茶叶是何物？懂得饮茶的人更是少之又少。肃代以后饮茶开始风行，《封氏闻见录》说，人们也不清楚为什么饮茶会流行，猜测与陆羽有关。这本书还记载了另一则传言，认为饮茶流行与当时的流行病“热黄病”有关。《茶经》介绍了茶叶的相关知识、饮茶的方法和二十四种饮茶器具，促进了饮茶风尚的形成，以致“穷日尽夜，殆成风俗”。可见，最初饮茶有着非常复杂的程序和仪式，非专业人士教导便无法饮茶。《茶经》普及了饮茶的知识，极大促进了饮茶的流行。不过，陆羽的作用也不能被过分夸大。

与此同时，权贵阶层的饮茶观念发生了改变，尽管不是完全接受，一部分官僚接受了饮茶的游戏。茶叶不再局限在宗教信徒的饮食范畴，进入到精英群体，成为受到青睐的高贵饮品。饮茶的社会主流观念发生了变化，“风俗贵茶”进一步推动了饮茶风潮。在文化茶的形态之外，又创造了奢侈茶。推动风俗贵茶的社会力量值得深入探究，贡茶对

---

① （唐）白居易：《晚春闲居杨工部寄诗杨常州寄茶同到因以长句答之》，《全唐诗（增订本）》卷 454，中华书局编辑部点校，中华书局 1999 年版，第 5170 页。

于探究风俗贵茶的风尚形成有着典型意义。

(一)权贵饮茶新时尚

饮茶在唐宋时期并不总是受到欢迎,越是早期,对茶饮的抵制力量越是强大。尽管对抗的资料已经很少见到,但从少量遗存中,还是可以窥探到发生在饮食领域的激烈文化冲突。一则资料是《封氏闻见录》,人们猜测饮茶可以消除一种叫做热黄病的流行病,但又导致另外一种腰脚痛的疾病爆发。这条资料显示普通大众内心的矛盾,饮茶可以带来益处,也带来了病痛;玄宗朝的谏议官綦毋旻强烈反对饮茶,在民间故事中,他最终因为热疾而暴亡。这个故事让我们看到反对饮茶的势力也很强大,但最终不敌饮茶的潮流;《茶酒论》则更是茶与酒的激烈论战,双方在争夺饮料霸主的地位互不相让,难分胜负。

《封氏闻见录》"饮茶"条目下,还记录了一则陆羽受到权贵侮辱的故事,故事大意是:李季卿受皇帝委托巡视江南,先到了临淮县馆,听说常伯熊善制茶饮,便请他过来演示。常伯熊穿着黄衫子、戴着乌纱帽,手里拿着茶器,讲解得头头是道。李季卿饮用了两小杯就停下来,赏赐了些钱给他。到了江南,有人向李季卿推荐了陆羽,收到邀请的陆羽穿着粗陋的野服,带着茶具前来演示,与常伯熊区别不大。李季卿对陆羽很是鄙视,表演结束后,让仆役拿出三十文钱作为煎茶酬劳。陆羽感觉受到侮辱,羞愧难忍,作了一部《毁茶论》。常伯熊因饮茶过度,患上风气之病,晚年也劝人不要多饮。①

李季卿与陆羽属隶差别迥异的社会阶层,陆羽从小被父母抛弃,他

① (唐)封演:《封氏闻见记校注》卷6《饮茶》,赵贞信校注,中华书局1958年版,第46—47页。

被和尚收养后在寺院里长大。他没有任何的家族可以依靠，属于社会上的“孤寒”者。李季卿家世显赫，他是唐宗室后裔，祖上是唐太宗之子恒山王李承乾，爷爷李适之曾经担任唐朝的左相。李季卿二十岁通过了明经考试，后来又参加博学鸿词科的制举，从京兆府鄠县尉的位置上，一步步升迁到中书舍人，又拜吏部侍郎。大约在永泰二年(766)，兼御史大夫的李季卿奉命宣慰河南、江淮地区。李季卿的快速升迁，与其皇室后裔的身份不无关系。这则故事表明权贵阶层对陆羽、茶饮的鄙视，平民饮食很难被权贵阶层接受。

张又新的《煎茶水记》讲述的却是两人关系的另外版本，在这个故事里，李季卿非但没有歧视陆羽，反而对他很是钦佩。有一次，李季卿在扬子江畔遇到陆羽，便邀请他同行，其间命士卒取扬子江心南零水煮茶。士卒返回途中不小心将水泼洒过半，偷偷兑了岸边的江水。陆羽品尝茶水后，立刻识破水被替换过，李季卿很是佩服，记录了陆羽口授的《水经》。①在《封氏闻见录》的故事中，李季卿对陆羽的茶饮技艺很是轻视；张又新的这个故事中，李季卿对陆羽高超的鉴水能力钦佩不已。四库总目认为，张又新的这个故事是假托陆羽之名编造的。我们也认为这是编造的故事，封演的故事又何尝不是编造的呢？为什么两个编造的故事在叙述两人的关系时出现如此大的差别？我们想提醒大家关注故事编造的时间设置。封演在天宝十五载(756)进士及第，此时茶饮刚出现不久，社会上对于这种饮品的态度对立严重；张又新元和九年(813)状元及第，他的故事发生的时间距离封演过去了半个多世纪，此时饮茶潮流已经势不可挡，而茶饮早已成为权贵阶层的新时尚。

---

① (唐)张又新:《煎茶水记》，左氏百川学海本。

让人们接受完全不熟悉的另类饮食实际上是很困难的,而让权贵阶层接受底层人民的饮食就更困难了。那么,唐代的权贵阶层为何愿意接受反酒肉的茶饮呢?我们只能说并不是他们愿意改变,而是他们的圈子发生了变化。安史之乱以后,一批出身寒微的士人通过科举、制举等途径进入官僚阶层,有些还上升到高级官僚之列,他们为权贵阶层注入新鲜血液。肃代以后,禅宗等平民宗教势力扩张很快,很多新贵也是忠实信徒。信徒们拒绝酒肉、提倡素食,饮茶迅速成为新时尚。元载,王维、王缙、杜鸿渐、李泌等人是政治上的后起之秀,他们也都是虔诚的宗教信徒,同时也爱好饮茶。

元载是凤翔府岐山县人(今陕西省岐山县),出身寒微,参加科举却久试未中。天宝元年(742),玄宗因崇尚道教,下诏征求精通道家学说的人才,元载幸运地高中进士。[①]大历五年(770),他帮助肃宗铲除宦官鱼朝恩的势力之后独揽大权,达到权力的顶峰。大历十二年(777),元载在权力斗争中失败,满门抄斩,父祖坟墓被挖开并劈棺弃尸。代宗皇帝开始对佛教不感兴趣,重视中国祭祀传统。但当时的宰相元载、王缙、杜鸿渐等人都爱好佛教。王缙最为沉迷,饮食不沾荤血,与杜鸿渐建造了许多寺庙。大历二年(767),元载与代宗进行了一段对话,扭转了代宗对佛教的态度,白话译文如下:

代宗:佛教有因果报应的说法,究竟有没有呢?

元载:唐朝国运长久昌盛,如果不是长久的福业又怎能如此!做了福业,小灾祸还是会发生,却不会出现大灾害。安禄山、史思

① (后晋)刘昫:《旧唐书》卷118《元载传》,中华书局1975年版,第3409页。

明这样的悖逆，最猖獗的时候儿子却死了，反叛的仆固怀恩也病死了，大举入侵的回纥、吐蕃不战而退，这些都不是人力所能控制，怎能说没有因果报应?!

代宗听了元载的话，非常相信因果报应的说法，经常在皇宫饭僧，人数多达百人。皇帝听到敌人来犯的消息，就让僧人讲《仁王经》退敌。如果敌人果然走了，僧人就能获得丰厚的赏赐。元载与皇帝在一起时，大多在谈论佛事，中外臣民受到影响，也开始废弃人事专门奉佛，国家的政治和刑法开始紊乱。[①]北宋司马光出于维护中央皇权的目的，对乱臣贼子进行抨击，将国家政治紊乱归罪佛教，讽刺唐朝宰相的佞佛行为。

元载与代宗的对话很不正式，应该出自唐代中后期的民间传言。杜鸿渐也是安史之乱后迅速升迁的平民宰相，因拥立肃宗有功被提升为兵部郎中，管理中书舍人的事务，后来又升任兵部侍郎。广德二年(764)，杜鸿渐在代宗继位后拜相，以兵部侍郎任同中书门下平章事，又升任中书侍郎。他在晚年乐于退静，皈依佛门，退休后得了重病，让僧人将自己的头发剃去，嘱咐儿子死后按胡法塔葬，不堆土、不植树，如同僧人死后的葬礼。[②]

王维、王缙兄弟出身河东王氏，太原祁县人，年轻时就获得了名声。王缙通过制举“草泽文辞清丽科”上第，授侍御史，在安史之乱中协助李光弼平乱，历任太原尹、河南副元帅、河东节度使，两拜门下侍郎和同平章事。大历十二年(777)，元载获罪被诛，王缙因依附元载贬括州(今浙

---

① (北宋)司马光:《资治通鉴》卷224，中华书局1956年版，第7196—7197页。

② (后晋)刘昫:《旧唐书》卷108《杜鸿渐传》，中华书局1975年版，第3284页。

江省丽水市)刺史,后召回任太子宾客,在东都任职。安史之乱期间,王维被俘,接受了安禄山的任命。战争结束后,朝廷对投降官员展开清算,王维在弟弟王缙的全力救护下免于死刑。

王维兄弟及其母亲都是北禅教徒,王缙任宰相时大兴佛教,广建寺庙。据王维的《请施庄为寺表》,[1]母亲崔氏追随大照禅师(即普寂)三十多年,长期衣褐食素,坚守戒律,乐住山林,专心禅修。母亲死后,王维将其常住的、位于蓝田县的草堂精舍、竹林果园捐给寺院。王维的母亲是普寂的弟子,璇上人东渡日本之前,王维与璇上人等北禅僧侣交往频繁,[2]《谒璇上人并序》表达了他对璇上人的倾慕。王维遵守严苛的戒律,不茹荤腥,妻子死后三十年未娶。史书中称他的生活极为简单,家中只有茶铛、药臼、几案和绳床,退朝回到宅中便焚香和坐禅,时常与十几个僧人一起斋饭。[3]

李泌是安史之乱前后著名的道士,幼时就以聪慧闻名,七岁能文,粗通黄老列庄学说,被称为神童。李泌成年后也非常博学多才,擅长《易经》。开元十六年(728),李泌受到玄宗召见。天宝十载(751),因献《复明堂九鼎议》召入皇宫,为太子讲授《老子》。安史之乱后,肃宗皇帝继位,李泌受到重用。作为道士,李泌表现出对官职的不屑,却深度参与政治,时称"权逾宰相"。肃宗去世后,代宗感激李泌的大力保护,授予李泌官职。泾原兵变以后,李泌再次受到重用,贞元三年(787)出任中书侍郎同平章事,正式拜相。李泌深度参与了玄宗、肃宗、代宗和德

① (唐)王维:《请施庄为寺表》,(清)董诰等编《全唐文》卷324,中华书局1983年版,第3290页。

② 何剑平:《历史上的同时同名现象——读王维〈谒璇上人并序〉》,《古典文学知识》2012年第2期,第42—48页。

③ (后晋)刘昫:《旧唐书》卷190下《王维传》,中华书局1975年版,第5052页。

宗四朝政治，成为历史上少有的“道士宰相”。①

李泌视功名利禄为粪土，一直拒绝肃宗、代宗皇帝给予的官职。他长期不吃荤腥，亦不娶妻，严格遵守斋戒和不婚戒律。据说代宗为了让他接受世俗生活，享受人间幸福，赐给他豪华的府邸，逼迫他吃肉，并为他娶妻。②唐代道士不吃荤腥、不娶妻和斋戒并非传统，道教与外来宗教的边界比较模糊。道教在与佛教的竞争中，学习了许多外来宗教的优点，整理出自己的神仙系统，注重宗教仪式和斋戒。佛教等外来宗教为了方便传教，也披上本土宗教的外衣，打扮成道士或儒生的模样，民间称其“道人”。终南山、嵩山等地是著名的修道之地，许多贫寒子弟从小入山修道。不乏有人假借修道住在山中接近权贵，被讽刺为“终南捷径”。

唐代李繁的《邺侯家传皇孙奉节王煎茶》讲了一个故事：德宗李适还是奉节王时，有一次煎茶，请李泌作诗，写下“旋沫翻成碧玉池，添酥散作琉璃眼”的诗句。这句诗显示皇帝煎茶时添加了椒、酥油，有点像荆巴传统的混合茶饮。法门寺地宫挖掘出土的饮茶器，有一套皇室贵族赠送的茶具，包括盛放盐、椒的器具，说明加了盐、椒的茶饮还是比较普遍，这种古老的饮茶法并没有消失。

德宗时饮茶渐成官僚时尚，茶叶也随之变得昂贵。那些喜欢抢占风气之先的官僚，不惜重金购置陆羽二十四式茶具，最先举办茶会。官僚茶会举办的地方除了寺院，还有私宅或官厅，饮茶仪式被大大简化。茶会充满了世俗的喧闹，就像一场娱乐社交活动，与早期的宗教茶会形成了鲜明的对比。北宋《太平广记》抄录了唐、五代的一些笔记小说，其

① （后晋）刘昫：《旧唐书》卷130《李泌传》，中华书局1975年版，第3620—3623页。

② （北宋）欧阳修、宋祁：《新唐书》卷139《李泌传》，中华书局1975年版，第4634页。

中《奚陟》和《李秀才》涉及官僚茶会。《奚陟》出自《逸史》,讲的是一位追求时尚的官员,十五年前的梦应验的故事。这位官员喜欢新鲜事物,最先得到了陆羽二十四茶具,并率先招集同僚一起聚会饮茶,这个故事白话译文如下:

> 吏部侍郎奚陟少年未仕前做了个梦,梦见自己与二十多位官僚在一个大厅里吃茶。正值炎夏,天气很热。奚陟坐在东面一行的首座,茶由西面开始传饮,再从南面传过来。两碗茶缓慢地传递着。奚陟非常渴,但一直无法喝到茶,他实在不堪忍受……十五年后,奚陟已是吏部侍郎,那时茶是珍贵的美味,越来越洁净和精致。奚陟生性奢侈,很早准备了一套茶器,这样的茶器当时就连公卿家都没有。风炉、越瓯、碗托、角匕,很是美妙。天气很热,饭后,奚陟邀请官署同事到大厅茶会。奚陟是主人,坐在西面首座,参与者有二十多人。两瓯茶从西面缓慢传递,盛得又少,大家忙着作揖谦让,说说笑笑,茶传递的愈发慢了。奚陟本来就有痟渴病,加上天气太热,茶一直不到,已经极端烦躁。此时,一位又肥又黑的小吏抱着一大堆文书、笔、砚过来,满脸汗水,请他签字画押。奚陟厌恶极了,在台阶上将他推下去,说:"拿走!"笔、砚正好倒在小吏脸上,弄得脸和文书上都是黑墨,坐客都大笑起来。①

官僚集团有些好事者非常乐意尝试新事物,包括新出现的饮茶。参与者在饮茶聚会中聊天、吃东西,还有相互传递喝茶的游戏。官僚茶

① (宋)李昉等编:《太平广记》卷277《奚陟》,中华书局1961年版,第2198—2199页。

会在形式上与陆羽茶法保持一致,比如,饮茶用二十四茶器,参与者环坐在一起,茶碗从一个人传递到另一个人等,然而在内容上却发生了极大的改变。与宗教茶会不同,官僚茶会省略了读经、禅修等宗教内容,发展出茶会/茶宴的新模式。参与茶会的人“环坐笑语颇剧”,喝茶、吃蜜饯时果和聊天,也不排斥酒肉等饮食,茶会除了在茶器和仪式上有些相似,内容与饮酒欢乐的酒宴也大致相同。

宪宗元和年间,茶会在上流社会已经很常见,实践中发展出新的形式。官僚茶会的地点从偏僻、幽静的山林寺院,向世俗社会的宅院和公厅转移,有些官府办公场所也设有饮茶地。在寺院举行的官僚茶会也淡化了宗教色彩,《太平广记》中有一则茶会故事,出自段成式的《酉阳杂俎》卷五,名为《怪术》,在《太平广记》中改名为《李秀才》。故事发生的背景是元和年间,此时上流社会热衷茶会,地点在一所寺院,参与茶会的有高级官员、僧人和贫穷的秀才,白话译文如下:

> 元和中,虞部郎中陆绍到定水寺拜见自己的表兄。寺院的僧人以蜜饯和当季水果招待他们,邻院的僧人与陆绍也熟,遂令左右邀之。过了很长时间,邻院僧带着一位李秀才来了。几个人环坐在一起,大家说说笑笑很是开心。定水寺的僧人让弟子烹煮新茶,茶水在众人间传饮,巡行了近一圈还是没有到李秀才这里。陆绍愤愤不平地说:“茶为什么一直没有给李秀才?”定水寺的僧人笑着说:“这样一个秀才,也知道茶味么?喝剩下的茶给他就是了。”邻院僧说:“秀才也是懂法术的人,座主说话不可轻率。”定水寺的僧人说:“不过是不得志的小子,有什么可担心的。”①

① (宋)李昉等编:《太平广记》卷78《李秀才》,中华书局1961年版,第491页。

故事中的虞部郎中陆绍属于社会上层,李秀才是寒门子弟,僧人是一位欺软怕硬的势利小人。僧人用茶饮、果脯和水果招待陆绍,却非常歧视李秀才。茶会中采用陆羽式的“环坐”“传饮”,但因僧人瞧不起李秀才,始终没有将茶碗传递给他。这次茶会在寺院举行,却是一场典型的官僚茶会,僧人的做法有违宗教茶会平等宗旨,故事中的李秀才法术极高,最终让僧人吃尽苦头,表达了惩恶扬善的主旨。

(二)贡茶的生产与运输

安史之乱以后,中央集权势力衰退,割据势力变得强盛。寒门子弟可以为节度使效力,或者通过制举、自荐、进士考试等途径进入高级官员之列,他们构成了新权贵的政治势力;与此同时,旧权贵集团内部也在分化和瓦解,思想开明的对抗权力率先尝试新鲜事物。他们购买陆羽的二十四茶器,学习饮茶的知识和技艺,也经常举办茶会。但寺观茶的产量很低,远远不能满足需求,茶叶价格变得昂贵,皇帝和地方节度使争相抢夺这种稀缺物资,用于诸多需求,包括节日、祭祀、聚会、赏赐或赠送。皇帝建立了专属的贡茶基地,产量迅速扩大。

进贡指古代王朝的地方州县、周边小国向皇帝奉献礼物,而中央根据双方关系回馈相应的物品。贡品制既是一种权力关系的展演,也是地区间物质交换的一种方式。常见的贡品是一些财物、奴婢、劳役和地方特产,财物如金钱、布帛、牛、羊等,地方特产往往是一些地方饮食、药物等。有些贡品在宫廷里大受欢迎,有些则受到冷落,堆放在仓库中腐烂。玄宗因杨贵妃爱吃荔枝,令地方快马加鞭运送这种水果,杜牧曾写诗讽刺其劳民伤财;唐末代皇帝李柷曾发布一道“停贡橄榄”的敕令,称进贡橄榄是因为宫中的福建籍宦官喜欢,以后停止进贡橄榄,但福建的腊面茶照常进贡，此诏令长期有效。[①]在中央权力衰落的末期，一些地方特产饮食的进贡，也称为“口味”或“滋味”，如上面提到的荔枝、橄榄等，常常使皇帝背负过度享乐，以口腹之欲伤害百姓的道德谴责。

茶叶很早就是这样一种进贡皇帝的“口味/滋味”，不过进贡茶叶的地区很少，数量都很低。根据《通典》《元和郡县图志》和《新唐书·地理志》等文献记载，开元、天宝之前，全国有四个地方贡茶，分别是：峡州250斤(茶)、金州1斤(茶牙)、吉州(茶)、溪州100斤(茶牙)。峡州、金州属于古荆巴地区，湘西、赣南也有贡茶，这些地区饮茶的历史最古老。进贡的茶叶数量很少，说明茶叶在唐代早期不是重要物资，社会远没有形成饮茶的习惯，而作为地方土产的茶叶也不是一种日常饮料，而是蔬菜或药物。随着饮茶风潮的来临，肃代以后贡茶的地区快速增加。据《新唐书·地理志》的贡茶记载，穆宗长庆贡茶州府增加到十七个，贡茶数量也大幅提升。沈冬梅认为，这是因为中央财政及管理制度的变化所致，[②]却没有意识到茶叶的功能和价值的改变，才是导致贡茶增多的原因。

茶叶不再是蔬菜和药物，而是一种日常饮料。这种茶叶用途的改变和文化价值提升，使茶叶在市场上成为昂贵的商品，与牛羊、金银珠宝、布帛、奴婢并列，成为中央与地方军阀争夺的财富。德宗继位伊始(779)，按惯例派宦官到节度使处颁赐旌节，节度使送上常规贺礼外，又向皇帝的私人金库贡献了财物，交给宦官带回皇宫。淮西节度使李希烈向宦官献上的贡物是700匹绢、200斤黄茗、骏马和奴婢。[③]淮南产黄

① (唐)李枧：《停贡橄榄敕》，(清)董诰等编《全唐文》卷94，中华书局1983年版，第974—975页。

② 沈冬梅：《唐代贡茶研究》，《农业考古》2018年第2期，第13—22页。

③ (北宋)司马光：《资治通鉴》卷225，《唐纪》41，中华书局1956年版，第7262—7263页。

茗,已经具有与绢、骏马和奴婢同等的交换价值。为了树立好皇帝形象,德宗对宦官处以杖责六十和流刑的惩罚,其他宦官听闻后不敢再收贺礼,收了礼的也纷纷在路上将礼物扔掉。

常州阳羡、湖州顾渚紫笋是唐代最有名的贡茶,也是生产贡茶最多的地区。陆羽创作《茶经》期间,这里的茶叶还没有名气。皎然在诗中感叹,顾渚山中,紫笋茂盛,却是茶多人稀,无人知晓。诗中的前半段描述茶树生长,僧侣和村妇采茶的场景,后面部分写道:女宫露涩青芽老,尧市人稀紫笋多。紫笋青芽谁得识,日暮采之长太息。①顾渚此时还是一片荒山野岭,茶树也是野生状态。陆羽住在皎然的妙喜寺,采茶要到山里寻找。安史之乱以后,随着茶叶变得有价值,这里也成了皇帝贡茶的一大基地。阳羡、顾渚何时开始贡茶?又是如何发展成大量贡茶的地区的呢?对此没有明确的官方资料给出解释,我们从零星的史料和各种传说和故事中,大致可以梳理出贡茶的出现和变化。

赵明诚是李清照的丈夫,他喜欢搜集碑文并最终编辑成一本《金石录》,其中有一篇题为《唐义兴县重修茶舍记》的碑文,是在常州(今江苏省无锡市)阳羡贡茶扩大生产、翻建新茶场的时候竖立的。这篇碑文回顾了阳羡贡茶的生产历史,称阳羡贡茶与李栖筠和陆羽有关。碑文称,常州贡茶始于李栖筠担任常州刺史期间,也就是代宗永泰元年到大历三年(765—768)。有一位山僧向李栖筠献上自制的茶叶,李召集大家品尝,陆羽品尝以后感到此茶芳香甘辣、品质优异,可以推荐给皇帝,李栖筠听从了陆羽的建议,筹集万两茶作为贡品,也是阳羡贡茶的开始。

---

① (唐)皎然:《顾渚行寄裴方舟》,《全唐诗(增订本)》卷821,中华书局编辑部点校,中华书局1999年版,第9349页。

后来贡茶越来越多,每年都要征调二千多人参与造茶。碑文的后面,还对士大夫以口腹玩好供奉皇帝,却给百姓带来祸害提出批判。[①]

这篇碑文里面有许多虚构的故事,如山僧献茶、陆羽品茶并建议李栖筠进贡皇帝等,但也隐含了一些关键信息,如贡茶与常州刺史李栖筠的关系。肃代以后,李栖筠因得罪宰相元载迁任常州刺史,此时正值元载等一批喜欢佛道的新贵上台,陆羽《茶经》在社会上产生很大影响,上流社会对饮茶的爱好正在升温。李栖筠在常州生产一批贡茶献给皇帝,这是很容易理解的。湖州贡茶的时间晚于阳羡,据说也与陆羽有关。北宋钱易在其《南部新书》中说,起初,无人知道湖州紫笋茶,大历五年(770)以后才成为贡茶,似乎与陆羽也有关系。陆羽有一封《与杨祭酒书》,提到顾渚山中的紫笋茶很好,遗憾的是皇帝却未曾品尝。他寄给杨祭酒两片茶叶,一片敬献其母亲,一片赠送杨祭酒。[②]

杨祭酒就是杨绾,《旧唐书》卷119有他的传记。他为官清廉俭朴,不经营田地房产,所得俸禄随手分给亲戚朋友,深受德宗器重。大历五年,太监鱼朝恩死后,他被元载推荐为国子祭酒,"天下雅正之士争趋其门"。如果陆羽给杨绾赠送过茶叶,应该是在他成为祭酒的大历五年(770)以后,恰好是在那一年,湖州的顾渚设置贡茶场。陆羽说皇帝未曾品尝顾渚茶,显然与事实不符,所以《与杨祭酒书》应该是伪造的。

据南宋谈钥《嘉泰吴兴志》的记载,湖州与宜兴接壤,因为常州贡茶太多,代宗让湖州分担贡茶任务。大历五年(770),贡茶在常州、湖州分造,由刺史主持监造,观察使总领其事。这一年,裴清为湖州刺史,主持贡茶的监造。他曾将金沙泉一并献给皇上,撰《进金沙泉表》,开了同时

---

① (宋)赵明诚:《金石录》卷29,文渊阁四库全书本。

② (北宋)钱易:《南部新书》卷5,文渊阁四库全书本。

进贡金沙泉、紫笋茶的先例。裴清之后，颜真卿继任湖州刺史，任期是大历七年至十二年（772—777）。在湖州期间，颜真卿与陆羽、皎然一批僧侣、文士交往甚密，邀请陆羽参与编著《韵海镜源》，在一起谈诗论赋，一起茶会。颜真卿唯一留下来的茶会联句诗，应该也是在此期间创作的。这里有两点比较可疑，一是颜真卿为何存留下来的茶诗这么少？另一个问题就是，他是否也是宗教信徒？他的那个代为书写召集茶会的帖子，以及夜晚与僧人和文人一起茶会的联句诗，似乎都表明他应是宗教的信徒，但除此之外的证据很少。

在颜真卿和裴清任内，湖州贡茶的数量不得而知，但产量应该在持续增加。德宗建中（780—783）、贞元（785—805）以后，湖州贡茶数量大幅提升。建中二年到四年（780—783），袁高出任湖州刺史，承担监造贡茶的任务。他看到贡茶给当地百姓带来的痛苦，写了一首《茶山诗》（又名《焙贡顾渚茶》），[①]连同三千六百串贡茶一同献给皇上，诗中写道：

我来顾渚源，得与茶事亲。
氓辍耕农耒，采采实苦辛。
一夫旦当役，尽室皆同臻。
扪葛上欹壁，蓬头入荒榛。
终朝不盈掬，手足皆鳞皴。

从这首诗中可知，贡茶生产采用的是劳役制，每家抽取服劳役的劳动力，参与茶叶采摘和制造，每年役使农夫达两千多人。一人当役，全

① （唐）袁高：《茶山诗》，《全唐诗（增订本）》卷314，中华书局编辑部点校，中华书局1999年版，第3536页。

家都要到荒山中寻找茶芽，一个早晨采摘不到一把，可见茶树还是野生的状态，加之早春的寒冷季节，采摘到的茶芽很少。茶芽刚开始萌发，皇帝已经派来使节频频催促，因为要赶在清明节之前收到茶叶。贡茶采取的强制性劳役给当地百姓带来极大痛苦，成为当地百姓的祸害。袁高的讽谏显然没起作用，湖州贡茶非但没有减少，反而越来越多。钱易的《南部新书》称，湖州每年造茶一万八千四百八斤，[①]德宗贞元(785—804)以后，紫笋贡茶役使三万人，"累月方毕"。[②]随着贡茶规模的不断扩大，原来的造茶场太过狭隘，后来又专门建造了宽敞的寺院。

宪宗、敬宗时期，常州和湖州贡茶产量进一步提升。元和六年(811)九月，孟简从谏议大夫的职位走马上任常州刺史，负责阳羡贡茶的监造。两年后的一个初春早上，太阳已经升起很高了，隐居在少室山的卢仝还在睡懒觉，一阵急促的敲门声打断了他的美梦。当他打开门后，发现门口站着一名军官，他送来孟简的一封信，还有"三百片"阳羡新茶。卢仝是唐晚期清贫的文人，生活极度困难，经常受到恶霸的欺凌。文宗时的甘露之变发生时，卢仝恰好在宰相王涯府中，被稀里糊涂地杀掉了，这当然是后面发生的故事。此时，收到茶叶的卢仝非常激动，他没有想到自己这样的贫寒文人，也能有幸品尝到阳羡茶，这可是只有皇帝和王公贵族才能享用的名贵贡茶。卢仝创作的《走笔谢孟谏议寄新茶》，成为最为著名的茶歌之一。

卢仝能够获得阳羡茶，当然都是因为他有一位正在做常州刺史的好友孟简。此时的孟简正承担着监造贡茶的任务，利用职务之便送给卢仝一些贡茶。诗歌中"三百片"的说法显然有点夸大，应该是一种夸

---

① (北宋)钱易:《南部新书》戊卷，黄寿成点校，中华书局2002年版。

② (唐)李吉甫:《元和郡县图志》卷25《湖州·长城县》，贺次君注解，中华书局1983年版。

张的文学表达。这首诗也从侧面反映阳羡贡茶产量应该很多,孟简才可以将贡茶大量赠送给朋友。时间来到敬宗宝历年间(825—827),每到造茶时节,常州、湖州两州刺史亲自上山督造。茶山的夜晚灯火通明,这里有丰盛的饮食和美酒,歌舞表演和珠光宝气的妓女。刺史们比赛谁家的茶造得更快更好,争取让自家的茶叶最先抵达京师。两州刺史督促下茶山热闹的场景,让白居易羡慕不已。白居易创作了一首题为《夜闻贾常州崔湖州茶山境会亭欢宴》的诗歌,①表达了对两州刺史的羡慕。

袁高《茶山诗》中百姓的苦难在白居易的诗中不见了,造茶期间锣鼓喧天、热闹非凡,美酒佳肴和妓女聚集在茶山,人们似乎如同神仙般快活,杜牧的茶山贡茶诗也表达了同样一片欢乐祥和的景象。贡茶生产由悲苦转向欢乐的原因是什么?是白居易和杜牧对百姓的关怀不如袁高,还是因为造茶劳工的待遇变好了,对此我们不得而知。这些官员出生在不同的社会阶层,他们对于百姓的苦难认知并不一致。

造好的贡茶通过驿站从江南运往西安,负责运输的是军队和地方抽调的劳役,卢仝收到的茶叶就是由军队负责运输的。茶叶运输是非常辛苦的工作,为了赶上清明节的祭祀活动,制作茶叶和运输的时间都非常紧张。清明节之前的天气还很冷,很多茶树还没有发芽,好不容易采摘了一定数量的茶芽,还要忙着制作茶叶,留给运输的时间很少。制好的茶叶快马加鞭送到数千里外的长安,称为“急程茶”。②宣宗大中十

① (唐)白居易:《夜闻贾常州崔湖州茶山境会想羡欢宴因寄此诗》,《白居易诗集校注》卷24,谢思炜校注,中华书局2006年版,第1911页。

② (唐)李肇:《国史补》,(唐)李肇、赵璘:《唐国史补·因话录》,上海古籍出版社1979年版。

年(856),李郢登进士第,为藩镇从事,作《茶山贡焙歌》[①]讽诵百姓的苦难。采制茶叶的工人从早到晚地忙碌,官府还在不停地催促。尽管“山中有酒亦有歌”,伴随着乐营、房户提供的美酒和金丝宴,人们依然高兴不起来。接下来就是茶叶运输了,诗中写道:

研膏架动轰如雷,茶成拜表贡天子。
万人争啖春山摧,驿骑鞭声砉流电。
半夜驱夫谁复见,十日王程路四千。
到时须及清明宴,吾君可谓纳谏君。
谏官不谏何由闻,九重城里虽旰食。
天涯吏役长纷纷,使君忧民惨容色。

驱夫和吏役也非常辛苦,湖州到西安有四千里地,他们要在十天之内赶到。驱夫们每天风餐露宿,半夜三更还在持续不停地赶路。在诗歌的最后,李郢写道:“吴民吴民莫憔悴,使君作相期苏尔。”他多么希望刺史能升迁宰相的职位,使憔悴的吴民稍作休息。因为没有官方数据,唐代贡茶规模我们不得而知,只能通过各种资料大致推测。陆羽的《茶经》、裴汶的《茶述》、李肇的《国史补》和杨晔的《膳夫经手录》都有一些产地和产量的信息,这些资料来自不同年代,生产制度也不同。

陆羽《茶经》里的产茶地点算不得茶区,那时饮茶的人很少,很多寺院都地处偏僻山区,僧侣们采制野茶用于自食,每年只有几斤甚至更少

① (唐)李郢:《茶山贡焙歌》,《全唐诗(增订本)》卷590,中华书局编辑部点校,中华书局1999年版,第6902—6903页。

的产量；杨晔撰写《膳夫经手录》时期，商品茶获得大发展，已经出现了大规模的专业产区；李肇《国史补》所列都是品质较高的茶叶，蒙顶、顾渚、阳羡等名茶和贡茶多在其中，“浮梁之商货不在焉”。唐代贡茶不止顾渚、阳羡，我们姑且认为李肇《国史补》列举精品茶都有上贡；裴汶《茶述》明确表示所列为土贡茶，而鄱阳、浮梁等地的商货最差。《茶述》原书已佚，如今只剩几百字，从清陆廷灿编《续茶经》中辑录。这段话译为白话如下：

> 如今，海内茶叶土贡实在太多，顾渚（今浙江省湖州市）、蕲阳（今湖北省黄冈市蕲春县）和蒙山（今四川省雅安市）最有名，寿州（今安徽省淮南一带）、义兴（今江苏省无锡市）、碧涧（今湖北宜昌、荆州一带）和衡山（今湖南省衡阳市衡山县）次之，鄱阳（今江西省上饶市鄱阳县）、浮梁（今江西省景德镇市浮梁县）的茶最不好。精品茶高贵无比，百姓食用的都是些粗茶，随便在碗、瓯中揉碎，喝了容易生病。如今人们嗜好饮茶，西晋之前从未听说。唯恐美味“茶饮”被遗忘，因此写作《茶述》。①

裴汶的生卒年代不详，根据嘉泰《吴兴志》卷 14，裴汶在元和六年（811）除澧州（湖南省常德市澧县）刺史后，授予常州刺史，元和八年（813）十一月，离开常州。有些学者将裴汶与裴休混淆。根据《茶述》《国史补》和《膳夫经手录》，我们整理了晚唐重要的土贡茶产地（见表 3-1）。

---

① （唐）裴汶：《茶述》，见（清）陆廷灿《续茶经》，文渊阁四库全书本。

表 3-1 唐代精品贡茶

道	州 府	茶 名
剑南道	四川蒙顶	蜀蒙顶茶
	东川(今四川三台县)、昌明(今四川江油市)	东川的神泉小团、昌明的兽目
江南东道	湖州	顾渚茶、阳羡茶
	睦州	鸠坑茶
	福州	方山露牙
	婺州	东白
淮南道	舒州	天柱茶
	蕲州蕲水	蕲水团黄
山南东道	峡州(今湖北省宜昌、荆州附近)	茱萸簝/碧涧/明月/芳蕊
江南西道	岳州	邕湖含膏
	宣州	鸭山茶
	洪州	西山白露
	湖南衡山	衡山茶
	歙州、祁门、婺源	方茶
山南东道	夔州	香山
	江陵	南木

鄱阳、浮梁生产的大量茶叶主要提供大众消费，特点是量大、品质不高、价格低廉，贡茶则向更为精致的高端茶叶发展。五代十国的湖南马氏、福建闽政权进一步开发了腊茶，一种更为精洁、工艺更为复杂并加了香料的小片茶饼。唐代末年，就有福建进贡“腊面茶”的记载，北宋统一全国以后，建州腊茶逐渐发展成著名的贡茶。北苑贡茶成为唐宋饼茶文化登峰造极的产品，推动了福建精品茶生产进入茶叶生产的巅

峰。蔡襄、宋徽宗撰写过介绍腊茶的书籍,从中可以了解这种高贵的茶叶生产的情况。

普通饼茶的生产工艺主要是蒸,蒸完压制在一起,而腊茶的生产则既蒸又研,蒸好的茶叶还要再研磨,再过滤加工,这样做出来的茶叶苦味大大降低,添加香料后的味道更为独特。茶叶从采摘到制作的每一道工序都有严格的规定,单就采茶这一项,规定要在早上露水未退之前采摘茶芽,太阳出来便停止,不可贪多;选捡茶芽分为好几个等级,最上等的茶芽称为小芽,它的形状如同雀舌和老鹰的尖爪,次等的茶芽称为中芽,只有一芽带一叶,也称一旗一枪或“楝茶”,再次一等的茶芽称为紫芽,为一芽两叶;分拣工作之后,蒸、研、罗、焙无不有着严格的管理,工匠们在制茶时都要剪掉指甲、剔除眉毛和头发以保持清洁。

在这个严苛管理下生产出的腊茶产量很低,北宋初期,腊茶只是一种精致的贡品,官员们通过赏赐得到这种茶叶,市场上没有供应,有钱也不一定买得到。后来在福建北苑贡茶生产基地的附近,当地依靠贡茶名声也开办不少私人茶场,腊茶成为市场上价格昂贵的高档茶类,国家对腊茶实施最严格的禁榷,征收的税率也更高。商品化的腊茶带动了当地经济的发展,从事腊茶产业的劳动力能够获得不错的报酬。在这种情况下,国家开设的贡茶场也应该改变了劳动者的待遇,后来的制茶工匠不用剃掉头发,包裹头巾保证清洁就可以。贡茶与寺观茶、商品茶都不同,也有自己存在的独特逻辑,不会随着商品茶的大量产出而消失。寺观茶具有很强的文化属性,承载着信仰群体的精神追求和情感;而贡茶则是权力关系的象征,代表着身份和地位。只要权力关系存在,贡茶就不会消失。北苑贡茶随着南宋的灭亡而衰落,元帝国建立后,除了北苑贡茶外,又在武夷建立了新的贡茶基地,北苑实际上已经衰落了。腊茶在南宋以后就已经很少再生产，元时期存留的相关记载很少。随着唐宋饮茶文化的退潮，腊茶和饼茶时代结束了，市场上只有少量的末茶和价格低廉的草茶、茗茶、芽叶茶。茶叶的文化价值和市场价格都在降低，进贡的茶叶当然也就没有价值。元代的贡茶有湖州的金字末茶、武夷腊茶，还有西番大叶茶等名称，生产情况不详。明代彻底废除腊茶进贡，贡茶改为芽叶茶，尽管福建的贡茶还是最多，明人称只被用以清洗茶杯。负责贡茶的官员往往拿着贡茶经费在京城购买上贡的茶叶，即便号称武夷贡茶，实则产地是在延平。至此，唐宋时代建立的贡茶制度已经瓦解，明清贡茶名存实亡。

（三）贡茶的分配与消费

贡茶基本上都在权贵阶层内部消耗，很少流入圈层之外。推动奢侈品存在的主要力量不是利益，而是权力关系。贡茶不是通过市场实现消费，而是通过权力关系进行分配。贡茶主要供应皇亲国戚及高级权贵，用于节日、宗庙祭祀，依据权力关系的位置，作为一种荣耀进行赏赐。随着以茶代酒的宗教饮食侵入传统节日，茶叶被广泛用于祭祀和各种节日。在唐代，清明节饮用新茶已成为固定的习俗，清明节前一天，皇帝会赐大臣新茶和新火，阳羡、顾渚紫笋茶必须在尚且寒冷的早春采摘，由两州刺史亲自督造，催促驱夫、吏役快马加鞭赶在清明节之前送到长安。

《蔡宽夫诗话》云："唐茶品虽多，亦以蜀茶为重，然惟湖州紫笋入贡，每岁以清明日贡到，先荐宗庙，然后分赐近臣。"[①]贡茶在清明节送

① （北宋）蔡宽夫：《蔡宽夫诗话》卷62《贡茶》，郭绍虞：《宋诗话辑佚》（下），中华书局1980年版，第409页。

到,会分给皇亲国戚、位高权重的大臣享用。许多赐茶发生在寒食、清明和社日等节日期间,赐茶的对象有大臣、卫戍将士、耆老及外国君主和使臣等。唐宋文献中有许多大臣谢皇帝赐茶的诗歌和表文,寺院和僧侣也是赐茶的重要对象。开成五年(840),在中国巡礼的日本僧人圆仁在日记中说(白话译文):

> 六月六日,皇帝派使臣来,僧人出门迎接。按照惯例,每年皇帝都会派人送衣服、钵、香花等物。使臣将这些东西送到山里,分发给十二座大寺,有精致的帔(袈裟)五百件,绵五百屯,袈裟布一千端(匹),染成青色,香一千两,茶一千斤、手巾一千条,并为僧人设置斋食。①

位高权重的大臣、节度使和沿边将士时常受到赏赐,主要是各种生活物资,茶叶和药物也很常见。收到皇帝赏赐的大臣、节度使会写谢表文,往往由幕僚代写,也有大臣和节度使会亲自撰写。大历九年到十一年(774—779),田神玉接替哥哥田神功的位置,成为宣武节度使,皇帝赏赐茶叶1 500串分发给将士,担任宣武节度使幕府从事的韩翃代写《为田神玉谢茶表》。宪宗时,宰相武元衡向皇帝献《谢赐新火及新茶表》,感谢皇帝清明节前赐新火、新茶和春衣,在另一篇奏疏中,他再次感谢皇帝派使臣赐新茶二斤。武元衡的很多谢茶表由幕僚代书,柳宗元《代武中丞谢赐新茶第一表》和刘禹锡《代武中丞谢赐新茶第二表》就是此类作品。茶、果、酒、羊、海味等是常见的皇帝赏赐物,在常衮、白居易、杜牧等人的谢表文中都有体现。

---

① [日]圆仁:《入唐求法巡礼行记校注》,白化文、李鼎霞、许德楠校注,华山文艺出版社1992年版,第296页。

随着饮茶消费向底层民众扩张，沿边将士也会得到皇帝赏赐的茶叶。陆贽谈到德宗赏赐军队厚薄不均，穷边之地、长镇之兵，衣粮所给，唯止当身；不安危城、不习戎备的关东戍卒，不仅赏赐的衣服和粮食丰富很多，还有茶、药之馈、蔬、酱之资。[①]越是保家卫国的偏远边疆的士兵，得到的赏赐越少，反而是关东士兵经常会有茶、药、蔬菜等赏赐。昭宗赐迎驾石门的李克用御衣、大将茶、酒、弓矢。[②]唐末五代直至北宋，茶叶商品化程度很深，与金钱、粮食、衣服、药品等并列为有价值的物资，皇帝、地方割据势力赏赐将士茶、药的记载更是不计其数。例如，[③]壬辰（宋太宗淳化三年），宋太宗赏赐湖南行营将士茶和药，对立功的将士给予钱帛的嘉奖，“赐西川行营将士姜茶”，“赐沿边将士姜茶”，“赐河北缘边行营将校建茶、羊、酒”。庚寅（宋仁宗皇祐二年），仁宗赐军队校官建茶有差，赐普通士兵每人一斤剪草茶。建茶也就是腊茶，属于高档茶叶，但剪草茶价格低廉。

淮南、鄱阳、浮梁等地的商品茶大规模生产之后，茶叶不再是权贵享用的奢侈品。贡茶体制也没有消失，反而在制作精品腊茶的方向获得更大的发展。贡茶都是高档的优质茶类，除了满足皇亲国戚的需求，也会赏赐大臣和有功的将士。贡茶与粮食、布帛等其他财物一样也具有价值交换功能，皇帝设立的茶库也是他的财富储备。唐代的贡茶基地不断重修和扩建，建有专门的茶叶储存库，方便皇帝随时调配。五代十国时期，割据政权都在建设自己的茶叶储备，福建的张廷晖将自家茶

---

① （后晋）刘昫：《旧唐书》卷139《陆贽传》，中华书局1975年版，第3813页。

② （宋）薛居正等撰：《旧五代史》卷26《武皇纪下》，中华书局1976年版，第351—352页。

③ （宋）李焘、（清）黄以周等辑补：《续资治通鉴长编　附拾补》卷4、6、7、21、24，上海古籍出版社1986年版。

园“献给”闽王,闽归顺南唐以后,茶园自然归属南唐皇帝。宋灭南唐,贡茶园再次易主,北苑贡茶出产的腊茶在北宋最为有名。

北苑贡茶生产的腊茶,是“以别庶饮”的高级茶类。腊茶生产有不同等级,赏赐给地位高低不同的官僚。北苑茶的生产和管理非常专业,开发的高档茶叶种类繁多,产量也在节节攀升。大约可以分为十个品号,按等级冠以不同名称,分别是:第一等龙茶,第二等凤茶,第三等京挺、的乳,其余的还有白乳、头金、蜡面、头骨、次骨等。龙茶最为高贵,仅供给皇帝及执政、亲王、公主,次等皇族、学士、将领只能用凤茶,舍人、近臣赐给京挺、的乳,馆阁大臣分配到白乳,①以此类推。欧阳修说,大臣收到皇帝赏赐的腊茶,被认为是一种特殊恩宠,感到无比荣耀。对于这些珍贵的茶叶,他们小心翼翼地珍藏起来,不舍得食用。高档腊茶因为价格昂贵,在周边国家也享有盛名。

三、商品茶及其国有化趋势

李唐王朝的晚期,中央无力控制地方割据势力的扩张,国家陷入五代十国的军阀混战。饮茶没有在国家繁荣的时期出现,反而在安史之乱时诞生,并随着苦难、战乱获得发展。所以,饮茶满足繁荣社会娱乐需求的功能论说法不符合事实。军阀割据和战乱对茶叶贸易带来不利影响,社会对茶叶的需求却大幅增加。唐宋时期北方人口密集、经济繁荣,也是茶叶消费的主要区域,但产地却在南方山区,将南方山区的茶叶运销北方主要消费区,给商人带来了丰厚的利润。无论中央政权还

---

① (宋)江少虞:《宋朝事实类苑》卷60,上海古籍出版社1981年版。

是地方割据势力，都想从茶叶贸易中分一杯羹。

可以想见，在混乱社会中保持茶叶经济长期繁荣并不容易。对于茶叶这种商品的大规模生产、长途运输和销售，需要强有力且稳定的社会力量提供支持和保障。这些环节涉及三个层面：第一，民众对饮茶有持久而旺盛的需求；第二，社会能够有效组织持续、大规模的生产；第三，社会组织茶叶长途运输、贸易的持久能力。有必要探讨唐宋商品茶的生产—贩运—消费，以及相互连接，从而揭示维持茶叶经济持久繁荣的社会动力。

（一）饮茶消费的持续扩张

安史之乱以后，平民宗教在全国的势力大增，禅宗作为最为强大的平民宗教，对关陇集团的政治格局、文化价值和社会基础带来致命打击。饮茶的生活方式象征着反权贵的新文化，对于广大的寒门子弟和平民有着极大吸引力。据《封氏闻见记》的记载，泰山灵岩寺降魔禅师教人不吃晚饭，饮茶抵抗睡眠。教徒们拿着茶叶到处煮饮，从山东邹平、济南、河北沧州直到长安的广大地域，开了许多卖茶的店铺，无论是否为教徒，只要给钱就可以取饮。随着宗教势力的扩张，饮茶侵入日常生活的很多领域。

1. 茶肆与茶坊的发展

饮茶起源于新兴的宗教社群，由于信徒们的饮茶需求，最早的茶肆和茶坊诞生了。撰写《茶经》的陆羽在民间被奉为茶神，制陶人以陆羽形象制作了一些陶瓷人偶，作为购买茶器的附赠品。卖茶的人将陆羽瓷偶放在茶台上供奉，销售不利便用热水浇灌泄愤。[1]长安、洛阳这样

① （北宋）欧阳修、宋祁：《新唐书》卷196《陆羽传》，中华书局1975年版。

的大城市有很多茶肆,文宗太和九年(835),甘露事件发生后,宰相王涯逃走后在永昌里茶肆被抓。[①]

德宗以后饮茶之风迅猛发展,新权贵大多为平民宗教的信徒,他们也是饮茶爱好者。上流社会盛行饮茶和茶会,开创了官僚茶会新模式,这种新茶会突出社交、娱乐功能,茶可以与酒肉同席,大大拓宽了茶叶的消费空间。社会上流传着许多饮茶神话,如饮茶能治百病、令人长生不老等,这些说法的源头大多来自宗教的文化表达。大众茶饮注重实用价值,实践中的新茶饮淡化了宗教色彩,进入生活变成日常饮食、休闲和娱乐工具。

北宋时期,茶会、茶肆在实践中发展出更多样式,成为百姓休闲娱乐、传递信息、交流感情、开展社交的公共空间。孟元老的《东京梦华录》有一段邻里生活的回忆,外地居民初来乍到,街坊四邻便带着茶汤上门问候,指点和帮助他们的买卖。一些热心人提着茶瓶,每天在邻里间问候情况。[②]"柴米油盐酱醋茶"成为开门七件事,茶叶成为日常生活的必需品。

茶肆、茶坊遍布城乡各地,且在功能上发生了分化。山东汶上的茶肆是当地士族评价官吏的场所,一位官员到任没有三天,便得了"猪嘴"的绰号。[③]《东京梦华录》提到,朱雀门外以南有两个乐曲教坊,其他就是住宅和茶坊。旧曹门街北北山子茶坊里面有仙洞、仙桥,女士们晚上喜欢去那里吃茶;有的茶坊五更天时已经点灯开张,买卖衣服、图画、花环等物,天亮就解散了,称为鬼市子;妓女开的叫做"花茶坊",到那里去

---

① (后晋)刘昫:《旧唐书》卷169《王涯传》,中华书局1975年版,第4404页。

② (宋)孟元老撰:《东京梦华录笺注》,伊永文笺注,中华书局2006年版。

③ (北宋)王得臣:《尘史》卷下,俞宗宪点校,上海古籍出版社1986年版。

的人不为喝茶，妓女以点茶为由索要金钱；文人聚会的茶坊房间布置得很雅致，学习音乐的人也会到茶坊交流技艺。

2. 祭祀与节日中的以茶代酒

唐代中叶以后，饮茶出现在祭祀和中国传统节日中。根据陆羽《茶经》，早在魏晋南北朝时期，就有了以茶代酒的记载。南朝梁皇帝信仰佛教，发布诏令说，自己死后的祭祀禁止酒肉，以茗、果代替。这个资料中“茗”不一定是茶，故事也不一定是真实的，极有可能是唐代编造的宗教故事。清明、上巳、晦日、重阳等传统节日，过去的祭祀活动都以酒、肉为主，饮茶兴起后，出现了以茶代酒的现象。

起初，平民宗教的信徒反酒肉饮食，他们在节日期间以茶代酒，形成一股节日饮食新风尚；思想保守的旧势力延续传统习俗，两种饮食文化之间存在很大的矛盾。随着禅宗等势力的扩张，以茶代酒侵入传统节日，绝大多数民众在实践中采用调和主义的态度，在节日、祭祀和茶会中，酒肉与茶饮往往同时出现。调和主义是中国民众在实践中应对矛盾常用的态度，《茶酒论》以拟人的手法突显茶与酒的冲突，结尾建议双方停止争议，应该看到两者的共同点，那就是两者都离不开水。水是茶与酒共同的物质，也是超越两者的更高存在。

清明节。以茶代酒出现在清明节的最早记载，恐怕是孟浩然的《清明即事》。科举失意后的孟浩然还在京城，正值清明节，这首诗里出现了“酌茗聊代醉”的诗句。[①]孟浩然早年信奉儒家学说，也曾想要建立功名，科举失败和入仕无望对他打击很大，此后对佛教产生兴趣，有了归隐山林的想法。在他生活的年代，饮茶尚处于萌芽状态，这首诗的真伪

① （唐）孟浩然：《清明即事》，《全唐诗（增订本）》卷159，中华书局编辑部点校，中华书局1999年版，第1635页。

令人怀疑。

孟浩然的清明节并不排斥酒。有一次,他与梅道士度过的另一个清明节,他们饮用的是酒而不是茶。清明节这一天,孟浩然应邀来到梅道士山房,正值桃花初开,这里的环境优美,炼丹的灶台升起火,道士们的饮食非同寻常。在《清明日宴梅道士房》这首诗的结尾,孟浩然写道:"童颜若可驻,何惜醉流霞。"[①]"醉流霞"意指喝醉酒,这句话用白话表达就是:如果饮酒能使童颜永驻,何不一醉方休。

清明饮酒在唐诗中依然是最多的。杜甫的《清明二首》,就有"浊醪粗饭任吾年"的诗句;"几时能命驾,对酒落花前"则出自贾岛的《清明园林寄友人》,类似的例子不胜枚举。德宗时代,清明节饮茶的习俗已经形成。根据《国史补》和《蔡宽夫诗话》,湖州紫笋茶加急运送长安,就是为了赶上"清明宴"。清明节前夕,皇帝要将新茶和新火赐予大臣。火前茶、火后茶、骑火茶的名称,显示出新茶与寒食、清明节等节日的密切关系。酒也没有从节日中消失,白居易曾列了一份清明饮食清单,有冷粥、新茶和酒。茶酒并存代表了中国调和主义的文化精神和实用主义的处世哲学,体现了中国人解决矛盾和冲突的方式。

上巳节。上巳是中国古老的节日,指三月上旬的第一个巳日,俗称三月三。据说这个节日在汉代确立,三国魏固定在三月初三。上巳节原本为求子之祀,[②]后来也是民间祛病祈福的日子。晋时演变为踏青、春游和水边宴饮的娱乐活动。[③]这一天,人们要去河边沐浴,去除污秽,

---

① (唐)孟浩然:《清明日宴梅道士房》,《全唐诗(增订本)》卷160,中华书局编辑部点校,中华书局1999年版,第1647页。

② 杨茂奎:《齐河三月三》,《民俗研究》1987年第4期,第121—122页。

③ 覃桂清:《"三月三"源流考》,《民族艺术》1994年第1期,第59—69页。

获得洁净。在修禊祭礼后，通过山间溪流传递酒杯，名为“曲水流觞”，酒杯也称流杯。[①]晋永和九年(353)，王羲之、谢安、孙绰等四十一位社会名流，在浙江会稽兰亭举行修禊祭祀。这次活动在中国历史上非常有名，是文化界的一次盛事。他们饮酒赋诗，王羲之为诗集作序，就是著名的《兰亭集序》。隋唐“曲水流觞”中的溪流变成人工挖掘的溪流，活动保留了用“流杯”饮酒作诗的传统。

饮酒、赋诗和携妓出游，这是唐代上巳节活动的三大项目。饮茶兴起以后，增添了茶集、茶会、茶宴的新内容。吕温是德宗贞元十四年(798)进士，曾经创作了一首有关上巳节的诗歌。[②]沈冬梅注意到，上巳节原本是饮酒的日子，吕温等人却以茶代酒。[③]三月三日本是上已“禊饮”的日子，吕温与道友们在一处风景优美的地方“曲水流觞”。南阳的邹子、高阳的许侯都喜欢“尘外”生活，共同参与了这次活动。在此次活动中，他们举办了“以茶代酒”的茶会，洁净的素杯里飘着香沫，茶水的色泽如同琥珀。吕温评价说，饮茶不会使人沉醉，反而令人清思飘荡，将茶比喻成五云(有的作玉石露)仙浆也不为过。

白居易的两首上巳节诗歌没有茶只有酒。在一次皇帝举办的上巳宴会上，“赐欢仍许醉”“花低羞艳妓”，[④]大家尽情饮酒，还有美艳的妓女作陪。开成二年(837)，洛阳府尹招集官僚宴饮，百姓在洛水之滨欢度节日，到处都是聚会饮酒、携妓出游的人们。文人们饮酒作诗，醉眼

① 吕静：《上巳节沐浴消灾习俗探研》，《史林》1994年第2期，第9—10页。

② (唐)吕温：《三月三日茶宴序》，(清)董诰等《全唐文》卷628，上海古籍出版社1983年版，第2807页。

③ 沈冬梅：《〈撵茶图〉与宋代文人茶集》，《美术研究》2014年第4期，第67—69页。

④ (唐)白居易：《上巳日恩赐曲江宴会即事》，《全唐诗(增订本)》卷437，中华书局编辑部点校，中华书局1999年版，第4860页。

观花,河水让人春心荡漾。[①]白居易诗中的上巳节有酒和妓女,这与吕温和道友们"以茶代酒"过上巳节形成鲜明对比。

晦日。晦日也是一个古老的节日,"晦"指每月的最后一天。月亮每个月都有亏有盈,人们据此到河边饮酒聚会以消除灾难。魏晋南北朝时期的《荆楚岁时记》已有晦日记载,正月的每一天都有聚会,人们在水中泛舟,水边饮酒行乐。晦日不限于正月,其他月份的最后一日也称晦日。[②]有关晦日的变化,可见宋人陈元靓的《岁时广记》。[③]唐代以正月最后一天为晦节,位列国家三大节日之一,三大节日指晦节、上巳节、重阳节。节日期间政府机构放假,皇帝赐百官聚会宴乐的钱,任由他们选择好的地方游乐和聚会。[④]晦日与上巳节的活动类似,人们会到水边胜地泛舟饮酒、挟妓出游。

德宗贞元五年(789),李泌请求废除晦节,在晦节的第二天,也就是二月朔日(初一)设立中和节,理由是正月过年、三月有上巳节,唯独二月节日很少。德宗贞元以后,晦日习俗变化很多,宪宗年间(806—820)的送穷活动十分流行,韩愈《送穷文》和姚合《晦日送穷》诗都是这种风俗的体现,唐末又出现晦日"迎富"的新习俗。[⑤]

随着禅宗等平民宗教势力的壮大,晦日活动内容也出现了新变化,饮茶、读经、传花和举行诗歌联句出现在晦日,取代了传统的饮酒和携

① (唐)白居易:《三月三日祓禊洛滨》,《全唐诗(增订本)》卷456,中华书局编辑部点校,中华书局1999年版,第5203页。

② (梁)宗懔:《荆楚岁时记》,姜彦稚辑校,中华书局2018年版。

③ (宋)陈元靓:《岁时广记》卷13《月晦》,许逸民点校,中华书局2020年版。

④ (唐)李括:《三节赐宴赏钱诏》,(清)董诰等编《全唐文》卷51,中华书局1983年版。

⑤ 夏日新:《正月晦日节考》,《中南民族大学学报》(人文社会科学版)2005年第5期,第133—136页。

妓出游。在一个没有月亮的晦日，皎然、潘述、汤衡、海上人举行了一场茶会。茶会由李萼招集，皎然为此创作了诗歌，部分诗句如下：①

晦夜不生月，琴轩犹为开。
墙东隐者在，淇上逸僧来。
茗爱传花饮，诗看卷素裁。
风流高此会，晓景屡裴回。

颜真卿任湖州刺史期间（772—777），皎然、李萼、陆士修、崔万等人举行的茶会也是在夜晚，不知道是否为晦日。“泛花邀坐客，代饮引情言”“不似春醪醉，何辞绿菽繁”“素瓷传静夜，芳气满闲轩”，从《五言月夜啜茶联句》②的诗句中可知，活动内容与晦日茶会类似，参与者们弹琴、饮茶、传花、赋诗，阅读经卷，都是些“净肌骨”“涤心原”的清雅活动。活动持续到清晨，大家才依依不舍地离开。

重阳节。重阳节也是中国传统中的重要节日，时间是在农历九月初九，唐人也称“九日”。这一天，活动的项目有登高、野游、放风筝、插茱萸、饮菊花酒等。李白、杜甫、白居易等人都写过重阳诗歌，如“重阳独酌杯中酒，抱病起登江上台”（杜甫《九日》五首之一）、“强欲登高处，无人送酒来”（岑参《行军九日思长安故园》），比较著名的还有王维的《九月九日忆山东兄弟》，这些诗句显示了重阳节饮酒的传统。

① （唐）皎然：《晦夜李侍御萼宅集招潘述汤衡海上人饮茶赋》，《全唐诗（增订本）》卷817，中华书局编辑部点校，中华书局1999年版，第9289页。

② （唐）颜真卿：《五言月夜啜茶联句》，《全唐诗（增订本）》卷788，中华书局编辑部点校，中华书局1999年版，第8973页。

皎然与陆羽的重阳节在山僧院度过，“俗人多泛酒，谁解助茶香”，[1]诗句显示他们以茶代酒，度过的是一个不一样的重阳节。司空图在重阳节访问元秀上人，与这位高僧汲泉煮茶、对榻而眠，返回家中，因无人赠酒受到儿童嘲笑。[2]“年随历日三分尽，醉伴浮生一片闲”，[3]在另一个重阳节，司徒空又会喝得酩酊大醉。他喜欢与僧侣交往，却不是虔诚的教徒。饮茶逐渐渗透到传统的祭祀、节日和聚会活动，与中国传统发生冲突。绝大多数民众的节日里有酒也有茶，践行着调和矛盾的中庸主义。

3. 丰富多彩的茶叶品类

唐宋时代以饼茶为载体发展出一套有意义的仪式，可以称为饼茶文化。饼茶制作方法是将采摘后的茶树叶子蒸、捣和拍制成饼状，再烘烤焙干。储藏的饼茶容易受潮，饮用前，先要烤炙焦香，坚硬的茶饼用刀锥敲开，再用臼、碾、罗等工具将茶叶捣碎、研磨和筛成粉末。饼茶文化到北宋出现了一些新的变化，发展出片茶、腊茶的精致茶类。片茶形容薄而小的饼茶，制作更为精致，生产工艺更为成熟，采用模具生产，不再是手工拍制。片茶种类很多，有仙芝、玉津等 26 个等级。两浙、宣州（今安徽省宣城市）、江州（今江西省九江市）、鼎州（今湖南省常德市）等地又将片茶分为上、中、下三等，或者分为五个等级。

腊茶就是加了香料、既蒸又研的高档片茶，蒸过的茶叶再进行研磨，筛罗成细茶末，放入竹子编制的格子，再到烘焙房间焙干，最为精

---

① （唐）皎然：《九日与陆处士羽饮茶》，《全唐诗（增订本）》卷 817，中华书局编辑部点校，中华书局 1999 年版，第 9294 页。

② （唐）司空图：《重阳日访元秀上人》，《全唐诗（增订本）》卷 632，中华书局编辑部点校，中华书局 1999 年版，第 7297 页。

③ （唐）司空图：《重阳山居》，《全唐诗（增订本）》卷 885，中华书局编辑部点校，中华书局 1999 年版，第 10074 页。

洁,他处不能制造,只有福建的建州(今福建省南平市建瓯市)、剑州(今福建省南平市)才能制造,①因此腊茶又称建茶。由于制作工艺特殊、产地集中,宋代将其专列为一种茶类,税收方面被特殊对待。根据《宋史》等史籍的记载,腊茶有龙、凤、石乳、白乳十二等,建溪北苑贡茶在宣和年间达到极盛,有腊面、京铤、石乳等多达四十多个品种。②腊茶的声誉辐射到辽、金等周边政权,深受当地贵族阶层的喜爱。据洪皓等人观察,金人婚礼宴会上,酒过三巡,上大、小软脂,也就是南宋叫做寒具的一种环形油炸的面食点心,再上蜜糕,每人一盘,称之为茶食。宴会后,富者留下尊贵客人"啜建茶",或用粗茶煎乳酪。③

片茶和腊茶是饼茶文化中的高端茶类,草茶则是广大中下层民众消费的产品。宋代官方将腊茶、片茶和草茶视为三类,每一类又被细分为许多等级。据不完全统计,宋代的茶叶品种共有一百多余种,④每类茶叶的等级又区分出多达10—20种。唐代的散茶也就是宋代的草茶、茗茶,元明以后也称为芽叶茶。鲜茶芽或茶叶在蒸煮、揉捻后,直接晒、烘、炒干,不再捣、拍成饼,与今天的白茶、蒸青散茶的制作工艺类似。散茶主要出自淮南、归州(今湖北省宜昌市)、江南、荆湖等路或州,有雨前、雨后、龙溪等11个等级。江浙地区的草茶又在11个等级之上,再细分为上、中、下三等,也有的被分为1—5等。

"以末饮用"是唐宋饮茶仪式的要求,饼茶、散茶在饮用前都必须磨

---

① (元)脱脱等撰:《宋史》卷183《食货下五》,中华书局1977年版,第4477页。

② (宋)熊蕃:《宣和北苑贡茶录》,朱自振、沈冬梅、增勤等编《中国古代茶书集成》,上海文化出版社2010年版。

③ (元)宇文懋昭:《大金国志校证》卷39《婚姻》,崔文印校证,中华书局1986年版,第553页。《大金国志》此处资料与洪皓《松漠纪闻》基本相同,只是删除了从"蜜裤(糕)"到"类浙中宝阶裤(糕)"这段文字,见洪皓:《松漠纪闻》,辽沈书社1985年版,第206页。

④ 周荔:《宋代的茶叶生产》,《历史研究》1985年第6期,第42—54页。

成茶末。北宋中叶以后,末茶的盛行改变了饮茶技艺,用沸水直接冲泡茶末替代了烹煮,称为点茶。斗茶是点茶技艺的竞赛,黑色的茶盏配着白色的茶沫,水痕咬盏的时间长短、美观和美味都是参赛者比拼的内容。在高级别的斗茶活动中,对末茶品质要求极高。文化阶层喜欢亲自动手磨制茶末,调膏、冲泡,观看冲泡的效果、品尝茶水的味道,这个过程称为分茶。"矮纸斜行闲作草,晴窗细乳戏分茶",诗歌中展现的是陆游独自享受分茶带来的乐趣。高超的分茶人能在茶面上创作书画,发展出茶画这种独特的艺术形式。

末茶在城市零售市场上销售最多,片茶、腊茶属于高端茶类,饮用前要经过捣、磨、筛成细末,非常麻烦,普通百姓基本上都是直接购买磨好的茶末。从生产角度看,片茶、腊茶和散茶是三大茶类,末茶不属于独立生产的茶类,而是零售商为方便饮用对草茶的再加工产品。由于宋代茶叶消费的激增,利用水利落差推动磨盘的技术被广泛应用于磨制末茶,称为水磨茶。唐代的水磨技术主要用于磨米磨面,北宋中期以后,激增的茶叶消费刺激了末茶需求,大型水磨技术应用于磨茶业,社会上出现专门的磨户。

水磨茶的利润极为丰厚,北宋政府为了争夺磨茶之利,发布垄断磨茶的法令,业务一度扩展到京城以外的地区。神宗元丰四年(1081),宋用臣在汴河修建水磨用来磨茶,两年后,汴河沿岸设立一百多盘水磨,由提举汴河提岸司管辖。起初,水磨茶只在东京(开封)及其附属州县磨制。绍圣四年(1097),水磨向郑州、滑州、颍昌府、长葛,以及河北澶州等地扩张,在京、索、溗水河上增修水磨二百六十多所。[1]水磨茶在元

[1] (元)脱脱等撰:《宋史》卷184《食货下六》,中华书局1977年版,第4507页。

祐年间(1086—1094)因汴水为患一度废止,章惇于绍圣年间(1094—1097)恢复,并扩大到河南其他地区。政和二年(1112),建立水磨作为一项任务分配到各省(路),水磨茶在全国普遍出现。

水磨技术还没有被应用到磨茶之前,草茶消费大多供南方当地居民自食,运销北方的茶叶几乎全都是价格昂贵的片茶。草茶制作工艺简单、价格低廉,不受市场和政府重视,以致很多人以为唐宋时代的茶叶就是饼茶。草茶松散如麦颗、米粒,比饼茶更适合做水磨茶原料。随着水磨技术应用于磨茶业,草茶占据城市销售的中低端市场,成为制作末茶的主要茶类。消费市场上的茶类向两个极端发展:一端是少数高档的片茶、腊茶,一端是大量廉价的水磨茶(末茶)。草茶价格低、数量大,制成的末茶不容易辨识原料好坏,也容易被不良商人掺杂其他草叶、米、面,很少被列入高档茶类。

家用手动小茶磨发明以后,草茶无名品的情况稍微有些改变。小茶磨是小型的家用手动磨末器,它出现在北宋中期以后。蔡襄《茶录》在介绍碎茶的工具时,所列还是茶臼、茶碾、筛子等,与陆羽《茶经》介绍的器具差别不大。然而,北宋中期以后,老式的碎茶器具逐渐消失,讲究的爱茶人制作末茶,大多选用品质较好的草茶、用小茶磨亲自磨制。梅尧臣的《茶磨》二首最早介绍了小茶磨,①他是安徽宣城人,从南方到北方做官时,认为必带的器具就是小茶磨。这说明,在梅尧臣时代,小茶磨在北方还买不到,应该是才发明不久的一种磨茶器具。苏辙也有一首赞美小茶磨的诗歌,诗中写道:友人送来的日铸茶像麦粒一样,磨成堆积的皑皑白雪,在茶瓯中点出如

① (宋)梅尧臣:《梅尧臣集编年校注》,朱东润编年校注,上海古籍出版社 1980 年版,第 773—774 页。

同凝酥。[1]小茶磨做工精巧，只需蛮童手臂轻旋，雀舌状的茶芽顷刻成为云团般的末茶。做工精良的石磨配优质散茶，磨出的茶粉细白如飞雪。

整个宋代，腊茶还是品质最好的茶类，草茶大多品质不高，名茶极少。草茶中珍贵的品类在制作时，必然要采摘鲜叶中的嫩芽，喻为雀舌、麦粒。草茶名品以浙江最多，产于绍兴会稽山日铸岭的日铸茶非常著名，杭州灵隐寺下天竺香林洞的香林茶、上天竺白云峰的白云茶、葛岭宝云庵的宝云茶也不错，尤以宝云茶名气最大，另外还有绍兴府的瑞龙茶。江西洪州双井茶异军突起，欧阳修称之为草茶第一。他曾经创作了一首《双井茶》诗，对这款草茶极尽赞美之词，诗中写道："白毛囊以红碧纱，十斛茶养一两芽。长安富贵五侯家，一啜尤须三日夸。"在他的文集《归田录》中，详细介绍了珍贵的双井茶，白话译文如下：

> 剑州（今福建省南平市）和建州（今福建省南平市建瓯市）盛行腊茶，两浙地区盛行草茶。两浙的上品草茶，以日注为第一。景祐（1034—1038）以后，洪州双井白芽声名鹊起，近两年制作得更为精致：装在红纱囊里，不过一二两的茶叶，却用普通茶叶十多斤养着，用来吸收暑湿之气，洪州双井因此超过日注，成为草茶第一。[2]

草茶名品大多隶属寺庵、或者地方大族，产茶地也是他们的私产。南宋叶梦得在其《避暑录话》中说，双井、顾渚是极品草茶，产地都不过

① （北宋）苏辙：《宋城宰韩秉文惠日铸茶》，见《栾城集》卷9，曾枣庄、马德富校点，上海古籍出版社2009年版。

② （北宋）欧阳修：《归田录》卷1，中华书局1981年版，第7—8页。

数亩。双井出自分宁，为黄鲁直（黄庭坚）的家产，因黄鲁直的宣传在京师声名鹊起，产量不过1—2斤。顾渚茶在长兴县吉祥寺，一半为官员刘希范的家产，产量也只有5—6斤。寺僧因求之者多，制作越来越粗糙，不及刘氏远矣，刘氏茶过半斤也不好了。[①]草茶名品产量如此之低，也只能供少数权贵把玩。

（二）从自由贸易到国家垄断

开元、天宝年间，社会上刚刚有茶，一篇传奇小说将卖茶故事设定在此期间。唐末道士李冲昭（有的版本作“李仲昭”）编写了一本山岳志，题为《南岳小录》，[②]里面收集了南岳山道士的事迹。有一个故事是说，王天师是一位意志坚定的道士，对道教事业非常用心。开元年间，他携带二百串茶来到京师（今西安），带着茶器在城门内施茶，想通过这种方式募集资金，重修破落不堪的九真道观。有一天偶遇高力士，高力士见他是位异人，问他来自哪里，王天师如实相告。高力士将此事告诉玄宗皇帝，王天师获得皇帝的召见。皇帝问他有什么心愿，王天师回答说：愿家国昌盛，经道兴旺。他的回答令皇帝很是高兴，玄宗在内殿为其披度，还送给他很多金帛。有了这些钱，道观很快便修建起来。[③]这个故事显然是编造的，但是道士、僧侣以施茶名义募集财物，这种变相

---

① （宋）叶梦得：《避暑录话》卷下，文渊阁四库全书本。

② 《南岳小录》是现存最早的南岳山志，也是唯一现存完整的唐代的湖南志书。道士李冲昭的生平籍贯不详，书中提及年号最晚为咸通九年（868），序文为天复二年（902）。有关此书的源流考，见侯永慧：《〈南岳小录〉作者与刊刻者述略》，《湖南科技学院学报》2018年第11期，第64—67页。据《南岳小录》作者李冲昭的编写介绍，本书资料并非自己杜撰，为多方采集而来。有的资料来自对道士们的采访，有的抄录南岳山上的碑文。但当事人的听闻并不一定真实，碑刻也有夸大和虚构的成分。

③ （唐）李冲昭：《南岳小录》，上海古籍出版社1993年版。

的茶叶贩卖应该非常普遍。

戴孚主要生活在肃宗、代宗时期,在他的《广异记》里有一则故事,讲的是天宝年间一群人在贩茶途中的奇幻经历。刘清真伙同二十多人在寿州(今安徽省寿县)造茶,每人带着一驮(大约100斤)运销北方,在陈留(今河南省开封市)遇到强盗,迷路后被引导到魏郡(今河北南部)。他们北向进入五台山,决定在这里出家,又被代州官兵追捕。菩萨帮助他们变成石头躲过一劫,又送给他们食后不饥的小药丸,用法力将他们送到风景秀丽的庐山。这伙人在山中受到大树庇护,从树上采摘到白菌的灵药。一位同伴吞食了所有灵药成仙,其他人只能散落人间。①这个故事有浓厚的宗教色彩,刘清真之徒在菩萨法力庇佑下,摆脱了强盗、追捕、饥饿和疾病,过上安定、幸福的生活。以上两则贩茶故事都是宗教故事,设置的时间背景都在开元、天宝年间,那时饮茶还处于萌芽状态,贩茶的人与茶商还不一样。

1. 自由贸易时代的茶商与茶税

德宗以后,饮茶在上流社会盛行起来,茶叶价格昂贵,贩卖茶叶谋利的现象开始增多。德宗继位时(780),国家财政面临严重危机,他采纳杨炎的建议,实施两税法改革。大约在建中三年(783),②德宗又听从户部侍郎赵赞的建议,打着筹措常平仓本钱的旗号,新增几项税收名目,分别是:第一,在交通路口设置官吏,对往来商品每贯收税二十文,竹、木、漆、茶征收什一税;第二,向城市居民征收房屋"间架税"。所谓

① (宋)李昉等编:《太平广记》卷24《刘清真》,中华书局1961年版,第160—161页。

② 鲍晓娜:《茶税始年辨析》,《中国史研究》1982年第4期,第49—52页。《唐会要》卷84记载,德宗于建中元年(780年)始设茶税;而《旧唐书》卷12则曰,茶税始于建中三年(783年),我们认为应该在建中三年比较合理。

间架税就是，房屋按一定标准分为上、中、下三等，房屋的两根横梁之间的距离为一间，按房屋等级和间数征收房产税；第三，商品买卖或公私馈赠的商品，价值超过一定数额都要缴纳交易税，每缗（1 000 文）征收五十钱，以物易物者按时价征收，称为“除陌钱”。

德宗设立的新税种包括茶叶税，这也是中国历史上首次征收茶叶税。贩运茶叶的行商途经交通要道缴纳什一税，而在城市卖茶的住商则要缴纳“除陌钱”。不久以后，德宗因拒绝节度使父死子继的请求激起叛乱，史称“二帝四王之乱”。外地赶来保护皇帝的士兵以食物粗恶哗变，要求撤销新增商品税、间架税、除陌钱。兴元元年（784）德宗下罪己诏，承认反叛节度使拥有自主权，并“罢间架、竹、木、茶、漆税及除陌钱”，①赵赞被贬播州司马，最终平息了这场动乱。贞元九年（793）正月，德宗再次采纳盐铁使张滂的建议，在茶山附近的交通要道，对商人的茶叶进行评估，定三个等级按市价征收十一税，每年茶税收入四十万贯。②有学者认为，赵赞税茶“仍与竹木漆器一样，属于关市商税”，张滂茶法则设置管理机构，有政府茶场和专门的官僚进行管理。③国家将茶税从普通的杂物税中剥离，单独设立征收茶税的机构，说明茶叶贸易的规模和利益已不可忽视。

淮南及江南东、西道是唐代商品茶的重要产区，旺盛的需求推动了茶山经济的发展。元和年间（806—820），浮梁地区每年出茶 700 万驮，政府收取的茶税达 15 万贯以上，④以 100 斤/驮计算，这一地区的茶叶

---

① （北宋）欧阳修、宋祁：《新唐书》卷 7《德宗纪》，中华书局 1975 年版。

② （宋）王溥：《唐会要》卷 84《杂税》，上海古籍出版社 2006 年版。

③ 黄纯艳：《再论唐代茶法》，《思想战线》2002 年第 2 期，第 70—74 页。

④ （唐）李吉甫：《元和郡县图志》卷 28，中华书局 1983 年版，第 672 页。

产量令人震惊。元和十四年（818），章孝标《送张使君赴饶州》的诗中说，“饶阳因富得州名，不独农桑别有营。日暖提筐依茗树，天阴把酒入银坑”①。富裕的饶州不止依靠农桑，还有茶叶和银矿。商人将茶叶运销到北方赚取高利，江淮之间是运输茶叶的交通要道。高彦休《唐阙史》有一则故事，提到一位洛阳的茶商王可久，从楚地买茶由长江贩运到彭门（今徐州），每年都能获得丰厚的回报。②吕用之生活在晚唐，他是鄱阳安仁里的平民，父亲吕璜以卖茶为业，经常往来于淮浙之间。③唐代文献中经常见到大小茶商的身影，他们往来于江淮之间，贩茶谋利。

元和十年（815），宰相武元衡被杀，白居易因越级言事贬为江州司马（今江西九江一带）。情绪低落的白居易感到非常苦闷，眼前的景色也变得灰暗、凄苦。他遇到来自京城的琵琶女，因年老色衰嫁给一位茶商，琵琶女的丈夫一个月前到浮梁买茶，留下琵琶女独守空房，白居易与琵琶女同为天涯沦落人，对琵琶女深感同情。这首诗主要表达白居易贬谪后的苦闷心情，我们感兴趣的却是琵琶女的丈夫，那位到浮梁买茶的茶商。白居易贬谪江州时，正是浮梁等地茶叶经济快速上升期。浮梁属江南西道的饶州，在唐代以大量生产中低端的商品茶著称，是一个茶叶集散地，不只是当地一县生产的茶叶，也包括周边州、县生产的茶叶。

但浮梁不是江南产茶最多的地区，规模相似的茶叶产地还有很多。茶叶也是祁门县的经济支柱，这里的数千里土地上种满了茶树，每年二三月的收获时节，商人带着金银财货到山里买茶。由于此处地处山区，

---

① （唐）章孝标：《送张使君赴饶州》，《全唐诗（增订本）》卷506，中华书局编辑部点校，中华书局1999年版，第5793页。

② （唐）高彦休：《唐阙史》卷下《崔尚书雪冤狱》，文渊阁影印四库全书本。

③ （宋）李昉等编：《太平广记》卷290《妖妄三·吕用之》，中华书局1961年版，第2304页。

茶货运输困难重重，大宗货物的运输依靠山间河流，经由阊门溪运到鄱阳湖再进入长江，而阊门溪是一条凶险的河流，非常不利于大船航行。元和初年(806)，路县令和太守范卿商议修浚阊门溪，之后的五十五年间，这条溪流又经历了数次修整。咸通元年到三年(860—862)，太守清河崔氏再次主持大修。这次疏浚河道没有摊派劳役，地方官员主动献出财物，牵头组织商人捐款，官员、商人和政府三方出资雇佣劳工完成。①张途的这篇《祁门县新修阊门溪记》，详细介绍了祁门茶山大批茶货运输的难题，以及当地政府联合茶商共同出资修整阊门溪这条茶叶运输动脉的过程。

贩运茶叶的茶商不仅要克服山川河流的阻碍，还要防止盗贼的抢夺。江淮之间是茶商的必经之路，这里聚集了大批的盗贼、流民和私贩。杜牧在当地做官时，曾就"江贼"治理向上级提出建议。他说，盗贼有自己的船只和武装，几十甚至上百人聚集在一起，抢夺财宝，劫杀商旅，连婴儿也不放过，手段极为残忍。有些劫掠的财宝因为很容易辨识，盗贼们不敢在城市出售，就拿到茶山换茶，他们也摇身变为茶商。茶熟季节，各地茶商纷纷前来买茶，当地妇女和儿童穿戴华丽，官员们也见怪不怪。"劫江贼"人数众多，"凡千万辈，尽贩私茶"，地方稽查力量非常薄弱，完全不是盗贼的对手。稽查队遇到盗贼，宁愿放走贼寇被政府处死，不愿抵抗而亡。他们说，与盗贼对抗的后果是"立刻死"，因不抵抗而被政府处死被称为"赊死"，后者活得更久一些。②

---

① (唐)张途:《祁门县新修阊门溪记》,(清)董诰等《全唐文》卷802,中华书局1983年版,第8430—8431页。

② (唐)杜牧:《上李太尉论江贼书》,(清)董诰等编《全唐文》卷751,中华书局1983年版,第7787—7788页。

面对重重阻碍和风险，茶商必须有一定的实力，否则很难与拥有武装的盗贼对抗。私茶商贩还要面临官兵的追捕，时常发生武装冲突，必须配备武装。在动荡的社会环境中，茶商本身可能就是盗贼。江淮间的盗贼成分很复杂，他们有些原本是老实的农民，收成不好的时候去做盗贼，抢到财物后又到茶山买茶贩卖。为了保障商旅的安全，确保税收不受侵害，唐代官员建议增派军队沿江巡逻，缉拿盗贼和严查私贩。这些措施起到了一定的作用，一旦放松，盗贼又会死灰复燃。唐末陷入军阀混战的分裂状态，中央政府已经无力控制全国，私贩和盗贼更为猖獗，军阀也加入了武装贩茶的队伍。

2. 争夺茶利：国家、军阀与茶商

随着茶叶贸易的繁荣，茶税是一笔不小的收入。《新唐书·食货四》记载，全国山林所有财富税收不过七万多缗，还不如一个县的茶税多。[①]面对茶叶贩卖带来的巨大利益，茶税的收入已经不能令国家满意。长庆元年(821)，盐铁使王播改革茶法，将茶税分为两部分：江淮、浙东西、岭南、福建和荆襄等地由盐铁使管理，两川地区归户部。这意味着，茶叶如同铁、盐等工业品，列入国家禁榷的范畴，两川地区的茶税维持原样，依然按农产品征收十一税。

王播的茶法改革遭到一些官员的反对，李珏“三不可”的反对意见很有代表性，可归结为如下三条：第一，国家不应该与民争利。贞元时代，盐铁使张滂曾经提议榷茶(国家垄断茶叶贸易)，国家每年获利四十万贯。榷茶是在战争时期为筹措军费不得已的举措，如今天下太平，因为垂涎茶叶厚利而榷茶，有伤国体；第二，提高百姓生活成本。茶叶如

① (北宋)欧阳修、宋祁：《新唐书》卷54《食货四》，中华书局1975年版，第1383页。

同盐、粮食，已是百姓日用物资，茶税重、售价提高，穷人买不起茶叶，成为受害者；第三，榷茶不利茶叶经济长期发展，最终也会损害国家利益。茶叶是一种比较特殊的饮食，它不像粮食是生存必需品，“山泽之产无定数”，其消费更容易受到税收的影响。重税之下消费降低，产量和贸易额也会减少，从长远看不利于国家的税收。[①]

文宗时，郑注提出了更为激进的榷茶建议。郑注，山西省翼城人，原来姓鱼，后来冒姓郑。起初，他只是出生寒微的江湖郎中，没有机会进入权贵阶层，但郑注游走江湖多年，天生狡猾，能言善辩，靠着为权贵治病游走于豪门之间，结交了许多权贵。文宗皇帝身患风疾、不能说话，郑注在权贵引荐下见到皇帝，使皇帝病情好转，获得宠信。郑注总结多年行医的经验，写成《药方》一卷。太和九年(845)九月，他将此书献给文宗并获得召见。文宗向他询问富国方略，郑注给出“榷茶”的建议。文宗任命王涯为三司兼盐铁转运榷茶使，准备在全国推行榷茶。榷茶的具体内容已经不得而知，因为尚未推行便失败了。

榷茶的消息立即引发激烈抗议，民间谣传满天飞。茶农认为自家茶园即将被征收，储存的茶叶也要被烧毁。茶商感到以后买茶必须到官场，价格必定被政府垄断，官茶价格高而市场售价低，将来一定会亏本。这些传言激怒了茶商和茶户，江淮间有十分之二三的人以茶叶为生，他们表示，如果政府真的推行榷茶，他们只能杀光使臣，进山造反。[②]随后，宫廷爆发了甘露之变，王涯在永昌里茶肆被抓获后腰斩，百姓对其极其怨恨，史称“百姓怨恨，诟骂之，投瓦砾以击之”。[③]甘露之变

① (北宋)欧阳修、宋祁：《新唐书》卷182《李珏传》，中华书局1975年版，第5360页。
② (北宋)王钦若：《册府元龟》卷510《邦计部·重敛》，中华书局影印本1960年版。
③ (后晋)刘昫：《旧唐书》卷169《王涯传》，中华书局1975年版，第4404页。

发生时,“七碗茶歌”的作者卢仝恰好与王涯的幕僚在相府吃饭,不幸也被抓住,冤死在这场动乱中。

郑注和王涯死后,令狐楚上书奏罢榷茶使,指控榷茶的危害。他说,私人茶园征为国有,茶树移栽到官场,在官场中采制茶叶,荒谬如同儿戏,不近人情。郑注、王涯受恩宠时没人敢提意见,如今奸人受诛,希望皇帝废除榷茶,依照旧法按茶叶等级征税。国家获得税收的利益,商人转卖提高价格,对商人、茶户都没有太大干扰。[①]令狐楚对郑注等人的抨击,采纳了当时的民间传言。对照旧、新唐书的相关记载会发现,郑注建议“籍民圃而给其直”,收购老百姓的茶园设立国营茶场,没有看到移植茶树到官场、焚烧民间茶叶的建议。这并不妨碍郑注的邪恶形象,史书将其塑造成诱惑皇帝聚敛财富的奸人和坏蛋。自大和九年(835)十月乙亥,榷茶政令发布,到十二月壬申放弃,榷茶只维持了短短的五十七天。

政府数次榷茶都以失败告终,中央政府的权力趋向衰落,失去了对地方的控制能力。在军阀、地方豪强、私茶商贩干扰下,晚唐的中央政府连茶税都很难保证。开成元年(836),李石以户部尚书、中书侍郎身份兼任盐铁使,提议茶法“复贞元之治”,也就是张滂的旧茶法。直至唐朝灭亡,茶法没有大的改变。晚唐时期,政府茶税征收存在两大难题,一是军阀和地方豪强对过往茶商盘剥,侵蚀了国家的茶税收益;二是茶叶私贩严重,既损害正税商人的利益,也扰乱了国家茶法秩序。泗州(今安徽省泗县)是一个重要的交通要道,也是茶叶从南向北运输的关卡,政府在此设立税场,牛羊、粮食、铜铁钱、盐、茶、绫绢等,“一物以上

① (后晋)刘昫:《旧唐书》卷172《令狐楚传》,中华书局1975年版,第4462—4463页。

并税”。开成二年十二月，武宁军节度使薛元赏请求政府停收杂税。地处交通要道的节度使、观察使，在茶商经过的地方设置关卡和仓库客栈，强行向茶商按斤收取“搨地钱”，并对茶商征收过路税。

大中六年(852)正月，盐铁转运使裴休建议厘革横税，整顿军阀勒索、私茶泛滥的乱象。他请求朝廷派强干官吏在出茶山口、庐州(今安徽省合肥市)、寿州(今安徽省淮南市)、淮南等地严查私贩，对自首的私茶商贩给予半税的优惠。①裴休的建议很快获得批准，朝廷出台了一些法规条目，史称茶法十二条。整顿起到一定的效果，却不能从根本上解决问题。三个月后，淮南、天平军节度使联合浙西观察使，以军用困竭为由要求恢复旧制。政府以一半茶税诱惑私茶贩自首，这种举措让那些正常纳税的商人感到不公。

公元907年，朱温(朱全忠)取代唐自称皇帝，建立了后梁政权，中国进入了五代十国的分裂时期。中原先后被后梁、唐、晋、汉、周轮番统治，南方建立了十个小国。割据政权分别占据茶叶贸易链条中的一环，将茶叶的消费—运输—生产断裂开来，利用所在地的优势竞相争夺茶叶之利。南方军阀的优势在于占据茶叶产地，手里掌握茶叶的货源。湖南茶在唐代还没有什么名气，《膳夫经手录》称潭州茶和阳团茶粗恶。五代时期，马殷统治下的楚国大力发展茶叶生产，一跃成为重要的商品茶产地。马殷每年向北方军阀“贡茶”，这样做有两个目的，一是与北方政权建立政治和军事联盟，共同对付强大的邻居南唐，二是获得在北方卖茶的许可和便利，有利于将茶叶卖到北方。

梁末帝贞明七年(921)，楚国负责贡茶的纲官李震南即将返回湖

① (后晋)刘昫：《旧唐书》卷49《食货下》，中华书局1975年版，第2129—2130页。

南,赶上承德节度使王镕惨遭灭门,只有二儿子昭诲被一位军人救出。昭诲被剃了头发、穿上僧人的衣服,在地穴里藏了十多天。军人将昭诲托付给李震南,李震南将其藏在茶褚中,偷偷带到湖南,寄养在南岳的僧寺。①"纲"是唐宋时期有组织运送的大批货物,主要由官方指派的军人承担运送任务。"茶纲"就是官方组织运送大批茶货。李震南的茶纲从湖南出发,运送的目的地是承德节度使辖区,其首府驻地在恒州,也就是今天的河北正定。马殷政权向承德节度使贡茶,除了远交近攻的外交目的,还有到北方卖茶的利益需求。古代纳贡既是一种政治服从的姿态,也是建立贸易关系的手段。南唐昇元三年(938),契丹派人给李昪送羊、马等贡品,在南唐出售三万头羊、两万头马,换回罗纨、茶、药等货物,就是这种关系的例子。

北方政权占据茶叶运销的消费市场,他们争夺茶利的方式,一是向茶商征税,二是派军队到淮南、楚(今湖北、湖南、江西一带)等地买茶,再运输到北方售卖。卢龙节度使刘仁恭的做法更为极端,他命令百姓在当地种茶,禁止南方茶叶在自己的地盘售卖。后汉末期,三司军将领路昌祚到湖南买茶,正赶上长沙被攻破,马殷政权灭亡。路昌祚不幸也被捕了,他被押解到金陵(南京),受到南唐皇帝李景的召见,宰相也设宴款待了他。听说路昌祚的一万八千斤茶叶丢失了,李景命令手下给予补偿,又派人水运到江夏(今湖北省武汉市江夏区金口镇一带)。②南唐皇帝之所以优待路昌祚,是为了回报后周皇帝郭威之前善待俘虏的南唐大将。南唐大将燕敬权被后周俘虏后,郭威非但没有杀他,反而发放衣服将其放回,嘱其传话给李景,大意说:普天之下都认可"奖忠罚

① (宋)薛居正等撰:《旧五代史》卷54《王镕传》,中华书局1976年版,第730页。
② (宋)薛居正等撰:《旧五代史》卷112《太祖纪第三》,中华书局1976年版,第1480页。

恶”的道理，在我们这里杀人作乱的邪恶之徒，却得到你们吴人的帮助，这种做法是不对的。

地处交通要道上的地方军阀利用地理优势，对往来客商征收过路税，强迫茶商进入客栈和货仓停歇以收取“踏地钱”。后周创建者周世宗落魄时，曾与河北邺城（今河北省邯郸市）商人颉跌氏到江陵（今湖北省荆州市）贩茶。颉跌氏将茶叶从江陵转运洛阳，再北上到邺城。他梦想成为洛阳的税收官，对周世宗说：我从事估业三十多年，每次经过洛阳，看到收税官一天的茶税抵得上商人几个月的利润，内心非常羡慕。将来你若做了天子，让我掌管洛阳税院，我就心满意足了。①五代时期，杨行密的南汉政权控制着太湖流域，这里人口众多、物产丰富，南方的粮食、丝绸、茶、药汇聚到扬州，再通过大运河将这些货物运输到北方，地理位置非常优越。杨行密曾经让侍卫唐令回押运一万斤茶叶到汴梁出售，被后梁皇帝朱全忠扣押，从此两地交恶。②南汉、南唐国力强大，两者的竞争左右了茶叶贸易。

五代十国的战乱时期，从事正常贸易的茶商处境艰难。他们要经历山川险恶、强盗劫杀、过路税和地方军阀层层盘剥，敌对政权的斗争带来的风险，令他们的财产和生命都很难保障。何福进是后汉时期的一位茶商，他有一个价值十四万缗的玉枕，让仆人带到淮南卖掉，再买茶回来贩卖。仆人将钱私自藏了起来，何福进对他进行了鞭笞。仆人怀恨在心，到禁军首领史宏肇那里诬告说，契丹人进入汴梁时，赵延寿让何福进将玉枕送给吴人，意欲通敌推翻后汉。一向以严厉著称的史宏肇不加辨识，将何福进屈打成招，又斩首示众。史宏肇的手下又将他

① （宋）薛居正等撰：《旧五代史》卷119《世宗纪第六》，中华书局1976年版，第1584页。

② （北宋）司马光：《资治通鉴》卷257，光启三年八月条，中华书局2009年版。

的家人和孩子瓜分为奴,财产充公。[①]五代十国的混乱时期,南方生产的茶叶贩运到北方能获得丰厚的回报,但也伴随着极高的风险,茶商也是军阀或盗贼,或者受武装团体支持的人。

3. 国家垄断茶叶贸易

北宋建立之初,沿袭后周的茶叶禁榷制,垄断了北方的茶叶贸易。政府在长江沿岸的交通要道设置榷货务,也就是茶叶仓储、批发的集散中心,禁止南方茶商到北方卖茶。北方的茶商贩卖茶叶,一律到政府的榷货务和淮南茶场中购买,再贩运到北方各地零售。宋太祖乾德二年(964),政府先是在京师、建安、汉阳、蕲口等地设置榷货务,太平兴国二年(977),宋太宗又在江陵府、襄州、复州、无为军等地增设榷货务。端拱二年(989),再增海州务。[②]北宋设立的榷货务最终稳定在六处,分别在江陵府、汉阳军、蕲州蕲口、无为军、真州、海州。北宋统一全国后,南方茶叶也尽在国家掌握中,商人可以在政府设立在京师、扬州等地的机构交钱,拿着官方出具的取货凭证,到沿江榷货务和淮南茶场领取茶叶。

宋灭南唐以后,官员们对南方是否要榷茶存在争议,反对者的理由有以下几点:一是南方本来就产茶,榷茶的难度很大;二是短距离的小额贸易利润微薄,监管的代价却很高,榷茶得不偿失;三是南方地广人稀,茶叶消费只占全国十分之二,垄断收益与商业税收差别不大。有官

① 见《旧五代史》卷107、《新五代史》卷30之《史宏肇传》,两个故事略有不同。《旧五代史》里面被诬告的人叫何福殷,《新五代史》名为何福进;《旧五代史》家僮诬告何福殷献玉枕私通淮南,淮南是何福殷去买茶的地方,南唐主被北方政权称"淮南伪主",私通淮南也就是私通吴人。《新五代史》则诬告何福进将玉枕送给吴人,因中原王朝与后吴(后唐)为敌对国,暗地送玉枕通吴即为叛国。

② (元)马端临:《文献通考》卷18《征榷考五・榷茶》,中华书局1986年版。

员提议，在确保官茶充足的前提下，可以减少南方的茶叶购买量；对于茶园荒芜或收获不足的园户，经核实允许不缴茶叶；适当放松南方榷茶力度，实施部分自由贸易。国家收购茶叶总量的十分之八，剩余十分之二允许商人纳税后在南方本地自由货卖。这个提议在实践中存在很大漏洞，商人没有按规定在南方当地卖茶，反而逾越长江、淮河北上。江南转运使樊若水说："江南诸州茶，官市十分之八，其二分量税取其十一，给公凭令自卖，逾江涉淮，乘时取利，紊乱国法，因缘为奸，望严禁之。"①北宋政府决定南方全面榷茶，茶农以茶叶折纳租税和劳役外，剩下的则卖给国家。南方地区设立食茶务，满足当地居民需求。

茶山附近设有茶仓，茶农缴纳茶叶要搬运到茶仓。如果茶仓设置不当，搬运工作会非常麻烦。宋真宗咸平三年(1000)七月，江南转运使任中正请求朝廷批准浮梁等县恢复旧有茶仓。政府在饶州设立了新茶仓，浮梁、婺源和祁门三县茶农感到路途遥远，任中正受命前去查看。他实地勘察了饶州、歙州两地茶仓，并走访了当地茶农。茶农们反映溪滩险恶，运输过于困难，纷纷要求恢复旧茶仓，浮梁县李思尧等人愿意自备材料。真宗批准了任中正的请求，并表示国家制度应该方便百姓，大臣改革应以大体为重，不能只考虑官府利益，不顾百姓辛苦。②茶仓里的茶叶接下来被送到沿江榷货务，在那里等待商人前来算买。运输茶叶的任务由军队、服劳役者或雇佣劳动力承担。

北宋军队沿袭唐以来的募兵制，士兵按照兵种和等级发放工资。负责搬运茶货的士兵等级低，工作却很辛苦，遇到险恶环境极易死亡。

① (清)徐松辑：《宋会要辑稿》食货三十之一，中华书局1957年版。
② (宋)李焘：《续资治通鉴长编》卷39，中华书局1985年版。

神宗时期,吐蕃、陕西等地的“西人”形成饮茶嗜好,将好马驱赶到边界交换川茶,[1]北宋政府决定以茶易马,垄断川陕地区的茶叶贸易。国家收购的川茶集中在成都、利州和梓州的茶场,搬运到陕西秦凤路熙河一带。蜀道艰难,数百名士兵两年内几乎死亡殆尽,政府不得不在沿途州县雇佣搬夫,后又差遣当地税户服役。沿途百姓不堪其扰,称茶铺为“纳命场”。[2]四川榷茶遇到很大麻烦,一是搬运茶货的代价太高,二是官茶时常因积压而浪费,政府不得不寻求商人的帮助。政府准许商人纳钱兴贩,但必须保证运输到官方指定的茶场出售,为此创造了长引制。

政府通过垄断贸易收获巨大茶利,周必大说,“国家利润、鹾茗居半”。南宋政府的收益相对下降,总体贡献还不少。漆侠先生估计宋高宗末年财政收入为五千九百四十余万贯,茶利占财政总收入的4.6%;宋孝宗时为六千五百三十余万贯,茶利占其中的7.2%。[3]尽管如此,榷茶制的弊端也很大,投入的成本也可能亏损。国家的贸易垄断隔断了茶农与市场的联系,过度压榨劳动者导致茶叶品质变差,反过来抑制了消费,并增加了运输、存储过程中的茶叶损耗。李觏曾经指出,茶农在茶叶中夹杂草木、尘土等杂质,商人不愿意贩卖,大批低劣的茶货在仓储中腐败变质,发生水灾或火灾就浪费了。国家买茶的钱变成腐败的茶叶,利润没收到成本已丧失。品质低劣的茶叶滞销致官本损失,此类问题常被讨论。

---

① (元)脱脱等撰:《宋史》卷184《食货下六》,中华书局1977年版,第4498页。

② (北宋)苏辙:《栾城集》卷36《论蜀茶五害状》,曾枣庄、马德富校点,上海古籍出版社1987年版,第788—789页。

③ 漆侠:《宋代经济史》下册,上海人民出版社1987年版,第802页。

为了吸引商人算买，北宋政府经常给予茶商优厚的饶润，也就是买茶后额外赠送、且免除税收的茶叶。天禧元年(1017)二月二日，李迪等人检举了一位名叫田昌的大茶商。他在舒州太湖场买了十二万斤茶叶，获得七万斤的羡数。李迪请求政府问询江浙制置司，要求派人查实绕润数额，将其一半没官。①相比饶润造成财政损失，入中法对榷茶制的破坏更为巨大。为了解决边疆戍军的粮草和军事开支，北宋政府多次以远低市值的茶叶作为回报，吸引商人向边疆输送粮草，或者在京师缴纳财物，这就是入中法。输纳粮草或财物后获得一张交引，也就是到茶场或榷货务取货的凭证。

入中法存在严重漏洞，向边疆输纳粮草的多为当地土人，他们不想要茶叶，以低价卖掉手中的交引。京城开设了许多交引铺，收购交引后再倒卖给茶商。入中粮草的土人没有获利，茶利尽归富商大贾。大商人手中的茶券面额很大，政府生产两三年的茶叶也不足以支付，②榷茶法至此受到严重破坏。神宗熙宁七年(1074)进行了茶法改革，通商法替代榷茶制在内地实施。政府将每年榷茶收益分摊给茶农，茶农缴纳规定的专卖税后，允许与商人自由通商，商人还要缴过路费和贸易税。之前自由通商的川陕地区，改革后却开始禁榷，这与内地的茶叶政策正好相反。

西北地区对茶叶的嗜好升温，以马换茶的茶马贸易繁荣。神宗对四川地区的茶叶实行禁榷，当地生产的茶叶一律卖给国家，政府将收购的川茶运输到西北与西人换马。先是军队承担了运输茶叶的任务，因路途艰难、士兵死亡，强征沿途劳役搬运茶叶。在民怨沸腾的压力下，

① (清)徐松辑:《宋会要辑稿》食货三六之一三，中华书局1957年版。

② (元)脱脱等撰:《宋史》卷183《食货下五》，中华书局1977年版，第4479—4486页。

政府不得已将川陕贸易向商人开放，但设定了限制条件。茶商在四川雅州名山（今四川省雅安市）、洋州（今陕西省汉中市西乡县）、兴元府（今陕西省汉中市）、大竹（四川省达州市大竹县）等地买到茶叶后，只能卖到官府设定在熙州（今甘肃省定西市临洮县）、秦州（今甘肃省天水市）、通远军（今甘肃省定西市陇西县）、永宁寨（今甘肃省天水市甘谷县）的指定茶场。

茶商购买茶叶并交税以后，政府会给他们开具长引凭证，写明客人姓名、茶色、数目、出发日期、途经关驿、目的地等信息，这些信息提前通报给沿途机构。茶商每到一处关驿，官员验收无误后画押放行，到了贩运茶叶的终点，茶叶被政府收买后，茶引被回收销毁。如果逾期时间过长仍未能达到指定地点，政府会派人追查原因，并对违规茶商进行处罚。违规行为包括私自卖茶给西北诸色人、运销目的地为秦凤路却转卖永兴军等地、回避通报沿途关驿等，这些违规行为会依照熙宁腊茶禁榷法判罪，告发违法行为者获得奖赏。①神宗时，川陕地区茶商买茶后获得的茶引，实际上相当于路引，这与北宋榷茶法中商人交钱拿茶的“茶叶交引”不同，与北宋末年蔡京榷茶法中出具的茶引也不同。

北宋末年，政府陷入严重的军事和财政危机，蔡京试图通过重新榷茶缓解财政困境。然而自由通商早已深入人心，茶政回到老路非常困难。蔡京设计了茶引榷茶的新制度，每年的榷茶收益被固定，按照一定算法向商人出售专卖权。政府根据商人贩卖茶叶的种类、等级、数量、目的地、距离等，设计了面额不等的茶引出售给商人。商人贩茶必须持有茶引，茶货与茶引信息相符，否则被视为非法私贩。为了确保茶引制

① （清）徐松辑：《宋会要辑稿》食货三十之一二，中华书局1957年版。

有效实施，蔡京政府建立了严密的监控制度，这些措施包括：第一，商人购买茶引后可与茶户交易，但购买茶叶后必须到政府设立的“合同场”勘验，确保持有的茶叶与“茶引”信息一致；第二，商人需要购买政府定制的茶笼，茶笼的规格大小一致，方便相关机构勘验；第三，茶叶与茶引不能分离，沿途机构勘验无误后立刻放行，不得为茶货流通设置障碍，过路费和商税到达目的地后一并收取；第四，茶货在规定时间销售完毕，茶引回收后注销。茶商想改变行销路线，要向相关机构申报，补交榷茶税后重新发放茶引，后续贩卖参照前面的规定；第五，茶引根据贩卖距离长短、数量多少，分为长引和短引。长引卖给从事北方长途贸易的商人，短引的销售对象是南方本地的小商贩。

蔡京编织了一张监控大网，将天下大小茶利一网打尽，百姓视其为可怕的老虎。通过出售茶引，政府的确聚敛了不少财富。这项制度未能充分实施，北宋就灭亡了，但在南宋以后继续产生影响。蔡京茶引可以转让、馈赠和买卖，但不同于神宗川陕茶马贸易中作为路引的茶引。南宋洪迈《夷坚志》有这样一个故事：宣和年间，调任京师的官员沈将仕沉迷赌博，落入骗子精心编织的骗局。在输光身上所有钱财后，沈将仕又拿出茶券子作为赌资。[①]明人凌濛初将这个故事改编为《沈将仕三千买笑钱，王朝议一夜迷魂阵》，这样解释茶券子：宋朝茶商缴纳官银后，就会得到茶引，有了茶引可以到处贩茶，稽查官认引不认人。[②]元代戏剧《苏小卿月夜贩茶船》中的冯魁，用茶引三千娶了苏小卿。[③]以上故事中的茶券

① (南宋)洪迈：《夷坚志补》卷8《王朝议》，中华书局1981年版。

② (明)凌濛初：《二刻拍案惊奇》卷8《沈将仕三千买笑钱，王朝议一夜迷魂阵》，中华书局2009年版。

③ 王季思主编：《全元戏曲》(第2卷)，人民文学出版社1990年版，第372页。

子与茶引相同,就是蔡京茶法中的茶引。

北宋结束了军阀割据的局面,国家设立专门机构经营茶场和榷货务,有利于茶叶经济的长久发展。国家垄断茶叶贸易获得了很大利益,也承担了管理生产和规范贸易的责任。蔡京建立了严苛的榷茶法,但商人缴纳榷茶税后,国家令沿途关卡不得阻碍茶商,到达目的地后一并交税,从而保障了茶叶快速流通;榷茶致使大量廉价的茶叶源源不断地运输到北方,并保障了持久稳定的供给,饮茶习惯得以深入日常生活,反过来又刺激了茶叶产量提升。北宋的买茶额是政府购买的茶叶额,也就是淮南山场和沿江榷货务的茶叶额。这些茶叶全部运销北方地区,买茶额就是贩卖到北方的茶叶总额,不包括南方消费茶叶额。

北宋榷茶收益几乎全部来自长途贸易,南方食茶务的利润微乎其微,很少被记录下来。叶清臣奏章提到,政府每年的食茶收入,包括本金和利息只有三十四万缗,微不足道。①按照南方茶叶零售价的平均数,推算食茶销售每年至少有七百多万斤。②政府送往榷货务的茶叶大多为好茶,低廉的折税茶送到食茶务,供南方州卖给民用。据南宋罗愿《新安志》的资料,熙宁十年买茶额每年为 61 264 斤,片茶有华英、先春、来泉,散茶有茗茶,并以折税。……真州务卖歙州茶胜金为钱 543、嫩桑 588、华英 520、运合 538、来泉 462、先春 488、仙芝 530,不及号 446;无为军务卖先春 471、来泉、嫩桑并 462,而州自卖折税茗茶每斤 27。③可见茗茶(散茶)在南方食茶务售价非常低。

---

① (元)脱脱等撰:《宋史》卷 184《食货下六》,中华书局 1977 年版,第 4495 页。

② 刘春燕:《对北宋东南茶叶产量的重新推测》,《中国社会经济史研究》2000 年第 3 期,第 46—56 页。

③ (南宋)赵不悔、罗愿修纂:《新安志》卷 2《贡赋·茶课》,中华书局 1990 年版。

宋仁宗天圣二年三月，屯田员外郎高觌说，“诸州军捕得私茶，每岁不下三二万斤，送食茶务出卖。并是正色好茶，若作下号估卖，颇甚亏官。请自今捉到私茶，令定验色号等第，送山场货卖。”[①]这位官员认为，查获的私茶多为色泽好、品质优的好茶，如果放在食茶务出售，好东西没卖到好价钱，政府吃了大亏，所以建议送到榷货务出售。私茶不在国家控制范围，数量完全无法估算，不过一定不会少。南方大多适合茶树生长，稽查难度更高。屯田员外郎高觌说南方产茶州军每年捕获私茶不下三十二万斤，还只是走私茶叶的冰山一角。茶叶私贩非常猖獗，尽管刑法严厉，无奈民不畏死。

有些官员也公然贩私。滕宗谅曾经动用一百八十七名士兵，四十辆铲车，贩运私茶三万余斤，所过地方不得收税，被李京弹劾。[②]从政府不时发布奖励稽私官员的通报中，也可以推测私茶规模很大。一则政府表彰通告说，真定府藁城县主簿陈昌期被提拔为光禄寺丞，因以闽人范二举为首的私茶商贩数百人盗取私茶，长期无法捕获，但陈昌期却能将他们招降。[③]政和五年(1115)，将侍郎、池州贵池县尉徐海运受到循三资的奖励，并且，他与手下分享了政府奖励的 1 500 贯奖金，牺牲者赐绢三十匹、米十硕，原因是淮南提举盐香茶矾司称，程益等人在贵池县公然走私茶叶，杀死捕快韩十等三人，徐海运亲自带队将程益等九人抓获，并且缴获私茶七千多斤，显然很是用心。[④]

相对粮食等重要生活物资，茶叶并不是生活必需品，没有稳定、持

① (清)徐松辑:《宋会要辑稿》食货三十之七，中华书局 1957 年版。
② (宋)李焘:《续资治通鉴长编》卷 146，中华书局 1985 年版，第 3538 页。
③ (清)徐松辑:《宋会要辑稿》兵一一之二五，中华书局 1957 年版。
④ (清)徐松辑:《宋会要辑稿》食货三二之八，中华书局 1957 年版。

久和高效的运销和生产体制,时断时续的茶叶供给,必然阻碍大众对茶叶的消费量,日常生活中那些多样化的饮茶形态也无从谈起。唐末、五代军阀混战对茶叶贸易产生一定的阻碍,但并没有遏制茶叶消费持续攀升的趋势。五代时期,各地军阀展开茶叶贸易争夺战,掌控茶叶贸易者得天下。北宋的首都开封在五代争霸的战争中,是南北运输通道的枢纽之一,也是重要的贸易中转站。南方茶叶通过长江运输到扬州,又沿着运河转运到开封,再扩散到北方各地。北宋政府依靠垄断贸易获得巨额财富,支撑了战争的开销。统一全国后,北宋将榷茶制推广到南方地区,全面控制了茶叶经济的所有链条。

不可否认的是,正是在国家强有力的统一组织体制下,打破了茶叶生产、运销的阻隔,大幅度降低了茶叶价格,为消费者提供了大量稳定廉价的茶叶,促进了茶叶的消费,反过来又刺激了生产和贸易。茶叶成为百姓日常生活中的必需品,各地遍布茶肆茶坊,百姓以茶为交往的媒介,作为节日的代酒饮品。饼茶文化在北宋得到进一步发展,朝向高端的腊茶和中低端的草茶发展,片茶、腊茶、草茶的种类很多,名称、品类非常丰富。随着水磨和小茶磨在草茶加工中的应用,人们可以方便地获得末茶,沸水冲点的饮茶方式更为方便快捷,也由此生发出新的饮茶艺术。但榷茶制的局限和缺陷也是显而易见的。例如,国家垄断茶叶经济,致使茶农与市场割裂,导致茶叶品质不高,出现茶叶生产的低效、积压和浪费。另外,北方地区能够长期获得大量廉价茶叶,是以国家控制茶叶生产和贸易之后,任意剥夺茶农、运输劳工和其他劳动者的薪资为代价的。

(三)茶叶生产的小农模式与国有化

唐代饮茶初期,还没有种植茶树的记载,人们采摘野生茶树的叶子，制作茶叶基本用于自食，产量极为有限。德宗以后，饮茶成为时尚，专门生产茶叶的茶区出现了，这里被称为茶园、茶山。这段时间，有关老虎、毒蛇在茶山、茶园伤人的故事多了起来。其中一则故事说，宝历初，江州（今江西省九江市）长史李绅为滁、寿二州刺史，当地的霍山（今安徽省六安市霍山县）老虎肆虐为暴，令采茶人感到恐惧。人们设置机井却不能制止虎患，李绅到任后，采取一系列措施最终消除了虎患。①另外一则故事发生在宝历年间，浮梁县多次发生采茶村民受毒蛇攻击的事件，道士邓甲与茶山的蛇王斗法，最终消除当地蛇害。②这两则故事都发生在宝历年间（825—827），处于饮茶初兴的阶段。霍山位于淮南茶区，浮梁属于江南西道的饶州，这两个地方在唐宋是重要的茶产地，故事描述了两地开荒种茶，人类因侵入野生动物领地而与之发生冲突的场景。

1. 早期的茶叶生产

最早的茶叶由僧侣制作，大多采摘野生茶树。寺观茶的生产不以盈利为目的，茶叶用以供佛、自食与馈赠。随着风俗贵茶的风潮涌现，寺观茶的生产远远不能满足需求，周边的农民开始种茶谋利。寺观茶一般也是名茶产地，对于这些名茶，当地流传着许多神奇的故事。这些故事增加了茶叶的价值，茶农也很乐意传播这些故事。

例如，唐代的蒙顶茶非常有名，陶谷《清异录》和毛文锡《茶谱》都有僧侣种茶、饮用蒙山茶能够治病、得道成仙的故事。根据杨晔的《膳夫经手录》，宪宗元和（806—820）之前，蒙顶茶的产量很少，价格很高，束帛不能换一斤先春蒙顶。在巨大利益驱动下，蒙顶附近的农民竞相栽

① （北宋）欧阳修、宋祁：《新唐书》卷181《李绅传》，中华书局1975年版。
② （宋）李昉等编：《太平广记》卷458《邓甲》，中华书局1961年版，第3745—3747页。

茶牟利,几十年后,产量达千万斤。但是很多蒙顶茶实则都是冒充的,真正的蒙顶茶称为鹰嘴牙白茶,其上品异常难得。[①]毛文锡的《茶谱》称,蒙顶茶为研膏的片茶,有紫笋、火前的露镬牙、镬牙。显然,蒙山茶随着时代的变化而改变,并不是同一种茶类。

江南西道的祁门、浮梁、婺源等地,在饮茶兴起之后迅速成为重要商品茶产区。当地绝大多数居民以茶为业,茶叶生产的专业化程度很高。《太平寰宇记》饶州"浮梁县"条下,引用《郡国志》的资料说"斯邑产茶,赋无别物"。[②]茶是这里唯一出产的大宗物品,可谓产茶专业县。歙州[③]司马张途的《祁门县新修阊门溪记》,记述了当地为了方便茶叶运输出去,官商协力整修阊门溪的事迹。他说,祁门县有 5 400 多户居民,这里山多田少,土地肥沃,溪水清澈,山上种满了茶树,没有一点多余的地方。祁门茶叶颜色金黄、味道很香,来此买茶的商人很多。祁门数千里的土地上,百分之七八十的居民都以茶为生。

浮梁县的茶叶产量很大,但类似的产茶区还有不少。根据《膳夫经手录》,浮梁、婺源的茶叶产量与祁门县相似,鄂州、宣州则"倍于浮梁"。又据刘津《婺源诸县都制置新城记》,由于婺源、祁门、浮梁、德兴这四个县生产的茶叶实在太多,兵甲又众,户口也在增长,太和年间(827—835),唐政府将婺源由县升为郡,下辖四县。[④]

淮南茶区距离北方地区最近,一直是商品茶生产最多的地区,其次就是江南西道的饶州浮梁和婺源县,歙州祁门县的茶叶产量最多。根

---

① (唐)杨哗:《膳夫经手录》,续修四库全书。
② (宋)乐史:《太平寰宇记》卷 107,王文楚等点校,中华书局 2007 年版,第 2143 页。
③ 包括安徽省的歙县、休宁、祁门等县,以及江西婺源等地,即新安江上游一带地区。
④ (唐)刘津:《婺源诸县都制置新城记》,(清)董诰等《全唐文》卷 871,中华书局 1983 年版。

据《元和郡县图志》的资料，浮梁县每年出茶七百万驮，收税十五万贯。按照每驮茶100斤计算，浮梁县产茶达七亿斤。如果《膳夫经手录》的说法属实，婺源、祁门产量与浮梁相似，蕲州、鄂州、宣州倍于浮梁，那么唐代茶叶总产量将是惊人的。尽管有些学者对此数据表示怀疑，茶叶在这些地区已经成为支柱产业却是不可否认的。唐代茶叶大多为大块的饼茶，人们日常饮茶量很大，产量惊人也可以理解。

茶园不仅是茶树种植园，也是制茶场所。早期茶叶生产是以家庭为单位的小农生产，就像皮日休、陆龟蒙那组茶诗描绘的那样，家里的男女老幼相互配合、集体完成了从采摘、蒸煮、烘焙、研膏等造茶的所有工序。随着茶叶商品化进程的深入，势力强大的地方大族拥有大茶园，出现雇佣劳动的现象，简单的分工也开始了。《太平广记》有这样一则故事：四川九陇（今四川省彭州市）的仙君山有一处大茶园，拥有者名叫张守珪。他每年都要招募一百多人为其采茶，有男有女，在茶园中杂处。一次，山上洪水泛滥，道路隔断，盐和乳酪都比较匮乏，张守珪非常担忧。[①]这个茶园显然是个大茶园，采茶和制茶已经采用雇工劳动。

大茶园隶属当地大族，北苑贡茶由张廷晖家族建立，双井茶由江西修水县的黄庭坚（鲁直）家族生产。根据一些学者的研究，[②]黄庭坚的高祖黄赡在南唐战乱时来到洪州分宁（今江西省九江市修水县），看到这里山峦重叠，是个避世的好地方，于是举家从婺州金华迁到此地。家族到黄元吉一代发生转折，黄元吉经商致富，买田当上地主，宗族势力

① （宋）李昉等编：《太平广记》卷37《阳平谪仙》，中华书局1961年版，第235页。

② 杨庆存：《黄庭坚宗族世系新考》，《中华文史论丛》56辑，上海古籍出版社1986年版。邱美琼、闵晓莲：《宋代洪州分宁黄氏文学家族的形成》，《东方论坛：青岛大学学报》2009年第2期，第36—41页。

大增。黄元吉的两个儿子黄中理和黄中雅特别重视教育,他们在山里开了两个书堂,取名桃洞和芝台,到此游学的人常达数百。黄氏家族的后代接连登第,时人"谓之十龙"。①双井村也是黄庭坚家族的祖产地,黄氏家族在经商成功后,购置土地成为地主,再教育子女进入仕途,成为集财富、权力和文化于一体的地方大族。

2. 中央与地方军阀的茶园争夺战

淮南地区是长江以北适合茶叶生长的唯一地区,又靠近北方消费地,地理位置极为优越,寿州(今安徽省淮南市一带)、光州(今河南省潢川县)一带产茶最多。唐朝末年,中央政权与军阀、地方豪族的权力斗争,包含对淮南茶园的争夺。德宗、穆宗、宪宗三朝,在与淮西军阀李希烈、吴少诚、吴少阳、吴元济等人的斗争中,都出现了淮南茶场的影子。德宗继位之初,淮西节度使贡献七百匹缣、二百斤黄茗,骏马和奴婢以表祝贺,黄茗是淮南节度使送给皇帝的当地特产茶。

贞元十五年(799),德宗发出讨伐淮西节度使吴少诚诏,列举他的诸多罪状,其中之一是"寿州茶园,辄纵凌夺"。②宪宗元和九年(814),淮西节度使吴元济在其父吴少阳死后发动叛乱,吴元济的士兵烧杀抢夺,为了避免茶园受损,宪宗命令"寿州以兵三千保其境内茶园"。元和十四年(819),吴元济的叛乱被朝廷镇压,光州刺史请求将茶园归还百姓,获得批准。③穆宗继位之初,也就是消灭吴元济之后不久,长庆元年(821),政府规定除京兆、河南府之外,各州、府设立产业,如国家宅院、

---

① (南宋)袁燮:《洁斋集》卷14《秘阁修撰黄公行状》,文渊阁影印四库全书本。
② (后晋)刘昫:《旧唐书》卷13《德宗下》,中华书局1975年版,第391页。
③ (北宋)王钦若:《册府元龟》卷493《邦计部·山泽》,中华书局1960年版。

店铺、碾硙、车坊、盐田，还包括茶园和菜园。①中央军与反叛武装的较量频频失利，维护茶税、茶园的法令成为一纸空文，财政危机又进一步削弱了中央权力，最终使政权陷入恶性循环。

太和九年(845)，唐文宗听信郑注建议，准备在全国实施榷茶。民间传言国家即将收购私家茶园，商人只能从国有茶园买茶，谣传激发了全国茶农和茶商的愤怒，郑注被杀。这是一次茶园国有化的尝试。由于中央政府权力衰退，在与地方割据势力的交锋中屡次失败。唐末大乱，各地军阀纷纷称王，长江以南的广大茶区被南唐、楚、(前后)蜀、吴、吴越、闽、南平、南汉等小国控制，卢龙节度使刘仁恭的地盘主要在幽州(今河北省西南一带)，为获取茶叶厚利，自己采摘山中的草叶制茶，改山名为“大恩山”，禁止南方茶商在当地卖茶。②南唐占据江南东、西两路许多重要商品茶产区，包括阳羡、顾渚等贡茶基地，从而控制了大量的茶货。南唐是中原王朝的劲敌，向北方卖茶的贸易大受影响。

军阀混战时期，湖南和福建的茶叶生产异军突起，发展成重要的茶叶产区。楚地马殷政权与南唐是敌对的邻居，时刻面临来自南唐的威胁。楚地没有什么致富的产业，马殷听了谋士们的建议，制定了以茶兴国的经济发展战略。他结盟中原王朝，采取远交近攻的战略，谋求政治安全和经济利益，具体的施政方针包括：鼓励农民造茶，让商人们前来贩卖，从中收取茶税；自铸铁铅货币，到楚地的商人一律用本地货币交易；在复州(今湖北省天门市)—郢州(今湖北省钟祥市)—襄州(今湖北省襄阳市)—唐州(今河南省泌阳、唐河等县)—京师(今开封或洛阳)沿

① (宋)宋敏求：《唐大诏令集》卷2《穆宗继位敕》，商务印书馆1959年版，第10页。
② (宋)薛居正等撰：《旧五代史》卷135《刘守光传》，中华书局1976年版，第1802页。

线设置“邸务”(仓库兼卖茶店)卖茶;每年向中原王朝进贡数万斤茶叶,获得北方卖茶的权利。①这些措施促进了当地的茶叶生产。王朝场本属于巴陵县(今湖南省岳阳市),后唐清泰三年(936),潭州节度使析巴陵县建王朝场,建立茶仓以便茶农缴纳茶叶。②

唐末、五代时期,福建的茶叶生产也进入了快速发展期,生产的高档腊茶更是登峰造极的产品。北苑贡茶由张廷晖(903—981)初创,他的家族拥有茶园,在邑之北苑,周回三十余里。张廷晖的老家在河南固始,唐末战乱时期,太祖父张岩加入王潮的军队,并随着军队进入福建。祖父张谨为福建招讨使,在追剿黄巢的战斗中战死。僖宗丁未(887),张氏祖先在建安东苌里岚下洋(今水北后山)占据了大量土地,并在凤凰山一带开辟方圆数十里的茶园,派长孙张廷晖管理。龙启元年(933),王审之的儿子王延钧称闽王,张廷晖将茶园献出,受封阁门使继续管理茶园。

南唐保大三年(945),南唐国主李璟攻陷福州,闽国归顺南唐,北苑茶园归南唐皇帝。宋太祖开宝七年(975),宋灭南唐,茶园变更为宋朝的贡茶园。张廷晖的祖上在平叛的战争中因军功起家,在福建扎根后,成为新兴的军事贵族。他的老家在河南固始,隶属于茶叶生产最多的淮南茶区,不知道张氏祖先在老家是否从事过茶叶生产,从而在进入福建后再次种茶。北苑茶园不断易主,反映出割据政权、地方豪族之间对茶园产业的争夺。

3. 茶叶生产国有化

北宋未统一全国之前,不能掌握南方茶叶生产,主要通过沿江设立

---

① (宋)欧阳修:《新五代史》卷66《马殷传》,中华书局1974年版,第824页。

② (宋)乐史:《太平寰宇记》卷113,王文楚等点校,中华书局2007年版,第2303—2304页。

榷货务，垄断北方茶叶贸易，禁止南方政权在北方卖茶。宋太祖乾德三年(965)，度支郎中苏晓为淮南转运使，他建议设立国营茶场，地点在淮南地区的蕲州(今湖北省黄冈市)、黄州(今湖北省黄冈市)、舒州(今安徽省安庆市)、庐州(今安徽省合肥市)、寿州(今安徽省淮南市)五州。开始设立的国营茶场有十四个，这些茶场为北宋政府带来年入百余万缗的巨额利益。[①]北宋政府的茶场几经兴废变迁，最终固定在淮南六州的十三个茶场，分别是光州的光山、子安，商城，黄州麻城，庐州王同，舒州罗源、太湖，蕲州洗马、王祺、石桥，寿州麻步、霍山、开顺，淮南六州采茶居民都隶属茶场，称为园户。[②]

淮南茶场全部属于官营，国家会预支茶本给园户，类似茶农向国家先行贷款，茶叶卖掉以后连本带息归还，利息以茶折算。园户生产的茶叶必须全部卖给国家，严禁与茶商私自交易，隐匿的茶叶一律没官。国家收购的茶叶按照品种、等级折算价钱，大多远低于市场价。茶农失去与国家讨价还价的能力，国家得以从垄断贸易中获得更多利益。然而任何单方面的利益，如果持续发展下去总会出现反噬。茶农因为不能直接接触市场，交给国家的茶叶品质很低，有很多还掺杂了草木等杂物，商人不愿意贩卖，茶叶积压严重，在仓库里堆积腐败，只能废弃。对于这种情况，官方投入的成本只能浪费，有时也面临严重亏损。

北宋统一全国的初期，南方茶叶尽归国家掌握，在是否全部国有的问题上，官员争论激烈。为了确保长途贸易垄断不受影响，南方地区也实施了榷茶制。淮南茶场属于国营，茶叶全部卖给国家，南方生产的所

---

① (宋)李焘、(清)黄以周等辑补:《续资治通鉴长编 附拾补》卷6，上海古籍出版社1986年版。

② (元)脱脱等撰:《宋史》卷183《食货下五》，中华书局1977年版，第4477页。

有茶叶只能卖给国家,禁止园户与茶商私自交易。通过国有茶园、茶叶折算租、税、国家收购茶叶等方式,全国实现了茶叶生产的国有化。国家作为最大的茶园主和茶商全面控制生产、运输和贸易,大量廉价的茶叶运送到北方,促进北方的茶叶消费量。

垄断茶叶生产和贸易为政府带来巨额利益,也存在很多弊端。一方面是效率低下,茶叶收购、存储和运输过程中存在极大损耗。另外,政府常因财政紧张低价预支茶货给茶商,换取商人手中的粮食或财物,这些措施导致茶叶收益大幅亏损。同时,农民与市场不能直接联系,造成官茶品质低劣,堆积在仓库中腐烂变质。商人也不能与生产者直接关联,无法对产品进行控制,消费和商贸动力被削弱。私茶的品质比官茶好很多,稽查走私的难度也不断攀升。北宋中后期的茶政一直处于变革中,一度由禁榷制变为通商法,允许商人与茶农自由贸易。北宋末期,蔡京重新榷茶,但政府已经无力控制茶货,此次榷茶变为收取专卖税的茶引制。

社会是极为复杂的系统,各种力量相互关联又相互冲突,茶叶生产与消费的变动不是由单一力量推动。茶饮自唐代中叶诞生以来,风潮延续数百年,历经唐末、五代战乱而不衰,在北宋茶叶更是成为日用必需。在地方武装林立的封建时代,没有一个政权能够单独垄断茶叶利益,权力斗争决定了茶叶供给者的组成,供给方式对消费地的饮茶习惯产生决定性影响。北宋以后政府对茶叶生产和贸易的全面垄断,为其带来巨大财富,同时因大量廉价茶叶进入北方,促进了北方地区饮茶消费持续扩大。政府以茶叶代替货币、粮食等财物,折支给部队、盐户的举措,进一步扩大了饮茶消费。这也是饮茶越来越深入百姓的日常生活,成为开门七件事之一的原因。

第四章
衰　落

南宋以后，社会上的主要茶类发生了很大的变化，片茶、腊茶几乎看不到了，烹、点茶末的末茶文化逐渐消失了，常见的饮茶法是用芽叶茶直接烹煮或冲泡、去滓饮用，到了明清时期，全部都是芽叶茶的天下。有种观点认为，相比工序繁多的腊茶，芽叶茶和饮用更简单也更自然，这是制茶工艺的进步。这种说法混淆了技术与审美的区别，制茶工艺的简单或复杂属于审美范畴，不能用进步与否来形容。另外，这种说法也忽略了一个历史事实，即芽叶茶不是新的茶类，而是唐宋时代价格低廉的茶类，也就是散茶、草茶、茗茶。芽叶茶不是替代饼茶的新茶类，而是饼茶文化退潮后剩余的残渣。

茶叶在宋元时代的变化不止于此，茶饮的内涵被替换，成为没有真茶的空洞概念，茶叶消费大幅度减少，茶叶经济遭遇了灭顶之灾。专业化的茶区没有了，茶山、茶园的名称也消失了，茶叶生产从支柱产业退化为可有可无的副业。大批茶农、制茶师和茶商陷入失业的深渊，他们成为南宋以后社会动荡的主要原因之一。茶叶经济的衰落深刻改变了财政结构，政府的榷茶和茶税收入急剧下滑，为了弥补财政亏损，掠夺式的暴力征收带给茶区百姓无尽的痛苦,此举再次加剧了盗贼、反叛的频发。明初,除了川陕地区,榷茶制终于退出历史舞台,原因不是朱元璋的仁慈,而是这种制度早已名存实亡。本章将呈现茶叶领域发生的大转变,从饮茶消费的退潮开始,展现其对生产、贩运、财政和社会带来的深刻影响,并探讨其发生的原因和过程。

一、茶饮退出日常生活

南宋以后,腊茶、片茶越来越少,饮茶方式也发生了改变,末茶法消失了,烹煮芽叶茶后去滓饮用的汤煎法盛行起来,这种方法首先出现在北方地区,元代以后被南方效仿。茶的概念发生了很大的改变,从特指南方茶树、茶叶,变成一个泛化、空洞和有名无实的概念。茶可以用各种草木芽叶烹煮成饮,或者是其根、茎,甚至石头上的苔藓。在有些地方,白开水都可称之为茶饮。唐宋政府曾经禁止的伪(假)茶变得合法,有些伪茶还被列入宫廷美味。

(一)茶、茶饮概念的泛化

唐宋的茶与茶饮有其特定含义,茶饮必须按照陆羽式的规则才能品尝出“美味”,否则就是沟渠中的废水。这套饮茶文化建立在饼茶的基础上,捣碎、磨末,以末茶形态烹煮或“点”饮。片茶、腊茶和散茶、草茶都是饼茶文化的衍生品。片茶是饼茶的高端形态,而腊茶则是片茶中的极品,散茶、草茶、茗茶则是用于磨制末茶的低端原料。饼茶、片茶、腊茶到明代却不见了,明清的茶叶为芽叶茶,也就是唐宋时期的散茶、草茶和茗茶。明代中叶以后,芽叶茶发展出了铁锅炒青技术,之前主要是通过日晒、蒸、煮等方式制作。对于主流茶叶从团饼茶向芽叶茶的大转变,学者普遍认为明太祖朱元璋做出了极大贡献。他为舒缓民力,下令废止繁琐奢华的腊茶进贡,并提倡制作简单、饮用方便的芽叶茶。学者猜测,朱元璋之所以罢革大小龙团,想必与他少年出家、习惯清淡的芽叶茶有关。①

朱元璋对腊茶废止做出贡献的说法,不是现代学者的新观点,而是明代就出现的旧说。《明史》提到福建贡茶大多碾压成大、小龙团,明太祖因其劳民罢造,只令采茶芽进贡。②清修《明史》的观点参考了明代史料和明人笔记,并非随意编造。丘浚的《大学衍义补》较早地出现这一观点,书中认为明代废除进贡腊茶、罢造龙团凤饼,是因为太祖厌恶奢侈、怜民艰辛。丘浚是明中期之前著名学者,明孝宗称其为理学名臣。后来的公私史书和明人小说延续了这种说法,例如,沈德符在其《野获编补遗》中说(白话):

> 国初,四方贡茶以建宁、阳羡为上品,茶叶按照宋代制作方式,碾揉成大小龙团。洪武二十四年,皇上认为其做法重劳民力,于是罢造龙团,只令采茶芽进贡,并免除500户供茶户的徭役。造茶加入香物、再捣为细饼,已经丧失了茶的真味。宋时宫中又有绣茶,尤其是水厄中的第一厄。如今人们只采摘茶叶初萌时的精华,汲泉水烹煮,一瀹便啜,遂开千古饮茶之宗。这种饮茶的方法是太祖首辟,可以说圣人先得我心。如果陆羽有灵,必然俯首表示佩服;蔡襄地下有知,也会吐舌而退。③

① 刘淼:《明代茶业经济研究》,汕头大学出版社1997年版,第15、27—28页。
② (清)张廷玉等撰:《明史》卷80《食货四·茶法》,中华书局1974年版。
③ (明)沈德符:《野获编补遗》卷1《供御茶》,续修四库全书。

沈德符这段话表达了三层意思:一是明太祖因腊茶重劳民力废除贡茶,还免除500贡茶户的徭役,后来的贡茶只采纳芽茶;二是加了香料的片茶已失去茶叶的真味,宫中的绣茶更是繁奢得令人厌恶;三是明太祖开创了芽叶茶,饮法简单,远胜陆羽、蔡襄的团饼茶。谈迁《枣林杂俎》的说法与《明史》、沈德符相似,他说宋元贡茶"必碾而揉之,压以银版,为大小龙团。明初以重劳民,罢造龙团,惟采其芽以进"。①明代的官方文献和私人笔记,都宣称明太祖因为龙团制造过程太烦琐,为了舒解老百姓的负担,令当地不再进贡腊茶。明太祖是团饼茶的终结者、芽叶茶的开创者,这种意识在明代已经深入人心。《明史》采纳其说成为正史的官方说法,现代学者继承了这种说法,遂成共识。

事实上,腊茶生产自南宋以后便出现了危机,片茶也从市场上消失了,常见的只有草茶、茗茶和末茶。南宋以后,茶叶的长途贸易和各类饼茶都衰退了,商品茶类以末茶、芽叶茶的短途贸易为主。根据龙图阁待制权兼户部侍郎杨倓等人建议,重新规定茶叶长引、短引的税率,②长引只涉及草茶和末茶,短引未做细分,片茶已不见踪影。南宋初建时,政府打算依照北宋惯例,每年从福建收买二十万斤腊茶。这条命令引发园户的骚动,大臣们也纷纷上书表示反对,他们说建州腊茶自绍兴元年后就不再生产,国家也不曾支出腊茶的生产费用。大家都感到腊茶于现实无用,对其也不再抱有想法。如今建州的茶叶大多磨成末茶装袋出售,由客商经淮南贩卖到秦州。大臣建议依照绍兴四年的做法,批发五万斤建州腊茶,剩下的十五万斤折算成钱购买末茶,由建康府交

① (清)谈迁:《枣林杂俎》,罗仲辉、胡明校点校,中华书局2006年版,第477页。
② (清)徐松辑:《宋会要辑稿》食货三一之二一,中华书局1957年版。

付。不过由于“末茶滋味苦涩，性不坚实，不堪经久”，政府唯恐损失官本，最终放弃购买，只买了一纲腊茶了事。[①]南宋政府对腊茶的管控依然严厉，诏令“私载建茶入海者斩”，[②]但腊茶的生产和销售都陷入艰难。

元朝延续了福建腊茶的贡茶传统，相关资料却非常少。榷茶司在天历二年(1329)罢归之于州县，每年征收的榷税与延祐(1314—1320)年间相同，至顺(1330—1333)之后便无籍可考。至于贡茶，虽有名称如范殿帅茶、西番大叶茶、建宁胯茶，《元史》称亦无从知其始末，故皆不著。[③]政府设立“建宁北苑武夷茶场提举所”，设置提领官一名，掌管每年的贡茶生产，归宣徽院管理。[④]宣徽院主要负责皇帝饮食。陈高华认为，建宁北苑武夷茶场提领所管理的不仅是北苑茶场，还有武夷茶场，建宁北苑与武夷(崇安县)实为两地，元在两地都设立了贡茶场所。[⑤]常州和湖州也设立了茶园提举司，主管此事的官僚级别为正四品，掌管两路茶园户23 000多户，专门制作贡茶。后来这一机构取消，两路贡茶归并到新设的平江榷茶提举司。之后，平江榷茶提举司也取消了，贡茶再次由常州、湖州提举司掌管，下设乌程、长兴、安吉等七个分所。

据说武夷团茶为浙江平章事高兴父子所创，至元十六年(1279)，高兴在武夷山制造了几斤石乳茶献给忽必烈。大德三年(1299)，高兴的儿子任福建郡武路总管，在武夷四曲创御茶园，管理国家制茶工厂(官焙局)数千名制茶工匠。叶子奇谈到福建贡茶时说，御茶在建宁茶山“别造以供”，称为噉山茶。山下有一个泉眼，造茶时泉水涌现，结束就

---

① (清)徐松辑:《宋会要辑稿》食货三二之三十、三一，中华书局1957年版。
② (宋)李心传:《建炎以来朝野杂记》甲集卷14，徐规点校，中华书局2006年版。
③ (明)宋濂:《元史》卷94《食货志二・茶法》，中华书局1976年版，第2394页。
④ (明)宋濂:《元史》卷87《百官志三・宣徽院》，中华书局1976年版，第2206页。
⑤ 陈高华:《元代饮茶习俗》，《历史研究》1994年第1期，第89—102页。

停歇。元朝贡茶的生产费用比蔡京的龙凤团茶少了很多，民间只用江西末茶和各处叶茶。①有关福建贡茶在元代以后的变迁，谈迁在他的《枣林杂俎》中谈得比较详细，白话译文如下：

> 宋代贡茶称北苑，武夷石乳还没什么名气。元在武夷设贡茶场，武夷自此与北苑并称。如今，人们只知道武夷，却不知有北苑。……武夷贡茶品质不高，明人不以福建茶为贵，不过“备宫中浣濯瓶盏之需”罢了。许多贡茶是使者带着钱到京城购买的，福建采办的贡茶来自延平而非武夷，延平的人们称制茶人为壁竖。每当新茶下来，崇安县令向寺院和尚索要送给权贵，僧人苦于追索，干脆将茶树都砍光了，武夷真茶早已绝种。②

元代在武夷山设立贡茶场以后，北苑贡茶更加衰落。腊茶也只是作为贡茶少量生产，民间早已绝迹。董天工的《武夷山志》详细介绍了元代武夷贡茶的情况：至元十六年(1279)，浙江行省平章事高兴经过武夷，制造了几斤石乳献给朝廷；至元十九年(1282)令县官监制，每年贡茶 20 斤，采摘户 80 家；大德五年(1301)，高兴的儿子为邵武路总管，次年创办御茶园烘焙局，茶户增加到 250 户，造茶 360 斤，制龙团 5 000 饼。之后，崇安县令张端木、建宁总管暗都剌又增建茶场、喊山台；元顺帝至正末年(1367)，贡茶达 990 斤；明初延续元制，每年由县令监造贡茶，至洪武二十四年(1391)，官方不再强迫茶户制造团饼贡茶，造茶听民自便，但贡茶数量没有改变；嘉靖三十六年(1557)，建宁太守称本地

---

① (明)叶子奇：《草木子》卷 3 下，《杂制篇》，中华书局 1959 年版，第 67 页。

② (清)谈迁：《枣林杂俎》，罗仲辉、胡明校点校，中华书局 2006 年版，第 477—478 页。

茶枯，用二百两茶夫银购买延平茶进贡。[①]《元史》的编撰者尚且不清楚贡茶的生产情况，不知明末清初的董天工有关元代贡茶数据从何而来？

元代贡茶中还有顾渚产的金字末茶，也称“金字茶”。元人黄玠晚年定居吴兴弁山，他的《顾渚茶》有“水硙生绿尘，小角装金花”的诗句，[②]说明进贡朝廷的金字末茶，是由水磨磨成的绿色末茶，“小角”是装末茶的袋子，“金花”是上面的金色图案。金字末茶始贡于至元十五年(1278)。顾渚在宋代没有贡茶，元代再次设立贡茶基地。有关贡茶消失又恢复的历史，元人陶宗仪讲述了一则传说：唐人用金沙泉水制作紫笋贡茶，水不经常出来，官员们祭祀后才涌出，造茶结束后，泉水又干涸了。宋代屡次疏浚，没有效果。至元十五年(1278)，中书省派遣官员祭祀金沙泉，忽然涌出大水，可灌溉千亩良田，忽必烈赐名瑞应泉。[③]这则故事在元代广为流传，明代史官将其编入正史，《元史》卷10《世祖纪七》和卷87《百官制三・宣徽院》有忽必烈赐名、中书祭祀致泉水涌现的记载。

唐宋时期的团饼茶为高档茶类，散茶、草茶、茗茶、芽叶茶价格低廉。元明以后两者的地位发生颠倒，团饼茶逐渐退出市场，被批评为繁奢，失去茶叶的真味；芽叶茶则被赞誉为自然质朴，成为主要茶类。元代农学家王祯在其《农书》中介绍了茗茶、末茶、腊茶三种茶类。他说，煎煮茗茶需择嫩芽，先用热水泡去熏气，热水烹煮，南方人大多效仿这种方法。在讲述了一番“末子茶尤妙”的点茶法后，王祯表示，“南方虽产茶，而识此法者甚少”。至于腊茶，他说，“腊茶最贵，而制作亦不凡”，

---

① (清)董天工：《武夷山志》卷9，成文出版有限公司1975年版，第577—579页。

② (元)黄玠：《弁山小隐吟录》卷1，《吴兴杂咏・顾渚茶》，文渊阁四库全书本。

③ (元)陶宗仪：《南村辍耕录》卷26，《瑞应泉》，辽宁教育出版社1998年版，第309页。

不过“此品惟充贡献,民间罕见之”。元代除了少数贡茶还有末茶和腊茶,这两种茶在民间已经很少见到。《农书》重点介绍的是茗茶,也就是芽叶茶,有关其制作、储存和饮用的方法,以造茶为例,介绍如下(白话译文):

> 长得好的茶树,新芽发出来便有一寸有余,细如针,这是上品茶,像雀舌、麦颗这样的茶叶只是次品罢了。采摘下来的茶叶,用锅蒸得恰到好处,不生不熟,蒸得过生味道涩,熟了就没有味道了。蒸好之后,再用筐、薄摊开,乘着湿气揉搓,再放到烘焙处,焙时注意火候要均匀,使之干燥但不能变焦。①

元代最好的芽叶茶形如细针,不同于唐宋的雀舌、麦颗。芽叶茶制作方法总体有四种:煮、蒸、炒与日晒,常见方法是先蒸后晾晒、揉搓,再用火烘焙,与唐宋制作方法差别不大。蒸+焙的制茶法在明清时还很常见,著名的虎丘茶、岕茶采用的都是此法,武夷山的和尚至清初还是用这种方法制茶。在烘焙过程中因柴草烟雾染上烟熏气,烹煮前先要“汤泡去熏气”,泡的时间不宜过长,以免茶汤精华随废水倒掉。明代中叶以后,精制的芽叶茶用无烟炭火余热烘焙,降低了烟熏气,但煎、泡茶叶之前还是会洗茶。《农书》也介绍了储藏茶叶的方法:放在竹子编的器物上烘焙,用箬叶覆盖收其火气;将剪碎的蒻叶与茶叶混杂在一起,放在蒻笼中收储很久都没关系;茶叶放在高处,最好时常近火保持干燥。

---

① (元)王祯:《农书》卷10,《百谷谱十·茶》,文渊阁四库全书本。

元代以后，茶叶审美出现巨大反转，片茶和腊茶被批判为奢华无益、人为造作，芽叶茶则被誉为朴实无华、味真自然，反映出时代发生的巨变。《元史》中的贡茶除了福建腊茶、顾渚金字末茶，还有之前从未听说过的一些茶叶，如范殿帅茶和西番大叶茶。范殿帅茶由南宋投降蒙古的将领范文虎所创，产自浙江庆元府慈溪县民山（今宁波市慈溪县）。谈迁在《枣林杂俎》中说，宋宝祐年间，慈溪县西南六十里，丞相史嵩之治墓、建开寿普光禅寺。这里颇产茶，殿帅范文虎在此建立茶局制作贡茶。明代依旧，每年进贡 260 斤。①据元代宁波地方志记载，茶出慈溪县民山，在资国寺冈山者为第一，其次是开寿寺旁边，取化安寺的泉水蒸造，精心选择细如雀舌的茶芽制作贡茶。②

西番大叶茶也称西番茶，广义而言，西番指中国西北、西南广大地域，居住着羌、氐、吐蕃等众多民族。当地人喜欢用此茶与酥油一起煎煮，类似藏族地区的酥油茶。唐宋茶饮兴起之前，荆巴等地有用老叶和粗茶与香料、食物烹煮茶饮的习惯。黄庭坚《以小龙团及半挺赠无咎并诗用前韵为戏》中，“鸡苏胡麻留渴羌，不应乱我官焙香”，体现出腊茶的高贵，而与鸡苏、芝麻同煮的土著茶饮法则不被文人接受，不过至今也没有消失。西番大叶茶列入元朝的贡茶，另外还有温桑、川茶、广南孩儿茶、高丽茶等。温桑在宋代被官方列为假茶，其他也是主流排斥的边缘茶类。元代太医忽思慧的《饮膳正要》是介绍宫廷饮食的著作，其中《诸般汤煎》列出许多名称奇怪的茶，例如：

---

① (清)谈迁：《枣林杂俎》，罗仲辉、胡明校点校，中华书局 2006 年版，第 475 页。
② (元)王元恭纂修：《至正四明续志》卷 5《草木·茶》，《宋元方志丛刊》第七册，中华书局 1990 年版，第 6505 页。

枸杞茶、女须儿:出直北地面,味温甘;

温桑茶:出黑峪;

金字茶:系江南湖州制造进末茶;

范殿帅茶:为江浙的庆元路制造的茶芽,味道远超其他茶叶;

西番茶:出自本土,味道苦涩,煎茶时用酥油;

川茶、藤茶、夸茶:皆出四川;

燕尾茶:出江浙、江西;

孩儿茶:出广南。①

女须儿、温桑出自东北、内蒙古及以北地区,都不是真正的茶叶;川茶、藤茶、夸茶皆产自四川,不清楚是何种茶叶;广南的孩儿茶也不能明确是什么,李时珍《本草纲目》也称乌叠泥,或乌爹、乌丁等,属于音译名称。据说产自爪哇、老挝、云南等地,制作方法是将细茶末放入竹筒,塞紧两头埋在泥沟中,日久取出捣汁熬制成块。元代宫廷中的诸多茶类,如枸杞茶、女须儿、温桑茶、四川藤茶、广南孩儿茶等,与唐宋茶相去甚远,温桑更是北宋政府明令禁止的伪(假)茶。元代茶涉及的植物品类很多,似乎任何可以冲泡成饮料的草、木、花、果都可以制作茶饮。

茶饮的内涵也被极大扩充了,之前的茶饮指的是按照特定仪式烹煮或者冲、点的末茶汤。南宋以后,末茶法在北方消失,取而代之的是汤煎法,芽叶茶不经磨末,直接放在开水中烹煮,过滤渣滓后饮用剩余的茶水。这种饮茶法与我们今天非常相似,都是滤掉茶叶,只喝汤汁。南宋学者袁文阅读《香弯类稿》时,读到该书作者针对刘禹锡《西山兰若

---

① (元)忽思慧:《饮膳正要》卷2《诸般汤煎》,刘玉书点校,人民卫生出版社1986年版,第58—59页。

试茶歌》表达的疑惑,做出如下的解释(白话译文):

> (刘禹锡的"试茶歌")吟咏的是煮茶,北方人都是如此饮茶,至今还是这样。《香弯类稿》评价说,茶叶采摘后便煎饮,没有经过烘焙、碾、罗,虽说是茶芽,可怎么吃得下去呢?难道像吃药那样,将渣滓去掉,只喝汤汁吗?香弯是南方人,不懂得煮茶的方法罢了。①

南宋时期,南方与北方的茶饮方法差别很大,南方人还要将芽叶茶磨成末,饮茶时连同茶末一起吃下去,北方人则直接烹煮芽叶茶。北方的汤煎法令南方人大为震惊,感到这种方法如同煎煮中药,不明白怎么能将茶叶渣滓吃下去。王祯在《农书》中表示,汤煎法原来只存在于北方地区,"今南方多效此"。他又说,"点饮末子茶"是一种很妙的饮茶方法,但即便在南方产茶区,知道此法的人也很少。由此可见,南宋时,南方还是末茶法,汤煎法只存在于北方地区;元代以后,汤煎法流传到南方,末茶法在南方也消失了。

末茶法在日本保存下来,中国南方的一些地方还有遗迹。1575年,西班牙传教士拉达(M. de Rada)带领使团出使福建,其见闻记录在《出使福建记》和《记大明的中国事情》。拉达提到,有人来访时,行礼落座后,一名家仆捧着一个盘子,放许多杯热水。这水用一种略带苦味的草煮的,留一点末在水里,人们"吃末喝热水"。②1580年,意大利人利玛窦(Muttew Ricci)来到中国,在中国生活了三十年。他观察到中日两

① (南宋)袁文:《瓮牖闲评》卷6,文渊阁四库全书本。
② [英]C.R. 博克舍:《十六世纪中国南部行纪》,何高济译,中华书局1990年版,第203页。

国茶饮的不同:日本人将茶磨成粉末,放两三汤匙茶粉到滚开的水里冲饮;中国人将干叶子放入一壶滚水,将叶子里的精华泡出,滤除叶子喝里面的水。①

自南宋以后,茶饮已变得虚化,客来点茶的待客之道徒有虚名。袁文评价当时的饮茶习俗时说,客来上茶、吃好茶再上汤(热水),这是古人的礼节;近来则不然,客人来了,奉上茶与汤,但杯子里都是空的,已经非常可笑。公厅之上,主人杯子里有少许热水,客人杯子里空空如也,原意是想表达礼貌,实则反而失礼,显得尤其可笑。②北方的茶饮内涵更为空泛,元太祖十六年(1221),南宋赵珙出使蒙古军前议事,辞别之日,木华黎的使者挽留他们说,"凡好城子多住几日,有好酒与吃,好茶饭与吃,好笛儿、鼓儿吹者打者"。③有学者认为,此处的茶饭指的是饮茶,④也有学者认为此处的茶饭是日常饮食,与茶无关。⑤从前后文内容来看,茶饭意指肉、菜和饭,元代的茶多已是虚词,与茶饮无关。

"早晨起来七件事,柴米油盐酱醋茶"这句见于元杂剧的俗语,最初实际上是南宋吴自牧《梦粱录》里的话,元代这句俗语中的茶的含义已悄然改变。茶可能是各种植物的芽叶,也可能是绿豆汤,或者用香花、米、面等煮的汤或羹。如今,在鲁西南、河南、安徽、湖南、上海等地方言中,喝(吃)茶的意思有时指喝开水。茶饭最初也许是"茶"和"饭"两种饮食,当元代茶的概念虚无和泛化后,茶饭只是饭菜的意思。广东等地

---

① 利玛窦、金尼阁:《利玛窦中国札记》,何高济、王遵仲、李申译,中华书局 1983 年版,第 17—18 页。

② (南宋)袁文:《瓮牖闲评》卷 6,文渊阁四库全书本。

③ (南宋)赵珙:《蒙鞑备录》,丛书集成初编。

④ 蔡志纯:《漫谈蒙古族的饮茶文化》,《北方文物》1994 年第 1 期,第 60—65 页。

⑤ 王猛、仪德刚:《蒙古族奶茶制作工艺考释及其现代调查研究》2016 年第 5 期,第 176—181 页。

习惯说的吃早茶，实际上只是吃早饭。茶点这个词汇也失去茶的原意，只剩下点心的意思。

（二）伪/假茶合法化

北宋政府实施茶叶禁榷制，垄断了贸易和生产。在利益诱惑下，私茶商贩盛行，还有一些茶商为了利益，在末茶中掺杂其他草木树叶、米、豆、面的粉末，也有将北方生长的假茶如温桑冒充真茶售卖。为了促进官茶的正常销售，确保榷茶利益，政府发布了禁止售卖假茶、私茶的严厉法令。“开宝中，禁民卖假茶，一斤杖一百，二十斤以上弃市。”[①]按照宋太宗太平兴国四年(979)的法令，“诏鬻伪茶一斤杖一百，二十斤以上弃市”。雍熙二年(985)，民造温桑伪茶，比犯真茶计直十分论二分之罪。[②]景祐二年(1035)重申禁止掺假法令曰“山泽之民，撷取草木叶为伪茶者，计其直以诈欺律，准盗论”，告发者按真茶价值奖赏一半。[③]元丰年间，国家垄断了磨茶业，对于商贩在末茶中掺假现象视为违法，规定“茶铺入米、豆杂物揉和者募人告，一两赏三千，一斤十千，至五十千止”。[④]

尽管有禁止的法令和严酷的刑法，茶叶造假和私贩却很难杜绝，这些问题在北宋经常被讨论。掺假也与国营茶叶体制管理松散有关。嘉祐五年(1060)，欧阳修奏议茶法新政弊端，说过去官茶由国家经营，包

① (宋)李焘、(清)黄以周等辑补:《续资治通鉴长编　附拾补》卷20，上海古籍出版社1986年版，第177页。

② (元)脱脱等撰:《宋史》卷183《食货下五》，中华书局1977年版，第4478—4479页。

③ (宋)李焘、(清)黄以周等辑补:《续资治通鉴长编　附拾补》卷116，上海古籍出版社1986年版，第1042页。

④ (元)脱脱等撰:《宋史》卷184《食货下六》，中华书局1977年版，第4507页。

容茶农入杂,茶叶因而多而贱,遍行天下。如今茶农自己卖茶,不容易作弊,须要真茶,但真茶不多,价格就贵,小贩不能多贩,也无力长途贩运,必然造成靠近茶区的民众吃贵茶,远处的人没茶吃。①宣和三年(1121)三月二十九日,都茶场称,近日京城及京畿等路卖茶的铺户(住商),买了草茶后,将黄米、绿豆、炒面等杂物与真茶掺和,磨碎出售,以求厚利。这种做法不仅阻害商贩,更造成官方卖引额的减少。都茶场请求政府,依照政和三年二月六日颁布的草茶掺假法,以私茶罪论处,允许磨工和知情人陈告。②尽管法律严厉,但在利益的驱使下,茶叶走私、掺假屡禁不止。

从长时段和跨地域的角度来看,伪(假)茶却是相对的概念。这个概念被特定的权力定义,适用于特定的历史时段和空间范围,一旦超越时空限定的条件,假/伪茶的称号就消失了。五代时期,卢龙节度使刘仁恭为了获得卖茶厚利,禁止江南茶商进入当地卖茶,自己采摘山里的草木做茶。从当时主流的茶叶界定来看,河北山里的草木茶属于伪(假)茶,但在卢龙节度使辖区却拥有合法性。南宋与金对峙期间,金的茶叶"自宋人岁供之外,皆贸易于宋界之榷场"。③为了避免财富流失,金数次发布饮茶禁止令,并且试图在北方制茶,制出的茶叶老百姓并不认可,说这是温桑(温桑在元统治时变得合法,还列入宫廷饮料的范畴)而不是真茶。

除了在河南种茶,金政权应该也在山东淄博、潍坊、烟台等地设立了茶场,蒙古灭金后继承了这些茶场。据光绪二十三年(1897)《文登县

① (北宋)欧阳修:《欧阳修全集》卷112《论茶法奏状》,李逸安点校,中华书局2001年版。
② (清)徐松辑:《宋会要辑稿》食货三二之一一,中华书局1957年版。
③ (元)脱脱等撰:《金史》卷49《食货四》,中华书局1975年版,第1107页。

志》记载，元朝刚建立时，曾在文登县的昆嵛山设立茶场提举，因为那时还没有占领江南。[①]这些产自北方、西番、广南、四川等地的茶，唐宋时期都被认为不是真茶，甚至是被禁止的伪(假)茶。然而在元政权中，它们不仅拥有了合法性，有些还是贡茶。《饮膳正要》[②]介绍的宫廷茶饮中，按照唐宋的标准很多都不是真茶，却拥有极高的地位，供皇帝饮用。我们以《饮膳正要》为主，结合其他资料，列举如下几种此类茶饮：

女须儿。书中介绍说“出直北地面，味温甘”。女须儿不知是何种植物，出产地的信息也不清晰。陈高华认为，元代的“直北地面”通常指今天的东北、内蒙古及其以北地区。[③]元末王冕创作的诗歌《遣兴》之二，[④]有“直北黄河走，江南白浪浮”的诗句，这里的直北指的是黄河流域一带。由此看来，女须儿约是生长在北方地区的一种植物。

西番茶。《饮膳正要》称西番茶出“本土”，味道苦涩，煎茶时用酥油。西番一般指吐蕃(今西藏一带)。[⑤]一些学者认为，西番茶也被称为乌茶、马茶、边茶，民间普遍称为藏茶，最早出现在唐代。元代的松潘、黎州、雅安等地区的藏族，饮用的茶叶称为“西番茶”，区别于腹地芽叶状川茶。[⑥]西番茶在秋季采摘，茶农用小刀连枝带叶割下来制成粗茶，味道浓厚，适合藏族地区。

孩儿茶。注释曰“出广南”。广南即广南西路，今天云南与广西交界的广南县一带。汪大渊《岛夷志略》介绍南亚岛国须文那的物产时，

---

① (清)李祖年、于霖逢修纂：《文登县志》卷13《土产》，成文出版有限公司1976年版，第1183页。

② (元)忽思慧：《饮膳正要》卷2《诸般汤煎》，刘玉书点校，人民卫生出版社1986年版。

③ 陈高华：《元代饮茶习俗》，《历史研究》1994年第1期，第89—102页。

④ (元)王冕：《竹斋集》卷中《遣兴》之二，文渊阁四库全书本。

⑤ 郑建明：《关于元代西僧的两个问题》，《宜春师专学报》1999年第6期，第24—26、31页。

⑥ 陈树珍：《“边茶”贸易制度变迁》，《中国文化遗产》2010年第4期，第47—51页。

称孩儿茶“又名乌爹土、又名胥实失之,其实槟榔汗也”。苏继庼校释《岛夷志略》时,考证说《海录》作“儿茶”,取自一种学名 Cassia catechu 的液汁,梵语名 khadira 和 khaira,孩儿茶由后一种梵名得音。因其汁呈绿茶色,故有茶之名。泰米尔语 Vodalay,也就是乌爹土、乌爹泥、乌垒泥的对音。泰语名为 Sisiat,胥失之的对音。这种树属于乔木,高20—30 英尺,生长在印度孔坎海岸、孟加拉北部山地和缅甸等地。人们取此木之心熬成浓汁,又炼制成棕或黑色的土块状物,主要用于医学上的收敛剂、制造皮革的鞣料、咀嚼槟榔的混合物。槟榔子熬成的膏在印度泰卢固语中称 kansi,其状与孩儿茶相似,苏继庼认为,汪大渊可能误将孩儿茶视为槟榔汗(汁)。①

李时珍《本草纲目》也介绍过“乌爹泥”。他说“乌爹”也称“乌丁”,是番语的音译。乌爹泥出“南番爪哇、暹罗、老挝诸国,今云南等地造之”。其制作方法是,将细茶末放入竹筒,两头塞牢,埋入泥沟,过很长时间后取出,捣碎熬制其汁成块。块小且有光泽的为上品,大而焦枯者为次品。②陈高华认为李时珍所说孩儿茶制作方法,显然是不可信的传闻,孩儿茶(乌爹泥)是海外出产的一种药物,元代前期就传入中国,常用此物和其他香料碾细混合加工成块状,用来含嚼,有生津醒酒的功效。③孩儿茶的物质成分、产地等问题,学者们的探索还在进行,④至今没有达成共识。

---

① (元)汪大渊:《岛夷志略校释》之《须文那》,苏继庼校释,中华书局 1981 年版,第 314、317 页。

② (明)李时珍:《本草纲目》卷 7《土部》,人民卫生出版社 1996 年版,第 440 页。

③ 陈高华:《孩儿茶小考》,《西北第二民族学院学报》(哲学社会科学版)1999 年第 2 期,第 37—38 页。

④ 李峻杰:《孩儿茶考辨》,《海交史研究》2010 年第 1 期,第 74—84 页;曼石:《儿茶的来历》,《中药与临床》2010 年第 2 期,第 55 页。

温桑茶。注曰“出黑峪”。温桑茶是北方地区生产的一种代茶饮料，具体是何种植物很难确定。有学者认为，温桑是宋太宗时期就出现的、温州产茶区用桑叶造的茶，[①]这种说法与史实不符，因为温桑的出产地在北方，不是温州。北宋建国之初，温桑被列为假(伪)茶，受到禁止和打击。金、南宋对立时期，金在北方地区制造温桑。元将其列入宫廷茶饮，温桑与南方的芽叶茶同为合法的茶饮。

云芝茶。产自山东蒙山等山石上的苔藓类植物，形状如绿色茶粉，也有茶的味道。李时珍的《本草纲目》称，云芝茶又称石蕊、石濡、石芥、蒙顶茶。它是高山石头上日久结成的苔藓类物质，因生于兖州蒙山石头上，也称为蒙顶茶。每到春天，当地人上山刮取。它状如白色轻薄的花蕊，气味香如蕈，味道甘涩如茗茶。云芝茶虽不是真茶，也能生津、止渴，解热、清痰、明目、增强精力、使人不再饥渴，具有令人身轻和延年益寿的效果。

蒙顶茶为唐宋名茶之一，产自四川雅安蒙顶山。云芝茶也被称为蒙顶茶，但此蒙顶非彼蒙顶。《本草纲目拾遗》特别解释了两者的区别，指出元明时代的蒙顶茶即云芝茶，是山石上苔藓类的石衣，产自山东蒙阴县城南三十里的蒙山，不是四川的蒙顶茶。《五杂俎》云，蒙山在四川雅州(今雅安)，中峰尤其险峻，盘踞着蛇虫虎狼等野兽，这里产的茶可以治疗百病。山东人以蒙阴石衣为蒙顶茶，并非真蒙顶。蒙阴茶性冷，可以治疗胃热之病，也可消除积滞之疾。《本草纲目》有石蕊的名称，称其性温，而不说其有消除积滞的功效。[②]

① 赵伟洪:《略论中国历史上的假茶及其治理》,《农业考古》2015 年第 2 期,第 275—278 页。

② (清)赵学敏:《本草纲目拾遗》卷 6《木部》,中国中医药出版社 1998 年版。

云芝茶的名称首见于元朝，刘秉忠[①]曾有诗作《尝云芝茶》和《试高丽茶》。[②]在《尝云芝茶》一诗中，刘秉忠对其极尽赞誉，称其"天真味"和"圣妙香"，江南茶在它面前不过寻常之物。"待将肤凑浸微汗，毛骨生风六月凉"，暗喻如同卢仝饮茶后的感受，能令人发轻汗、毛骨轻，可以羽化登仙。明朝中期名将王越也有一首《云芝茶》诗，称这种茶为"人间第一茶"。关注蒙阴地域文化的学者发现，云芝茶自元至清都受到文人赞誉，[③]多种地方志都有记载，明清时期还有人在采集。[④]明英宗正统五年(1440)，宁王朱权编撰了明代第一部茶书《茶谱》，东蒙山上的石藓茶位列其中，书中称其"味入仙品，不入凡卉"。[⑤]嘉靖、隆庆、万历以后，明人对云芝茶(苔藓茶)的评价出现分歧，杭州人许次纾拒绝承认山东蒙阴的石苔是茶类，他说(白话译文)：

> 古人说起茶必首推蒙顶，蒙顶山在四川雅安。古代有蒙顶茶，今天早已没有了。如今的蒙顶茶专属当地"夷人"，不再出山。四

---

① 刘秉忠(1216—1274)，原名刘侃，号藏春散人。祖籍瑞州(今江西宜春市高安县)，后定居邢州(今河北省邢台市)。他出生官僚世家，十三岁以质子身份进入都元帅府，十七岁为邢台节度府令史。曾经弃官隐居，拜虚照禅师为师。后进入蒙古国忽必烈幕府，参预军政事务，被称为"聪书记"。在他的建议下，忽必烈取《易经》"大哉乾元"的语意，将蒙古国改为大元，并参与设计了元大都。刘秉忠对蒙古政治体制、典章制度建设发挥了重大作用。

② (元)刘秉忠：《藏春集》卷1，文渊阁四库全书本。

③ 地方志中有关明、清文人对苔藓茶的赞美或记录，参见《蒙山石云茶考证》，载蒙阴县人民政府官网：http://www.mengyin.gov.cn/info/1575/28345.htm。

④ 嘉靖《青州府志》(1562)称，"蒙阴山山顶产云芝茶，远近珍之"。万历《兖州府志》(1597)曰，"蒙山石花采以为茶，其味芳烈，更异他品"。清康熙24年(1685)《蒙阴县志》，也记录了"费沂之间山石"上、有茶味的"蒙顶茶"。清乾隆《沂州府志》(1755)，收录了明董仲言的一首诗《蒙阴道中》。"村妇入山收橡实，憨僧刮石取膏茶"，描绘的就是采收云芝茶的场景。清代蒙阴贡生王运升，在其《蒙山茶歌》的长诗中，通过"未闻石亦有根荄""数石产茶不需栽"的诗句，指出这种采自山石的"茶"的独特之处。

⑤ (明)朱权：《茶谱》，艺海汇函本。

川当地人尚不能得，又怎能来到中原和江南呢?! 如今人们用袋子盛着像石耳一样的东西，实则来自山东蒙阴山上的石苔。这种茶全无茶气，只是微微有些甜罢了，却妄称蒙山茶。草木才能称为茶，石衣也能被称为茶吗?①

万历二十一年(1593)，杭州人陈师作《茶考》，也否定蒙阴县的石藓为茶，他说(白话译文)：

当今世上以山东蒙阴县山上所生石苔为"蒙茶"，士大夫对这种茶非常珍视，其味道也不错，然而人们却不知道这不能算茶，不能煮，又没有香气。《茶经》从来没有记载过这类茶。蒙顶茶出自四川雅州(今四川省雅安市)，也就是古代的蒙山郡。当地《图经》云，蒙顶上有茶，因接收到比较全面的阳气，所以茶叶芳香无比。②

谢肇淛是生活在万历年间的福建长乐人，他对云芝茶的评价相对温和，虽知山东蒙阴茶并非四川雅州蒙山茶，却认为蒙阴茶性也冷，可治胃热之病，③两种蒙山茶各具特色，没有高下之分，这是一种包容的文化态度。

高丽茶。高丽茶的名称首见于元朝，也出自刘秉忠的诗歌。他有

① (明)许次纾:《茶疏》，茶书全集本。

② (明)陈师:《茶考》。陈师，人物不详，《茶考》一书，未见学术上的考证，但有学者引用此书，大抵来自现代人的茶书辑录，如陈彬藩、余悦和阮浩耕等。从《茶考》内容看，陈师对蒙顶茶的考辨，与明人杨慎的《杨慎记·蒙茶辨》内容几乎完全一致。对于两者之间的来历关系，本研究未能进行详考。

③ (明)谢肇淛:《五杂俎》下册，中华书局1959年版，第306—307页。

两首茶诗,分别是《尝云芝茶》与《试高丽茶》,两首诗的内容结构非常相似。《试高丽茶》称高丽茶味“真”“微涩”却回味“甘津”,赞誉其远超南方茶,香气袭人,如冰雪般清爽,饮后平生的尘虑消除殆尽。

纳实茶。“纳实茶”出现在杨允孚的一首诗中。杨允孚的生卒年代不详,约生活在元惠帝至正中期(约 1354 年前后),曾为皇宫里的尝食供奉官,撰有《滦京杂咏》1 卷,描述了许多元代宫廷宴饮场景。在一首诗歌中,他描绘了草原上紫菊花盛开,啃食地椒的乳羊肥壮,一位蒙古女性捡拾牛粪,在毡房中烧火煮茶,诗中出现“毡房纳实茶添火,有女褰裳拾粪归”的诗句。

纳实茶究竟是什么茶?书稿后面的注释曰:紫菊花只有滦京才有,已有许多名人为其作诗。牛羊吃了地椒之后,其肉变得香肥。纳实,蒙古茶。[①]陈高华推测,名为“纳实”的鞑靼(蒙古)茶也许就是温桑,[②]但这种说法缺乏证据。纳实茶出现在滦京,也就是元代的上都地区(今内蒙古自治区锡林郭勒盟多伦县西北地区),这里从未有过生产温桑的记载。纳实茶可能是蒙古茶(鞑靼茶)的泛称,是元上都蒙古人常用的饮品。在杨允孚的另一首诗中,有“营盘风软净无沙,乳饼羊酥当啜茶”的诗句,表明蒙古人用羊奶做的饮料也称“茶”。枸杞茶也很常见,至今依然流行。《竹枝十首和继学韵》是元人许有壬与友人的唱和诗,诗歌描述了元朝两都之间的自然和人文风光,其中第七首诗有“宛人自卖葡萄酒,夏客能烹枸杞茶”的诗句,[③]显示葡萄酒、枸杞茶都是当地的饮品,《饮膳正要》和《居家必用事类全集》介绍了枸杞茶的制作方法,但不

① (元)杨允孚:《滦京杂咏》,文渊阁四库全书本。
② 陈高华:《元代饮茶习俗》,《历史研究》1994 年第 1 期,第 89—102 页。
③ (元)许有壬:《至正集》卷 27,文渊阁四库全书本。

尽相同。

金、元时代的塞北地区，芍药芽既可以作为蔬菜食用，也可以制作当地常用的茶饮。杨允孚有一首《咏芍药》，芍药苗在雨后变得肥壮，“脆肥香压酒肠消”说的是用芍药芽做菜。宋人洪皓出使金国时，观察到女真多野生的白芍药，好事之家采摘其芽做成菜，用面拌了油煎，用以待客或作为素斋食用，味道脆美。[①]芍药芽不仅用来做菜，晒干后也用来泡茶。元人袁桷在一首诗中写道，蒙古当地人“家家高晒芍药芽”，“南客初来未谙俗，下马入门犹索茶”，[②]说明塞北上京一带的蒙古人，有用晒干的芍药芽制作茶饮的习俗。南方人不解当地习俗，进门还在讨要茶水。

总之，蒙古茶可能只是饮料总称，羊乳酥、枸杞、芍药芽都可以做茶饮，还有很多当地常见的植物芽叶、根茎、果实。现代学者发现，地榆（又名蒙古枣）的根和茎、达乌里胡枝子（又名牤牛茶、牛枝子，蒙古名为“呼日布格”）的叶子、罗布麻（又名牛茶、茶叶花、野茶、野麻、红麻、蒙古名为“老布—奥鲁苏”）的嫩叶、黄芩（又名黄芩茶、山根茶、土金茶根，蒙古名为“混芩”）的茎和叶子、山荆子（又名山定子、山丁子，蒙古名“乌日勒”）的叶和果实，都是蒙古人就地取材、制作茶饮的原料。[③]纳实茶如果只是蒙古茶（鞑靼茶）的泛指，不一定就是温桑，更可能由当地常见植物芽叶、根茎、果实为原料制作。蒙古茶与南方人的茶饮认知差异巨大，这些饮品用汉语表达也是茶。

南方的茶饮概念也发生了变化，水果、鲜花、豆子等都可以冲泡成

---

① （南宋）洪皓：《松漠纪闻》卷2，文渊阁四库全书本。

② （元）袁桷：《清容居士集》卷15《次韵继学途中竹枝词》之六，文渊阁四库全书本。

③ 哈斯巴根：《蒙古族民间茶用植物》，《植物杂志》1989年第2期，第24—25页。

茶。浙江湖州是唐朝和元代的贡茶之地,当地人却很少花钱买茶,大多采野茶自制,有时也用豆子制作茶饮。明朝学者徐献忠对比了松江与湖州的家庭经济,以茶饮为例,说明湖州居民更为勤俭,他说(白话译文):

> 湖州人大多勤俭持家,这个地方没有商业和商人,多为务农的农民,一年到头没有闲暇的时候,才能免于饥寒的困苦。他们的服饰和饮食大多朴野。以茶饮这一件事来说,湖州人的上户人家比松江的中户还穷,中户以下的人家甚至不愿花一分钱的茶费。茶叶本来是当地的土产,人们却表现出如此朴实的习俗。①

茶叶消费急剧下降表面看是贫困和无钱购买真茶,实则是茶叶本身失去价值,不受人们的重视。当时的茶叶价格很低,还是没人愿意买。两广、云南和福建等地区,则常以佛手柑、橄榄和绿豆烹煮后的汤水作为茶饮,绿豆煮水更是常见。冯梦龙的《喻世名言》有这样一个故事:一位官员从浙江台州向临安府进发,走到钱塘一个叫凤口里的地方,他感到口渴,来到村中一户人家。这家的女主人捧出两碗熟豆汤,对他说:"村中乏茶,将就救渴。"②用豆子汤当作茶饮用来解渴,在江浙一带产茶的地方也很常见。

北方地区的茶叶消费更为低迷,很少有人愿意购买茶叶。民众大多饮用白水,为了给白水增加点滋味,往往就地取材,采摘桑、柳、青桐、槐、楷、石榴等树木芽叶,在火上熏烤后烹煮,或者放在容器中直接用开水冲泡。直到近现代社会,北方农村还有用柳、槐、石榴树芽叶代茶饮

① (明)徐献忠:《吴兴掌故集》卷12,丛书集成本。

② (明)冯梦龙:《喻世明言》卷22《木绵庵郑虎臣报冤》,上海古籍出版社1992年版。

用。最常见的代茶饮料是柳树叶，春天初萌时人们采其芽叶制作茶饮。楷木亦称黄连木，孔子故乡曲阜的楷木芽叶不仅可以泡茶，晒干后也用作食物。在地方志中，记录当地用青桐、黄芩、松苔、桑、柳做茶的资料很多：

山东泰山：物产。茶。薄产岩谷间，城市则无也。山人采青桐芽曰女儿茶，生长在泉石山崖上的称为仙人茶。这些茶都很清香，与南方的茶叶迥异。黄芩芽也可作茶，味道也不错，松苔茶尤妙。①

山东巨野：风俗之饮食。春采桑柳等叶，用火熏后放窨之于器，以供茶饮。绅士家用茶叶市于店铺。②

河北霸县：物产平山茶。野生茶叶制作的茶，味道清淡、色泽清，可作饮料。③

元至明代中叶之前，茶饮审美转向植物的色泽、口感和香气，却并不在乎茶叶是否为真。以此为出发，许多草木的根茎、果实和花朵都可入茶。在全国众多的代茶饮中，绿豆、楷木芽、佛手柑、橄榄、各种香花等比较突出。明人谢肇淛称它们的色泽、味道可以与真茶比肩，味道甚至更好(白话译文)：

绿豆微微炒过，放在开水中，倒出来的水色泽很绿，香味也不

① (明)查志隆撰：《岱史》卷12，民国十二至十五年上海商务印书馆影印本。
② 道光：《巨野县志》卷23，道光二十六年(1846)。
③ 刘廷昌、刘崇本修撰：《霸县新志》，民国二十三年铅印本。

输新茗。住宿荒村野店,觅茗不得,可以此替代。

北方的柳树芽初生时,采摘来放入热水,据说味道比茶还要好。曲阜孔林里的楷木,其芽也可以烹煮作饮。福建佛手柑、橄榄制作的茶饮,味道清香,色泽和味道也堪比茶叶。……

凡是有香味的花,都可以用来点茶。《尊(遵)生八笺》说,芙蓉可以作汤,然而今天牡丹、蔷薇、玫瑰、桂、菊等采来做汤,也觉清远不俗,只是不如茶叶容易获得罢了。①

楷木亦称黄连木,“其芽香苦,可烹以代茗,亦可干而茹之”;佛手柑、橄榄的芽叶也是又香又苦,既可以制作茶饮,也可以晒干做菜。茶饮的概念在元明以后发生了极大的改变,它回归到解渴、增添滋味的生存功能,那些与真茶无关的汤、水与饮料也具有解渴功能,南方真茶失去意义和价值,混迹于众多草木中,显得不那么重要。民众很少购买茶叶根源不是贫困,而是茶叶失去吸引力,变成了单纯的解渴饮品。在色香味上不输真茶的饮料太多了,谢肇淛没有拒绝柳树、佛手柑、绿豆和香花,反而觉得它们别有一番风味,他的评论在当时非常有代表性。当茶叶失去文化价值,人们消费的动力也随之减退了。

(三)混合茶饮的流行

在元代,那些耳熟能详的唐宋茶叶名称,内容却早已变化得面目全非。元无名氏《居家必用事类全集》、御医忽思慧《饮膳正要》和元末明初人韩奕的《易牙遗意》,均出现对茶饮的介绍。我们选择了唐宋时期的一

① (明)谢肇淛:《五杂组》卷11,韩梅、韩锡铎点校,中华书局2021年版。

些茶叶名称，对照以上书籍中的介绍，内容的改变便一目了然。以蒙顶新茶、末茶、腊茶、香茶为例，它们在元代的制作方法如下（白话译文）：

蒙顶新茶。用细嫩的白茶5斤，5两炒制的枸杞英，半升炒过的绿豆、2合炒过的米焙干后制作成粉末，煎煮或烹点都非常好喝。①

末茶。方法1：新嫩茶芽50两、绿豆和山药各1斤；方法2：好茶1斤，4斤绿豆粉，4两苦参，3两甘草。

腊茶。方法1：江茶3钱、脑子3钱、麝香半分、百药煎、檀香和白豆蔻各2分半，甘草膏和糯米糊和成剂，捏成片，切成象眼大的块；方法2：建宁茶2两、孩儿茶2两半、脑子1钱、射香2分，甘草膏制成剂，用半两茶末加入少许脑射制作成饼，再擀成薄片。②

香茶。白茶1袋，龙脑片3钱，百药煎半钱，麝香2钱，一起研磨成细粉，用香粳米熬粥，合成剂，制作饼。③

江茶指江南西路产的末茶，算是宋代末茶在元代的遗产。元代“末茶”与唐宋完全不同，它的成分除了茶末，还有米、面、枸杞、绿豆等粉末。末茶中掺杂食物粉末在宋代属于违法，但在元代则是合法的。掺杂的绿豆和山药有时比茶叶还多，有喧宾夺主之嫌，名为末茶，却更像加了茶粉的山药粉、绿豆粉。

《全元曲》常出现的茶叶名称有建汤、酥签和兰膏。④关汉卿的戏剧

---

① （元）无名氏：《居家必用事类全集（饮食类）》，邱庞同注释，中国商业出版社1987年版。

② （元）韩奕：《易牙遗意》卷下《诸茶类》，中国商业出版社1984年版。

③ （元）忽思慧：《饮膳正要》卷2《诸般汤煎》，刘玉书点校，人民卫生出版社1986年版，第59页。

④ 王季思：《全元戏曲》，人民文学出版社1990年版。

《钱大尹智勘绯衣梦》有一个场景:寻找杀人犯的窦鉴、张弘来到茶房,茶三婆问吃什么茶,窦鉴让茶三婆报上茶名,茶三婆回答“造两个建汤来”;《月明和尚度柳翠》的戏曲中,风尘女子柳翠与月明和尚在茶房说话,和尚让茶博士“造个酥签”;马致远的《吕洞宾三醉岳阳楼》,柳树精投胎到郭家取名郭马儿,与妻子贺腊梅(梅树精)在岳阳楼下开了间茶坊。吕洞宾来到茶坊,点了“木瓜”茶后,又点了“酥佥”,并问郭马儿“你这茶里有无真酥”。郭马尔反问:“无有真酥,都是甚么?”吕洞宾说“都是羊脂”。元曲里的“建汤”与宋代末茶法一致,酥签、兰膏则是加了酥油等奶制品的混合茶饮。《饮膳正要》介绍了它们的制作方法,如下:

兰膏。玉磨末茶三匙头,面、酥油同搅成膏,沸汤点之。

酥签。金字末茶两匙头,入酥油同搅,沸汤点服。

建汤。玉磨末茶一匙,入碗里研匀,百沸汤点之。①

玉磨茶应该是宫廷自制的高档末茶,但并不纯粹是末茶,还添加了炒米的粉末。《饮膳正要》有对玉磨茶的介绍,制作方法是用50斤上等紫笋茶和苏门炒米搅和,用玉磨磨制成末。酥签和兰膏无疑集合南、北饮食于一体,酥签由优质末茶调膏加酥油一起搅拌,而兰膏则是末茶+面粉+酥油的混合物,饮用方法与末茶类似,将末茶和酥油调膏后用开水冲、点。酥签在民间也很常见,“酥疑瘿碗茶膏熟,火慢�笼楮被温”,②这句诗出自元人马臻的《旅兴》,诗歌展现一幅“旅途寒夜饮茶图”:旅途

① (元)忽思慧:《饮膳正要》卷2《诸般汤煎》,刘玉书点校,人民卫生出版社1986年版,第58—59页。

② (元)马臻:《霞外诗集》卷4《旅兴》,文渊阁四库全书本。

中的诗人在寒夜烤着火，竹笼和楮被变得温暖，木茶碗里混合着酥油的茶膏也调好了。

《饮膳正要》介绍的是宫廷饮食，《居家必用事类全集》则是一部百姓日常生活指南，两者使用的末茶品质不同，《饮膳正要》的玉磨茶出自宫廷，《居家必用事类全集》使用的末茶是市场上流通的江茶。在介绍同一种茶饮时，这两本书采用的材料不同，制作方法也有差异。比如，《饮膳正要》的兰膏茶，原料用宫廷自制的玉磨茶，且添加了面粉；《居家必用事类全集》则强调用好茶叶，普通人用的是江茶，根据四季变化添加不同温度的水，具体的制作方法是(白话译文)：

> **兰膏茶**。用上好茶 1 两研成末，好酥 1 两半融化后放入茶末中不停搅拌，夏天可以添加冰水，不能放太多，1 到 2 匙尖就够了。可以不断地添加，务必搅拌均匀，直到变得雪白为止；冬天添加热水不断搅拌，春秋天加温水搅拌，加少许盐更好。[①]

枸杞茶在两本书中都有介绍，制作方法也不尽相同。枸杞茶不同于今天的开水泡枸杞，枸杞要碾成碎末，像末茶调膏一般，加酥油搅拌成膏状，再用开水冲泡。《饮膳正要》中的枸杞茶没有茶叶，只有枸杞末和酥油；《居家必用事类全集》则加了江茶、酥油和盐，下面是两本书介绍枸杞茶的对比：

> **枸杞茶**。红熟的枸杞五斗，用雀舌茶碾，将枸杞碾成末，饮用

---

① (元)无名氏：《居家必用事类全集(饮食类)》，邱庞同注释，北京：中国商业出版社 1987 年版。

时与酥油同搅,每日空腹用温酒或白水调和饮用。(《饮膳正要》卷2《诸般汤煎》)

枸杞茶。采深秋又红又熟的枸杞,与干面搅拌成剂,像擀面一样制成饼子的模样,晒干后研制成粉。一两江茶、二两枸杞末一起搅拌均匀,再加经过提炼的三两酥油(或香油)搅和成浓厚的膏状物,加少许盐,放到锅里煎熟饮用。据说枸杞茶明目。(《居家必用事类全集》已集)

荆巴传统茶饮是一种混合饮食,老叶粗茶与葱、姜、薄荷等一起烹煮,令口感爽滑。唐宋兴起的饮茶风潮中,土著茶饮经过改造,不再添加香料和食物。尽管被陆羽等文人排斥,荆巴地区的传统茶饮一直没有消失,只是很少被记录。北宋时期,擂茶在首都东京(今开封)深受大众喜爱;南宋迁都杭州后,这种民间饮食也随之扩散到南方,茶肆里"四时卖奇茶异汤,冬月添卖七宝擂茶、馓子、葱茶"。①"擂"是用木棒和器皿捣碎和研磨的动作,荆巴地区将茶饼捣末就有擂茶的雏形,擂茶将茶叶与食物、香料捣碎、制作成混合茶饮,既是茶饮,更像是饭粥。梅尧臣《答谢友人惠赠七宝茶》中的"七宝茶",也称"七宝擂茶",就是添加多种食物的茶粥。"七"形容添加食物的种类繁多,不仅限于七种。

擂茶最初是北方民俗饮食,北宋的文化群体大多不能接受这种混合茶饮,更不可能用高档茶叶制作擂茶。苏东坡在东武(今山东省诸城市)做官时,收到朋友寄茶,写了一首《和蒋夔寄茶》诗。东武当地人做茶饮,"柘罗铜碾弃不用,脂麻白土须盆研"。妻子入乡随俗,竟然将珍

① (南宋)吴自牧:《梦粱录》卷16《茶肆》,浙江人民出版社1980年版。

贵的北苑腊茶与姜、盐同煎。如果是在过去,苏轼当然无法接受,在官场奔波多年以后,他的内心早已变得豁达、平和。“人生所遇无不可,南北嗜好知谁贤”,苏轼显然秉持多元文化理念,平等看待南北饮食差异。珍贵的腊茶可以用来品饮和斗茶,与姜、盐、脂麻同煎也可以接受。苏轼的这种态度比较罕见,大多数人做不到这一点。

南方人在南宋时对擂茶还比较陌生。出生在汉东(今湖北省随州市)的袁文喜欢擂茶,平时与几个北方人交往,他们知道袁文爱喝擂茶,经常烹煮招待他。“其法以茶芽盏许入少脂麻,沙盆中烂研,量水多少煮之,其味极甘腴可爱”。[1]袁文出生地临近荆巴,擂茶应该是他家乡的饮食。袁文与苏轼介绍擂茶制作方法一致,他强调擂茶是北方民俗,南方并不流行。擂茶在元代却成为普遍流行的饮茶,制作时添加的食物种类很多,芝麻、酥油饼(干面)与川椒、盐一起擂制,烹煮时再随意添加栗子片、松子仁和核桃仁等食材,用料非常丰富,《居家必用事类全集》就有对擂茶的制作方法介绍:

> **擂茶**。江茶牙浸泡变软,与炒熟的芝麻一起擂制成细末,再加入川椒、末盐、酥油饼等物一起擂制均匀。擂制的过程中,干了的话就添加茶汤,没有油饼可以用干面替代,没有茶牙可以用江茶替代。然后放入锅里煎煮,可以根据喜好添加栗子片、松子仁和核桃仁等。

擂茶的配料很随意,蔬菜、油饼、芝麻、核桃、松子都可以投放进去,

① (南宋)袁文:《瓮牖闲评》卷6,文渊阁四库全书本。

具有明显的混合饮食的特征。擂茶中最常见的食物有核桃、芝麻、栗子、松子仁等坚果，这在萨天赐《送鹤林长老胡桃一裹、茶三角》一诗中有所体现，诗中写道，“胡桃壳坚乳肉肥，香茶雀舌细叶奇。……竹院深沉有客过，碎桃点茶亦不恶”。早期的擂茶用芽叶茶与芝麻、酥油饼等一起捣碎后烹煮，金统治下的北方出现直接烹煮芽叶茶的汤煎法，元代更为盛行。忽思慧的《饮膳正要》介绍了如何制作清茶，其实就是烹煮芽叶茶的汤煎法；制作炒茶无需将芽叶茶和食物擂碎，芽叶茶、酥油、牛奶一起放在铁锅中炒制，与今天的油茶做法类似：

清茶。先用水滚过滤净，下茶芽，少时煎成。

炒茶。用铁锅烧赤，以马思哥油（即从牛奶中提炼出来的奶油，也称白酥油）、牛奶子、茶芽同炒成。①

元代以后，茶饮的主流风格发生了转变，掺杂各种食物的混合茶饮开始流行，此类饮食不仅局限在北方地区，也不限于平民大众，在南方人、权贵阶层中也很盛行。末茶与食物的混合茶饮已经很难称之为茶，权贵阶层的茶会不像在喝茶，而像在举办一场豪华宴会，茶会上摆满了各种小吃、酒、肉食、果品。日本南北朝时代对应的是中国元朝末期到明朝初年，从当时记载中国样式的茶会中，可见元朝茶会的形态。日本在当时流行“无茶之汤之名”，其内容与茶之汤大异，茶会的情形可见《吃茶往来》和《禅林小歌》。《吃茶往来》的作者是叡山的玄慧法师，《禅林小歌》的作者是传通院的圣冏法师（了誉上人）。有关这两本书的内

① （元）忽思慧:《饮膳正要》卷2《诸般汤煎》，刘玉书点校，人民卫生出版社1986年版，第58页。

容，我们参考了日本学者木宫泰彦《中日交通史》抄录的资料。

从这些资料看，《吃茶往来》与《禅林小歌》记载的茶会就像豪华宴会，食物种类丰富，有各种包子、羹类、面类等，如水昌包子、驴肠羹、水脊红羹、驴脊羹、龟羹、猪羹等，面食如乳饼、茶麻果、馒头、卷饼等，果品有龙眼、荔枝、榛、林檎、胡桃、柏子、松子、枣、杏、栗、柿、柑子、温州橘、薯蓣等。茶会装饰也极为奢华，室内悬挂中国名家所画释迦、观音、文殊菩萨等画像，还有人物、山水或动物画，座椅是豹皮之胡床、金纱之竹椅，茶器均为舶来的珍品。茶会陈设华丽、饮食奢靡，物品价值高昂，一次茶会甚至花费数十万钱，此种情况在《太平记》公家、武家"荣枯易地"条也有详载。①

在元代，单纯烹煮芽叶茶的清茶不受主流文化推崇，多为穷人解渴之饮。富裕人家待客时，以混合茶饮为主，或者饮茶时配备果品和点心。小说《儒林外史》创作于清乾隆十四年(1749)，第二十二回里面有这样一个场景：董孝廉到牛浦家做客，卜家兄弟"叫浑家生起炭炉子，煨出一壶茶来，寻了一个捧盘，两个茶杯，两张茶匙，又剥了四个圆眼，一杯里放两个"。又第二回，"和尚捧出茶盘——云片糕，红枣和些瓜子、豆腐干、栗子、杂色糖。摆了两桌，尊夏老爹坐在首席，斟上茶来"，"只有周、梅两位的茶杯里有两枚生红枣，其余都是清茶"。②尊贵客人的茶杯里放了两枚红枣，其他不重要的人喝的只是清茶。显然在大众意识中，放了果品的茶水比清茶更珍贵，不放食物果品的清茶意味着寒酸。

《金瓶梅》在隆庆至万历年间非常流行，讲述了富商西门庆与其妻

---

① [日]木宫泰彦：《中日交通史》(下)，陈捷译，商务印书馆1932年版，第175—179页。
② (清)吴敬梓：《儒林外史》，人民文学出版社2002年版。

妾的生活。故事的背景设在北宋,反映的却是明代中叶的生活场景,其中包括很多饮茶的细节。西门庆家庭富裕,茶叶用的是细嫩的芽叶,茶水中投放的食物品种繁多、价格昂贵。例如,第三十七回,王六儿浓浓地点出的那盏茶,称为"胡桃夹盐笋泡茶";第五十四回,西门庆请任医官给李瓶儿看病,先是送上一钟"熏豆子撒的茶",后来又换上"咸樱桃的茶";第七十二回,潘金莲用细嫩的六安雀舌茶制作了一盏浓浓艳艳的茶饮,里面放了芝麻、瓜子仁、核桃仁夹春不老,还有盐笋、栗丝、海清拿天鹅,再加木樨、玫瑰泼卤;第十二回,李桂姐在勾栏(妓院)招待客人时,陈设的茶饮很是气派,书中描述得非常详细(白话译文):

> 不一会儿,鲜红的漆盘上托着七种茶上来。茶盏是雪白色的,配着杏叶般的茶匙。茶里有盐笋、芝麻和木樨花,馨香可掬,每人面前放了一盏。应伯爵说,我用《朝天子儿》赞美这个茶的好:看这细嫩的茶芽,生长在春风下,不采叶儿单有芽,烹煮后颜色好,绝品清奇难以刻画。我嘴里时常吃,醉了也想着他,醒来也爱着他,千金难买这一篓儿茶!①

穷人没有能力购买果品,只能饮用寡淡单调的清茶,像西门庆这样的有权有势的人家,茶饮配备的果品、点心丰富多彩。红枣、圆眼、栗子、核桃仁是常见的果品,还有各种小吃和点心,如盐笋、云片糕、豆腐干、杂色糖等。饮茶时,果品和点心有的与芽叶茶一起冲泡,有的用小碟子单独盛放,果品的种类和数量代表主人的富裕程度。李桂姐令人

---

① (明)兰陵笑笑生:《金瓶梅》,吉林大学出版社 1983 年版。

端上来配茶的还有馨香可掬的木樨花，而花茶也称香茶，在元代也很常见，倪云林称，凡是无毒的香花都可与茶混合，《居家必用事类全集》还介绍了百花香茶的制作方法：

百花香茶。木樨、茉莉、橘花、素馨花等香花，又依前法薰之。[①]

制作花茶常用的香花有茉莉、桂花、菊花等，玫瑰、蔷薇、牡丹、芙蓉也很常见，一种方法是用香花熏制芽叶茶，或者用香花与芽叶茶一起烹煮，也有不加茶叶、用香花单独冲泡的花茶，如桂花茶、玫瑰花茶、菊花茶等。宋诩，华亭人（今上海市松江区），主要生活在弘治（1488—1505）、正德（1506—1521）年间。他与儿子撰写了一部《竹屿山房杂部》，这是有关饮食和农学的著作。从书的内容看，更像明中晚期的作品。书中列举了配合茶水的果品、菜品和香花，包括：

茶香：桂花、茉莉花、片脑等香物，用轻薄的绡或薄纸包裹后放入茶叶，温火焙干，香味自然润化入茶。不可将香物与茶叶混合，这样会混淆香味，以致茶、香不分；

茶果：栗肉、胡桃仁、杨梅核仁、莲心、榔子、橄榄、银杏、梧桐子仁、芡实、菱实等；

茶菜：芝麻、胡荽、豆腐干、蒌蒿干、香椿芽、茼蒿、龙须菜、刀豆、丝瓜等。[②]

---

① （元）无名氏：《居家必用事类全集（饮食类）》，邱庞同注释，中国商业出版社 1987 年版，第 5 页。

② （明）宋诩：《竹屿山房杂部》卷 1，文渊阁四库全书本。

书中列出许多种类的混合茶饮,但作者已经感觉到,茶水自有其美味,不应该用果品破坏其味道。作者说,茶水“清者为上,内果菜为次”,并称甘甜的水果如荔枝、龙眼、枣等忌放入内,巴茶和枸杞茶与真正的茶叶并非同类。16 世纪,意大利人利玛窦(Matteo Ricci)受耶稣会委派,在中国传教二十八年(1582—1610),到过广东肇庆,江西南昌、湖南邵阳、南京和北京等地。在拜访寺庙、官僚或百姓家庭过程中,利玛窦经常获得茶水的招待。他描绘说,在华美的桌子旁落座后,仆人们献上茶水,还会配备不同的甜果和点心。[1]茶水中放几颗桂圆、红枣,配些小吃和点心,已属于高档的茶饮,穷人们饮用的是用廉价茶叶烹煮或冲泡的清茶,或者是没有茶叶的白水。

二、动荡的茶山:饮茶退潮之后

唐代饮茶风潮兴起之后,到南宋已近四百年。南方山区是种植茶树的理想之地,北方作为政治、经济和文化中心,聚集了大量人口,成为茶叶的主要消费区。茶叶的长途贩运带来的丰厚利润,吸引了众多茶商参与贸易。他们冒着极大风险,也创造了许多财富神话。北宋统一全国后,沿袭北周的“榷茶制”并推广到南方,垄断了茶叶生产和贸易,从榷茶中获得巨大利益。国家设立专门的机构管理茶叶生产、收购和运销,最大程度地赚取了茶叶利益。榷茶制也保障了北方长期大规模消费廉价茶叶,推动了茶叶向日常生活深入扩张,消费实践的多样化又反过来推动了茶叶生产。

---

① 利玛窦、金尼阁:《利玛窦中国札记》,何高济、王遵仲、李申译,中华书局 1983 年版,第 68 页。

 228

南宋以后,北方地区陷入金的统治,长途贸易受到很大阻碍,持续数百年的茶山产业逐渐瓦解,引发了一系列的社会动荡。茶叶生产退化为无足轻重的副业,以茶为业的茶农、茶商陷入失业大潮,成为社会动荡的不稳定因素。由于长途贸易的衰退,政府的榷茶税征收变得越来越艰难。茶叶消费衰退趋势不断持续,这种衰退不是因为战争阻断了贸易,因为和平时期也没有提振经济。造成饮茶退潮的社会机制是复杂的,饮茶退潮是一个漫长的过程,任何单一的因素都无法解释这场危机。

(一)贸易锐减与茶商失业

唐宋时期的茶叶利润主要来自长途贸易,也就是南方茶叶贩卖到北方带来的巨大差价,短途贸易几乎可以忽略不计。北宋建立之前,在自己控制的地盘上实施禁榷,长江沿岸的南北通道处设立仓库,垄断贩运到北方的茶叶。统一全国后,榷茶制被推广到南方,这原本没有必要,这样做主要是方便统一管理,避免南方自由贸易的茶叶对北方榷茶造成干扰。根据政府在南方买茶额的数据,每年运销到北方的茶叶至少在二千万斤以上。金灭北宋以后,严格限制南方茶叶进入北方,长途贸易遭遇灭顶之灾。女真人没有饮茶习惯,除了少数仰慕南宋文化的女真贵族,以及没有南迁的汉人。

茶叶消费减少的程度有多深呢?由于没有官方机构的准确数据,我们只能通过资料中的蛛丝马迹进行推测。金的茶叶来源主要有两个:一是南宋在屈辱条约下的供奉,二是从南宋与金设立在边界的贸易区购买。为了减少对南宋茶叶的依赖,金尝试在北方地区种茶,并多次发布禁止百姓饮茶的法令。金宣宗元光二年(1224),大臣们再次抨击国内的饮茶者。他们认为饮茶毫无用处,从南宋购买茶叶浪费了国家

宝贵的资源。在这段文献中,提到了茶叶在北方的消费情况:

> 河南、陕西的五十多郡,每天消费的茶叶为每郡二十袋,每袋价值二两银子,每年浪费的银子有三十多万两。①

当时市场上销售的主要是末茶,由草茶、茗茶在水磨中磨制而成。末茶大多为袋装出售,一袋为一斤,以此推算出,金统治下的北方地区每年的茶叶消费约在三十六万斤左右。对比北宋动辄二千万斤以上的销售额,金统治下的北方茶叶消费下滑的幅度令人吃惊。南宋户部的茶叶数额称为"产茶额",产茶额包括哪些茶叶,又与北宋的"买茶额"是什么关系呢?

南宋户部每年发布产茶额包含批发和住卖两部分,我们以严州为例说明这一点。严州在北宋称为睦州,治所在今浙江省杭州市建德市梅城镇。根据《宋会要》户部绍兴三十二年(1162)数据,严州的产茶额约为 2 569 640 斤,②陈公亮于淳熙十一年(1184)知严州,主持修撰了《淳熙严州图经》,这也是迄今保存较为完整、年代较早的严州地方志。《淳熙严州图经》编纂年代距离绍兴三十二年不远,茶叶总额与《宋会要》产茶额相当,两组数据可相互参照。《淳熙严州图经》产茶额由"批发"与"住买"两部分构成,如下:

> 递年批发:2 355 902 斤,递年住卖:5 840 斤,总:2 361 742 斤;今批发:2 580 380 斤,今住卖:5 800 斤,总:2 586 180 斤。③

① (元)脱脱等撰:《金史》卷 49《食货四》,中华书局 1975 年版,第 1107—1109 页。
② (清)徐松辑:《宋会要辑稿》食货二九之四,中华书局 1957 年版。
③ (宋)陈公亮《淳熙严州图经》卷 1,"茶课利"条,中华书局宋元方志丛刊。

由此可见,南宋的产茶额就是产茶州县茶叶批发和住卖的总和,相当于南宋全部的产业生产量,或者消费总量。北宋的买茶额与南宋产茶额的区别在于,北宋买茶额仅限于销售北方的长途贸易额,不包括南方的短途贸易,也就是南方当地人的食茶额;南宋产茶额则是全部茶叶消费,也就是产茶总量。换言之,北宋买茶额是部分产量,南宋则是全部。由于我们无法找到完全对等的比较数据,只能将两个并不对等的数据进行比较,即便如此,南宋产茶额对比北宋买茶额依然出现了大幅下滑(见表4-1),产量减少了近四分之一。

表4-1　北宋"买茶额"与南宋"产茶额"的对比

路　名	北宋买茶额(单位:斤)	南宋产茶额(淳熙年间)(单位:斤)	变化幅度(%)
淮南西路	8 658 799	22 951	−99.7
江南西路	7 329 967	4 760 190	−35
江南东路	2 840 324	3 741 480	+31.7
荆湖北路	1 824 229	866 980	−52.5
两浙西路	1 028 859	4 739 216	+360.6
荆湖南路	447 785	1 074 700	+140
福建路	393 000	1 037 884	+164.1
两浙东路	250 916	841 765	+235
广南东路	自由通商无买额	1 800	—
广南西路	自由通商无买额	52 528	—
全　国	22 773 879	17 139 494	−24.7

说明:数据来源于《宋会要》《宋史》和《文献通考》;买茶额、产茶额不是同类概念,买茶额仅相当于北方地区的茶叶消费额,产茶额相当于全部茶叶消费额。

北宋在淮南西路、江南西路的买茶额占总体的70%,这两个地方曾经是北方茶叶消费的主要生产供应地,两地在南宋产茶额比北宋买茶额分别下降99.7%和35%,距离北方最近的淮南茶区的生产几乎灭绝。荆湖北路、江南西路作为供给北方的第二梯队,南宋时的产量分别下滑50%和35%以上。南宋政府长引的销售越来越困难,说明以北销茶为主的长途贸易持续恶化。

茶引对理解古代茶叶贸易很重要,茶引制也是南宋以后的重要制度,在这里有必要简略介绍一下。在宋代的文献典籍中,茶引至少出现了三种含义:

第一,茶引是“茶叶交引”的简称。茶叶交引是北宋早期的一种领取茶货的有价证券,用财货在京城或榷货务购买茶叶后,官方出具领取茶叶的凭证,商人们凭借此券到榷货务或淮南十三场领取茶货。这个凭证具有钱钞的价值,可以作为货币交换或买卖。茶叶交引随着国营茶场和榷货务的解体退出历史舞台。

第二,茶引是四川茶叶贩运到西北的“路引”。神宗熙宁七年(1074)改革茶法,南方茶农缴纳榷茶税后允许自由通商,四川运销吐蕃、陕西等地的茶叶实行禁榷。贩运川茶的商人受到政府监控,必须在规定的时间运送到指定的地点。政府发给茶商一张茶引,上面有茶商姓名、茶叶货色和数目、出发和达到的地点和时间等信息。

第三,茶引是政府发售的茶叶专卖税券。北宋末年,蔡京试图重新建立国营榷茶机构,在现实中很难实现,转变为向茶商征收榷茶税。商人到相关机构购买茶引,便可自行交易和贩运茶叶。不同的茶叶等级、数量和贩运地,茶引的价格也不同。政府为购买茶引的商人提供通关便利和保障,同时也对贩运过程进行严格监控,确保政府的榷茶税收益。蔡京茶法改革后不久,北宋灭亡了,但他开创的“茶引制”却影响深远。

南宋茶叶贩卖者必须购买茶引,茶引分为长引和短引两种。长引的销售对象是大茶商，他们从事大宗茶货的贩卖，至少跨越两个路（宋代行政区划，相当于今天的省）以上；购买短引的是中小茶商，贩茶量小且仅限本路。政和二年（1112），茶法做了重大改革，长引贩茶 100 斤，钱 100 缗，贩运到陕西再加 20，为 120 缗，给茶 120 斤；短引每引 20 缗，给茶 25 斤。[①]政府很快发现，长引出现严重滞销。湖北、江西销售长引的任务很重，这里曾经是北销茶的主要产区。淳熙三年（1176），湖广总领抗议政府增加在当地的长引销售额，原本需要销售 75.2 万贯长引，后来又增加了 30 万贯，数量实在太多，势必造成积压。他请求将江西路草茶长、大、引 11 万贯及州军长、短、小引 20 万贯，换成 22 万贯的短引。[②]

绍熙元年（1190）五月十六日，榷货务都茶场说，湖南、湖北、江西路原本多为巨商大贾聚集地，尚且要将长引换为短引，两浙、江东等路以前就以草茶为主，多由小贩在当地零星售卖，更不应该强制分配长引，请求政府增加印制 4 贯文的长引、短引和小引，以便"招引小客"。户部认为小商贩的财力不够雄厚，建言购买小引时允许使用会子，而不必像大茶商那样，用会子时必须搭配一定比例的金银。[③]会子是南宋政府发行的纸质有价证券，具有纸币的功能，往往因滥发失去信用和价值。会子最初在荆湖北路的盐商中使用，不能在两浙、江东等路通行。商人在荆湖北路卖盐后返回两浙等地，不得不换成可以通行的茶引，这一做法也直接促进了茶引的销售。政府在允许会子通行问题上特别谨慎，因为会子一旦通行，势必造成"茶引不售"。

长引主要销售区纷纷要求改销短引和小引，由此可见南宋政府的

---

① （元）脱脱等撰：《宋史》卷 184《食货下六》，中华书局 1977 年版，第 4503—4504 页。
② （清）徐松辑：《宋会要辑稿》食货三一之二三，中华书局 1957 年版。
③ （清）徐松辑：《宋会要辑稿》食货三一之二九，中华书局 1957 年版。

长引出现严重滞销。食茶小引为500文/引,在本州范围内可贩茶60斤。有些官员对小引的发行提出了质疑,认为长引、短引基本覆盖了茶叶长途和短途贸易,没有必要再发行小引;小引比短引有太多优惠,致使国课亏损;小引又很难稽查,也会影响短引的销售。他们请求政府放弃小引,已经发行的收缴销毁。①然而小引还是发行了,并且成为最受欢迎的茶引类型。在南宋从事长途贩卖的大茶商越来越少,小商贩成为促销茶引的目标群体,他们卖茶本来就没有多少利润,政府的茶引销售收益根本无法保证。

南宋的官员不断探讨长引滞销的原因,一种观点认为是由于战争阻断了南北交通。大臣任点在奏章中表示,战争导致道路受阻,榷货务勘验过的长引茶无法到达预定地。他建议暂时取消长引销售,专卖短引,已出售长引按短引勘验,等道路通畅后再回归旧法。②这条资料显示贩卖到北方地区的茶叶几乎消失,所以才将长引全部取消,专卖短引。官员们将问题归结到战争,认为长引无法销售只是暂时的,显然低估了茶叶长途贸易遇到的困难。事实上,没有战争的和平时期,长引的销售也很困难。另一种观点认为,长引滞销在于私贩猖獗。户部侍郎方滋说,和平时期长引销量理应攀升,三都茶场的销量反而下降了,他认为长引滞销根源在于私茶商贩猖獗。③方滋的观点在官员中很有代表性,他们进一步探讨了私茶猖獗的制度根源,那就是国家的引税太重。

湖南、湖北的鼎州、澧州、归州和峡州④的走私茶很多,民众明知贩

① (清)徐松辑:《宋会要辑稿》食货三二之二三,中华书局1957年版。

② (清)徐松辑:《宋会要辑稿》食货三二之二四,中华书局1957年版。

③ (清)徐松辑:《宋会要辑稿》食货三一之一七,中华书局1957年版。

④ 鼎州、澧州大致在今湖南省常德市、澧县一带,峡州、归州在湖北省宜昌市、秭归县附近。

卖私茶会被处以重罪，依然铤而走险去做盗贼。官员们认为根源在于引钱太重，贫民无力购买。他们建议政府发行引钱低、面额更小的茶由，给百姓一条谋生的出路，盗贼自然就会消失。[①]对此，右正言王淮也有类似的观点，他认为各种巧立名目的税收致使茶引销售困难（白话译文）：

> 两淮之间的走私贸易很普遍，茶、牛和钱币这三种物资是国家财政最重要的来源，然而各种巧立名目的税收肆意设立，无法禁止。茶在蒋州（今河南省信阳市潢川县）[②]私自渡河卖给北方商人的情况很多见，国家榷场卖出的茶自然就少了。[③]

茶引难销被归咎于私贩猖獗，而私贩众多又是政府茶引税重引起的，这种观点很容易引发民众的共鸣。尽管问题是由更宏大的外部环境的变化引发，但人们看不到更为宏大的外部结构，指责政府税收制度是大众可以看到并有可能改变的唯一道路，其本质是在社会内部分割利益，而不是进军社会之外的环境。官员们说茶引税导致私茶肆行，虽然有一点道理，却绝不是问题的根源。

首先，私贩一直存在，虽然会影响茶引销售，却不至于动摇根本。宋金对峙期间，双方对于私贩的打击力度都很大，一方面是为了避免国家税收的损失，另外也是为了防止敌国间谍伪装成商贩进行破坏或偷袭。在宋、金都高度警戒、严厉稽查时期，边境走私非常困难，以致私贩

---

① （宋）李心传撰：《建炎以来系年要录》卷177，中华书局1956年版。

② 蒋州原名光州，在今河南省信阳市潢川县。南宋为避金太子完颜光英的名讳，改光州为蒋州，改名后仅三年半左右，也就是自1158年五月至1161年底，又因海陵王南侵，南宋与金关系恶化而改回原名。

③ （宋）李心传撰：《建炎以来系年要录》卷186，中华书局1956年版。

绝无透漏。①其次,南宋政府为了促进茶引销售,也曾降低榷茶税,各地榷茶机构为了完成销售任务,通过附赠茶叶数额等方式变相降低引税,福建的相关机构甚至因为附赠太多而被告发。降低茶引税可能会缓解私茶猖獗问题,但不能从根本上解决长引滞销的难题。

南北对峙使茶叶在北方的消费锐减,茶叶长途贸易严重衰退,南方茶叶经济遭受毁灭性打击。从事茶叶种植、制作和贩运等劳动者众多,茶农、园户、磨户和茶商,以及运输、销售等人员都因产业衰退而失业。南方出现了很多盗贼,尽管历史上盗贼并不少见,但由大规模的茶商变成盗贼还是比较罕见。南宋的茶寇、茶贼为患问题严重,直到南宋灭亡都没有解决。江西到湖北贩卖私茶的恶少越过两地边界为盗,他们成群结队,数量达到千人以上,情况严重到一些村庄不得不在白天关闭房门。当时何逢源②主管湖北常平茶盐事,担心受到盗贼侵扰,与当地驻军长官商量,借用三千名士兵充实地方防御,分布在要害之地。盗贼因军队介入渐渐退去,当地百姓因此获得安宁。③

兴国军在今天的湖北省黄石市阳新县一带,宋代隶属江南西路,是北宋买茶额最多的地区之一。北宋政府在江南西路的买茶额仅次于淮南路,而兴国军则是江南西路的核心产茶区,买茶额高达 5 297 360 斤,占江南西路买茶总额的 70%、全国买茶总额的 20%以上。南宋以后,兴国军地区的茶贼、茶寇问题尤其严重。乾道九年(1173)六月十六日,荆州知府叶衡说,兴国军等地的盗贼由茶商和刺配逃兵构成,地方巡尉

① (清)徐松辑:《宋会要辑稿》食货三一之二十,中华书局 1957 年版。

② 何逢源(1106—1168),又作何逢原,浙江温州乐清人,永嘉学派的代表人物之一。高宗绍兴五年(1135)进士,根据《建炎以来系年要录》卷 138、152、158—170、185,他提举荆湖北路常平茶盐事的时间为高宗绍兴二十五年(1155)。

③ (宋)王十朋:《梅溪集》卷 29《何提刑墓志铭》,吉林出版集团 2005 年版。

根本无力抵挡强悍的盗匪，请求朝廷增派江州、鄂州、襄阳驻扎的水军各一二百人，在所管辖区域江面上来回巡逻，自四月到九月，确保江湖数千里水道的安全。①王质是南宋高宗、孝宗时期的经学、文学家，原籍山东郓州（今山东省东平市），南宋后寓居兴国军，他描述了茶商武装走私的场景（白话译文）：

> 贩卖私茶的盗贼往往成群结队，多则千余人，少说也有数百人。一个人背着茶叶，两个人在旁边护卫。他们拿着大刀和斧子，呼号叫喊以振其威，让别人有所畏惧而不敢靠近。私茶商贩在江西尤其是兴国军造成的破坏更大，江北地区的舒州（今安徽省安庆市一带）、蕲州（今湖北黄冈市蕲春县一带）等地也不堪其扰。这种趋势越来越严重，恐怕受害的不止是以上这些地区。②

失业的茶商组成武装，以走私和抢劫为生，对江西、湖北、湖南等地造成严重困扰。这些地区以茶为业，曾经是北宋主要茶产区，却在产业衰退的浪潮中陷入动荡，甚至发展成大规模的武装暴动。淳熙二年（1175），茶商赖文政领导的暴乱就是典型的例子，这场暴乱源于湖北江陵（今湖北省荆州市），后转战湖南、江西，又进入广东，暴乱者屡次打败前来清剿的官兵。赖文政后来被辛弃疾诱捕杀害，其部属由江州都统制皇甫倜招编，成为政府军的成员。③庆元年间（1195—1120），户部侍郎袁说友意识到茶商因为失去生计被迫为盗，在上疏朝廷的奏折中说（白话）：

---

① （清）徐松辑：《宋会要辑稿》兵十三之二九、三十，中华书局1957年版。

② （南宋）王质：《雪山集》卷3《论镇盗疏》，文渊阁四库全书本。

③ （宋）李心传：《建炎以来朝野杂记》甲集卷14“江茶”条，徐规点校，中华书局2006年版。

> 我听说两路的盗贼都是茶商，他们聚集在一起为乱。这些人原本都是良民，如果不是因为失去生计，谁会愿意去作强盗自取灭亡？除非被逼到没有办法，家中太过贫困，才会走上盗贼的道路。①

面对大批因失业而被迫为盗的茶商，武力镇压不是解决问题的最好办法。一是维持军事运转开支巨大，二是茶商为盗的根源在于失业。官员们意识到，为失业者提供生计才是消弭盗贼的根本出路。瑞昌（今江西省九江市瑞昌市）和兴国（今湖北黄石市阳新县）之间的地区曾经大量产茶，如今盗贼猖獗，官员们担心滋生更大的动乱，建议地方州郡发布公告，允许盗贼改过自新，强壮者招募进入军队，刺青后发往各地的驻军；不愿意参军、想回家种地的人，给他们发放凭证和路费，经费从经总制钱中扣除。②

湖北失业茶商众多，郑清之对于茶商聚集为盗很是忧虑。他对当地的总领何炳说，此辈大多精明强悍，适合编入军队为部队所用。何炳听了郑清之的话，立刻发布招募令，前来当兵的茶商云集，号称"茶商军"，在后来的战斗中发挥了很大作用。③宋宁宗开禧二年（1206），金兵进攻襄阳，赵淳招募茶商勇悍者组成"敢勇军"；嘉定十四年（1221），金人进攻蕲州，秦钜与郡守李诚之固守罗州，茶商也被招募加入保卫战。

茶商暴乱集中在江西、湖北等地，这些地区自唐代中叶以后便以茶为业，又是仅次于淮南的产茶最多的地区。南宋以后，金、元政权相继统治北方，北方茶叶消费持续大幅下降，园户、磨户、茶商等名称逐渐消

---

① （宋）袁说友：《东塘集》卷10《宽恤茶商札子》，文渊阁四库全书本。

② （宋）李心传撰：《建炎以来系年要录》卷186，中华书局1956年版。

③ （元）脱脱等撰：《宋史》卷414《郑清之传》，中华书局1977年版。

失了。茶业经过数百年积累已经扎根,退潮时带给社会的伤痛不可能在短时期内治愈,只能留给时间慢慢消解。南宋政府解决茶寇、茶贼常用的方法是将他们招募进军队,叛乱的茶商被镇压后也被政府军收编,这种做法的好处有二:一是彪悍的茶商军为军队扩充了兵员,对外可以应付金政权的入侵,对内可以镇压层出不穷的盗贼;二是试图从根源上解决茶商为盗的问题,茶商暴乱的根源在于大批茶商失去生计,军事防范和镇压不能解决根本问题。将这些人招募进入军队,为他们提供了稳定的薪资,失业者有了生活保障,很多人就不会去做强盗。但政府也因茶引滞销出现财政危机,由于财政困难,招募的茶商只是失业大军中的少数人,产业凋零带来的失业问题仍难以解决。

(二)茶叶财政的变质过程

饮茶兴起以后,茶叶赋税逐渐成为国家重要的财政收入。唐代中央与地方都想将茶税据为己有,开成元年(836),茶税再归地方,刺史自行设立机构管理,史称"举天下不过七万余缗,不能当一县之茶税"。①北宋政府则完全垄断了茶叶贸易利益,榷茶收益成为重要的财政来源之一。南宋政府承接了蔡京的茶引制,通过售卖茶引继续获得茶叶利益。然而,在北方茶叶消费大幅减少、长途贸易遭遇灭顶之灾的背景下,茶引销售遇到极大的困难。秦桧在担任宰相期间,宋高宗曾向他询问每年茶税的收入有多少?秦桧回答说,三处都茶场共收茶钞二百七十万贯。高宗感到比过去少了很多,随后又自嘲地解释说,那是因为陕西地区没有被统计在内。②榷茶引税收益大减很容易被归咎于敌对政

① (宋)欧阳修、宋祁:《新唐书》卷54《食货志四》,中华书局1975年版。
② (宋)李心传撰:《建炎以来系年要录》卷169,中华书局1956年版。

权的占领,但南宋失去的不止是陕西,而是整个北方。为了促销茶引,政府想过许多办法,效果依然不尽人意,茶引制也走上了变异的道路。

1. 南宋的茶引税

榷货务都茶场始建于南宋,主要在建康、镇江两地出售茶引。起初,出售茶引的数额并不固定,根据过去出售的情况增减调整。乾道六年(1170),开始设定固定收益,每年 240 万缗,首都杭州上缴 80 万缗,建康(今南京)120 万缗,镇江 40 万缗。①茶引售卖不固定意味着商人算买的市场规则,决定着政府的卖引收益;一旦茶引收益固定下来,茶引销售与市场便失去了联系。起初的不固定销售茶引之所以改变,完全是茶引销售困难所致。在官员的建议下,政府为了维持财政收入,将榷茶税收益固定,都茶场机构的任务也由过去等待商人算买茶引,变成想尽办法完成上级下达的指标,最终发展到将业务承包给豪强富商。

销售茶引已经成为聚敛财富的手段,地方豪强争相认领茶引,哪怕当地不产茶、也没有商人算买茶引。因此,南宋出现了一个奇怪的现象,茶叶经济出现严重的下滑,但政府卖茶引的收益不降反升。各地豪强大多为地方恶霸,积极认领茶引的目的是可以由此获得暴利,其获利方法主要有:

一是按照人头强行卖茶。地方豪强认领茶引后,拿着公文下到地方,与当地官员勾结,发布按户口摊派茶叶的法令,这种做法称为门摊。在有些地方,一个男丁必须购买三斤茶叶,人口众多的家庭有买十三斤之多者。绍兴二十五年(1155),洪适任荆门(今湖北省荆门、当阳等地)知军,向朝廷反映当地存在的问题,计口摊派茶叶就是

① (清)徐松辑:《宋会要辑稿》职官二七之五十,中华书局 1957 年版。

其中之一，他说（白话译文）：

> （荆门军）作为疮痍之地，户口耗减而凋伤、困乏，人们不能顿顿食茶。……如果按照朝廷命令，让茶商随便交易销售茶引，势必不能完成定额任务，官吏就要受到责罚，近年来本军按人口摊派茶叶，每丁每年买茶三斤，按照丁的多少和大小依次增减，以至于有一家买茶十三斤者，这个方法已经实行了将近十年。豪商与猾吏勾结为奸，弊端不一而足。……（荆门两县之民）每年茶引额为460引，茶商到官府机构出钱买引，每斤茶181文，之后就在旁边土产处买下等粗茶，杂以木叶，每斤不值百文，却逐年定价，令民户每斤出钱530文买下。官府获得茶商买引钱1万7百贯，茶商带着茶引来到县里，告诉地方官要去卖茶的地方，他们不带原始茶引，只是拿着县里的公文下乡，让当地耆保领着找到大小保长，协助挨家计口售茶，一些狡猾的官吏更是暗中添加茶引数额。豪强商人手中的茶叶摊派完毕，又勾结官方评估人员伪造事实，称人丁逃亡，茶叶没有售完，请求官府准许到其他乡镇摊派，从而反复暗带私茶。有的豪商先是欺骗民众销售完私茶，再拿着县里的公文勒索民众再买一次，如若不从，便将茶叶丢弃到民众家里，不仅老百姓疲惫不堪，重复花钱购买高价茶，国家的茶引钱也有损失。①

在国家还没有固定茶引税之前，相关机构已经将销售茶引作为任务下发，并作为奖惩官员的标准。地方早已按照这种方式摊派茶叶。

① （南宋）洪适：《盘洲文集》卷49《荆门军奏便民五事状》，文渊阁四库全书本。

洪适上任之前,荆门军计口摊派茶叶的做法已经进行了近十年,由此衍生出诸多的黑暗与腐败。豪强商人与地方官吏勾结,缴纳国家规定的茶引税后,便利用销售茶引的借口谋取私利。他们强迫百姓高价购买粗劣茶叶,利用茶引大做文章,反复卖茶。豪商和滑吏欺上瞒下获取利益的做法多种多样,例如:他们先将茶引原件放到县里,让官方中介出面欺骗百姓,先摊派一波无引私茶;再拿着县里的帖子按人头摊派,强迫百姓高价买茶;拿着原始茶引票据,假装当地人员消亡,茶叶没有卖完,请求政府允许到其他地方卖茶;重复原来的获利套路。洪适指出,摊派茶引并由此衍生的黑暗和腐败,在荆门军已经实施了近十年,根源在于地方销售茶引的任务过重,民众普遍贫困,无力消费这么多茶叶。

二是强迫茶区民众购买茶引。南宋已经看不到大茶商的影子,几乎很少看到购买茶引的茶商。南宋建立之初,榷货务及其分支机构利用职权,与地方政府勾结,在老茶区摊派茶引,开始是让园户、磨户、僧侣购买,后来不产茶地区的农户也未能幸免。即便过去的园户、磨户放弃茶叶生产,依然需要缴纳茶租,后来又被强迫摊派茶引。这种现象在高宗时已很常见,公然发生在天子脚下、京畿附近。殿中侍御史林大鼐列举了许多强摊茶引的现象,他说(白话译文):

> 湖州产茶县的园户从祖宗建国就没有茶税,近来州县让他们交税。每亩茶税 3 斤已是违法,如今有关部门又向园户摊派茶引、让僧人购买茶钞。武康县(今浙江省德清县)强迫园户购买茶引,每亩出钞 300 文,僧人强迫购买茶钞,每人出钱 3 贯 600 文,以前的茶租照旧缴纳。江阴、武康都是拱卫首都的畿辅之地,都

会发生这种事，像岭南这样的海外弊端更甚。老百姓的冤情无处申诉：县官能从经费中获利，所以对于申诉根本不予理睬；州官获得县里贡献的财物，对此也放任不管。老百姓即使申诉到中央监督部门和省部机关，也犹如石沉大海，最终会在州县搁置下来。[①]

南宋开禧年间(1205—1207)，瑞昌(今江西省九江市瑞昌市一带)有数千户居民背负茶引钱，新旧累计达十七万缗之多，无力支付的贫困小民死后也要累计到子孙身上，甚至丈夫死后，改嫁的妻子还要负责偿还。[②]相关机构还发展出摊派茶引的新方式，即官方设立茶铺，虚给帖子，勒令居民到茶铺缴纳钱财，却并未支给茶、盐。国家对此发布敕令，称这些做法明显违法，要求提举司和诸州官吏稽查，允许百姓上诉。[③]然而，敕令似乎只是表面文章，在户部确保财政收益的指标下，催办茶课的手段在现实中只会更加粗暴。鉴于茶税对于财政的重要性，上级部门将办理茶税当作重要任务下派到地方，地方政府为了完成任务，纵容各种不法行为发生。

地方豪强从中看到商机，以售卖茶引为借口大肆敛财。他们在认领茶引以后，采取暴力手段强迫民众交钱认领。强横的人争着购买茶引、认领茶租，那些原本不产茶的地区，也有豪强积极承办茶课。因为从上到下都能获得利益，豪强们的肆意妄为显然获得了默许。嘉泰四年(1204)，隆兴府(北宋称洪州，南宋改名隆兴府，府治在今江西省南昌

① (宋)李心传撰：《建炎以来系年要录》卷163，中华书局1956年版。
② (元)脱脱等撰：《宋史》卷392《赵崇宪传》，中华书局1977年版，第11991页。
③ (清)徐松辑：《宋会要辑稿》食货三一之三一、三二，中华书局1957年版。

市)知府韩邈观察到,当地不产茶的州县也有豪强武断请买茶引、认领茶租,再向百姓摊派敛财,于是奏请朝廷禁止不产茶州县认领茶引和茶租。他的奏疏大意如下:

> 户部茶引每年有定额,配发到产茶州县散卖。隆兴府只有分宁、武宁(今江西省九江市修水县、武宁县一带)两县产茶,其他县没有茶引,然而豪民却武断地请买茶引、认领茶租,谁不知道他们意在借此搜刮乡里,强迫不种茶的认领茶租、不贩茶的认领交易,所到之处鸡飞狗跳,必须满足他们的欲望才肯罢休,村庄受害无穷。恳请上级发布法令,除分宁、武宁外,隆兴府其他不产茶州县不许人户擅自认领茶租,其他路照此实施。①

茶叶财政在南宋之初已经无法维系,销售茶引已经脱离了贸易的实际情况,变成政府和地方恶霸非法敛财的工具。茶引税以固定的财政收入的形式,强行摊派到茶区民众身上,进而又扩大到不产茶区的居民,茶引税的性质至此已经发生了变质。有些正义的官员对此不断提出抗议,恳请政府禁止茶引税的非法和暴力摊派,但在巨大的利益面前,从中央到地方都对此现象采取纵容态度,横征暴敛直至南宋灭亡都没有停止。

2. 元代的茶课

元灭南宋的当年(1276),茶课收入 1 200 多锭。随后的两年内,政府先后两次修改税率和税额,分别征收 2 300 和 6 600 余锭。至元十八

① (清)徐松辑:《宋会要辑稿》食货三一之三三,中华书局 1957 年版。

年(1281),茶课增至24 000锭,两年后涨至28 000锭。在短短七八年之内,茶课收入暴增二十多倍,这是否意味着茶叶经济逐渐复苏,导致茶租、茶税的收入增加了呢?如果不是,元代的茶课又是如何在短期内实现急剧增长的呢?为了搞清楚这些问题,需要了解元代茶课收入的结构以及征收情况。据《元典章》的一则资料,至元三十年(1293)九月,湖广行省准中书省咨:

> 存减茶田局事内,将各各局分合办课程,照依二十九年实办课数,须要不失元额。令产茶地面有茶树之家,验多寡物力贫富均办。有司随地租、门摊,一年两次催敛起解。既已抱纳,听民自便,不得因而将无文引茶货偷贩出境货卖,告发到官,便同私茶断没。若遇客旅赍据,诣园户处造茶,依例办课。或外方客人赍有引茶货入境,听从货卖。①

这条资料提到了两种茶课,一种是向产茶区有茶树的人家征收的,根据家庭财力多寡,与地租、门摊一起征收,一年征收两次。茶户缴纳过茶课后,可自行处理茶叶,也可以在本区之内零星货卖;另一种就是茶引税,跨区贩卖的商人必须要购买茶引,无引跨区贩卖茶叶者,抓住以私茶罪论处。元代的茶课是一个笼统的概念,不止上面所述的内容,至少有三种与茶税有关的项目都可以称为茶课,分别是食茶课、茶引税、贩茶课。

食茶课也就是南宋时的门摊,豪强认领茶引后,以完成销售任务为

① 《元典章》22《户部》,卷8《茶课》,陈高华等点校,天津古籍出版社、中华书局2011年版,第808页。

借口,与地方官员勾结起来,按照人头向百姓摊派茶叶。元朝刚建立不久,至元十七年(1280),转运使卢世荣设立门摊食茶课,当年收入1 360锭,随后此项税收每年增加,至元十九年(1282)达6 800余锭。

茶引税是茶课收入最多的项目,也就是向商人售卖的茶引。南宋以后,茶引税已经变质,成为相关机构和豪强敛财的借口。至元十七年(1280),江州设立榷茶都转运司废除长引专用短引,末茶收钞2两4钱5分/引,草茶收2两2钱4分/引。

贩茶课相当于向茶商征收的过路税和住卖税。元代的贩茶税起初只在贩卖到淮河以北时征收,淮河以南并无贩茶税。有人以江南茶贩卖到江北要再缴税为由,建议在江南卖茶也应再税。贩茶税的相关规定与其他法令相互矛盾,在执行时非常混乱,给商贩带来很大困扰。至元三十年(1293),许多提举司纷纷申述称,因为拦截盘查茶商过于麻烦,搅扰阻碍了茶法通行,致使茶课亏损。元贞元年(1295),江西榷茶都运使司在八万锭的正课基础上,将三千锭的贩茶税收入添加到茶课总额中,每年办课八万三千锭。现实中似乎并没有取消,小商贩依然感到困惑。

大德四年(1300)九月,潭州路榷茶提举司向江西榷茶都运使司申报,唐子讃等人上诉称,他是居住在永州路零零(陵)县进贤乡的上甲住坐,户籍隶属湘口水站(水上的船夫、搬运工等),用自家的米换了130斤茶叶,准备雇佣艄公运到潭州(今湖南省长沙市)卖。按照规定,本路州县贩卖茶叶要到商税务缴税。如果将这些茶叶装船运到潭州发卖,恐怕商税务的人拦截,枉受杖责,为此,他们按规定在永州城商税务缴纳了中统钞五两,之后拿到印信、关由二纸,拿着前来发卖。他们于大德四年(1300年)六月初七来到潭州,在这里看到严厉禁卖私茶的榜文，不敢再卖，拿着印信、关由到相关部门申诉。①

这个问题并没有那么好解决，官员们对于是否应该再向唐子讃征收贩茶税意见不一，都有各自的法令依据。元代茶课征收的项目、数额经常发生变动，具有很大的随意性。我们根据《元史》《元典章》有关茶法的资料，大致梳理了茶课、收入及其变动情况：

忽必烈至元五年（1268），先在四川地区实行榷茶，建立西蜀四川监榷茶场使司；

至元十三年（1276），在江西设立榷茶机构，职责是印制、缴纳和销毁茶引。长引计茶 120 斤，收钞 5 钱 4 分 2 厘 8 毫，短引计茶 90 斤，收钞 4 钱 2 分 8 毫，收入共计 1 200 多锭；②

至元十七年（1280），取消长引专用短引，至元十八年（1281），收钞 2 两 4 钱 5 分/引（末茶）、2 两 2 钱 4 分/引（草茶），茶课收入 24 000 锭；

至元二十一年（1284），食茶税取消，茶引税额度增加到 3 两 3 钱 3 分/引（末茶）、3 两 5 钱/引（草茶）。这一年，茶课收入共计 28 000 锭，由食茶课（6 800 余锭）、贩茶课（4 000 锭）、茶引税三部分组成。茶引税比重最大，贩茶课收入最少；

至元二十三年（1286），因李起南建言茶引税提高到 5 贯，是年征收 40 000 锭；

至元二十六年（1289），丞相桑哥提议提高到 11 贯/引；

① 《元典章》22《户部》，卷 8《茶课》，陈高华等点校，天津古籍出版社、中华书局 2011 年版，第 810—811 页。

② （明）宋濂：《元史》卷 94《食货二・茶法》，中华书局 1976 年版，第 2393 页。

贞元元年(1295),南方征收贩茶税,后归入茶引,茶课共计83 000 锭。①

至元十七年(1280)废除长引专用短引,说明长引销售非常困难。至元二十二年(1286)左右,每年印造的茶引和茶由 13 080 289 斤,计钞 29 080 锭。茶引一般指长引,为贩卖筒、袋装末茶的大商贩准备,每张额度为 90 斤。但很快长引便被废除了,专用短引。短引指的是小面额的茶由、茶帖,适合廉价芽叶茶的零星散卖。因为茶由数量少、缴纳税费低,方便民间使用而受到欢迎。据称"小民买食及江南产茶去处零斤采卖,皆须由、帖为照"。每年春天开始发卖由、帖,到夏秋时节就发卖完了,商贩用的茶引年底还有未卖出的。②

在茶叶的长途贸易处于低潮、茶叶经济日益萎靡的情况下,元代的茶课收入却以惊人的速度在增长。贞元元年(1295),南方贩茶课的额度归入茶引税征收,是年茶课收入总计 83 000 锭,此后茶课不断攀升,至大四年(1311)达 171 131 锭,皇庆二年(1313)增至 192 866 锭,延祐五年(1318),听从江西茶副法忽鲁丁的建议,减少茶引数量,每引税率增至 12 两 5 钱,茶课收入达 25 万锭钞,延祐七年(1320)达 289 211 锭。③

至元十三年(1276)至延祐七年(1320),短短四十多年时间里,茶课收入从 1 200 锭暴增至 29 万锭,涨幅高达 240 倍。元代的茶课为什么会有如此惊人的涨幅?对于这种现象学界出现了两种观点。有些学者

① 《延祐五年拯治茶课》,《元典章》,陈高华等点校,天津古籍出版社、中华书局 2011 年版,第 2101—2103 页。

② (明)宋濂:《元史》卷 97《食货五・茶法》,中华书局 1976 年版,第 2503 页。

③ (明)宋濂:《元史》卷 94《食货二・茶法》,中华书局 1976 年版,第 2393—2394 页。

由此推测，元代的茶叶产量获得了大幅度提升，依据是“元初茶产量为270多万斤，至元十八年(1281)增至860余万斤，元贞元年(1295)为8 300多万斤，延祐七年(1320年)为105 702 347斤。如果以二十两为一斤来计算，产量为160余万担，一亿斤的推测比实际产量还要低得多”。①也有学者认为，元代茶税的增长并非因改进增税，主要是滥行提高税率的结果。②

元政府发行茶引和茶钞数量、税率，完全取决于自己的需要，脱离了茶叶生产、贸易和消费的实际情况。不断提高茶课额，之后又减引添钱，务必使国家的税收不至减少，才是元代茶课暴涨的主要原因。延祐二年(1315)的都省咨文称，忽都鲁帖木尔尚书、运司经断书吏周明仲陈言：

> 茶课可增至三十万定。自此额上添额。为此，检照得大德七年(1303)五月中书省咨文：奏准事内一款节该：“恢办课程，额外办出的增余又作正额，次后交代的人验着那数，那人又办出增余，又作正额。因此即渐的添的重了，交百姓(生)受，……”。“外有福建、两广每年差官吏差人等责办，惟务巧取，满其所欲，则呈报本司，彼处无茶可以办课，宜从有司从实报官纳课”。③

元朝政权清楚地知道，茶课暴涨是因为办课人征收时层层加码，但

① 陈椽：《茶叶通史》，农业出版社1984年版，第68页。

② 凌大珽：《中国茶税简史》，中国财政经济出版社1986年版，第72页。

③ 《延祐五年拯治茶课》，《元典章》，陈高华等点校，天津古籍出版社、中华书局2011年版，第2101—2102页。

这种聚敛财富的竞赛却受到鼓励,搜刮越多财富的官员奖赏越高。官员之间展开征收茶课的竞赛,不断将额外办出的增余作为正额,继任者在原来的基础上再次将增余作为正课,才是茶课收入节节攀升的原因。至元三十年(1293),圣旨曰:"令产茶地面有茶树之家,验多寡物力贫富均办。有司随地租门摊,一年两次催敛起解。"[①]判断茶树有无全凭征收机构说了算,满足他们的欲望便说当地无茶课可办,很多非产茶区照样要缴纳茶课。据《大德昌国州图志》载,大德二年(1298),浙江舟山每年缴纳茶课3锭5两6钱4分,但这项征收"旧实无之,始于至元三十年(1293),茶提举司到州取勘,为无茶园及磨户,姑令各地认办此数"。[②]

元代的茶课彻底沦为敛财工具,征收过程中又伴随着惊人的腐败,老茶区民众的悲惨生活可想而知。门摊食茶课征收非常困难,江州榷茶都转运使廉正议建议,将食茶课的税额均摊到茶引税中,这样茶课总额不会减少,又能消除门摊对百姓造成的骚扰。[③]至元二十一年(1284),食茶税取消,相关额度添加到茶引税中,茶引税率不断提高。令人惊讶的是,直到延祐年间,还有恶霸勾结官府摊派茶叶,说明门摊在现实中并没有消失,借各种名目在茶区敛财的事件层出不穷。《元典章》中有两个例子:[④]

① 《元典章》22《户部》,卷8《茶课》,陈高华等点校,天津古籍出版社、中华书局2011年版,第808页。

② (元)冯福京修,郭荐纂:《大德昌国州图志》卷3,中华书局1990年版。

③ 《元典章》22《户部》,卷8《恢办茶课》,陈高华等点校,天津古籍出版社、中华书局2011年版,第804页。

④ 《元典章》22《户部》,卷8《巡茶及茶商不便》《告茶钱合从有司追理》,陈高华等点校,天津古籍出版社、中华书局2011年版,第813、814页。

延祐元年(1314)五月,江西廉访司准监察御史牒该:据人户李均信等告:"茶商黎良伯将带末茶,指依江西茶运司公文行下,添答价钱,每茶一袋要钞一两,遍扰村乡,俵散人户。少不如意,将茶撒撒人家,作无引私茶展赖,取要钱物。及余用甫、虚椿、何总九等欠少茶钱,赴武昌提举司陈告,本司不详虚实,辙便违例行移追理。"(《巡茶及茶商不便》)

延祐六年(1319)十月,江西等处行中书省准江浙等处行中书省的咨:据饶州路申:"准本路推官张承德牒呈:见问吕陈孙告茶司以欠茶钱为由,索要赍发不从,将吕通八等打伤身死公事。除另行追问外,参详:管民官司提调茶课,今后似(此)征索钱物、勾扰百姓等事,理合经由有司追理。因无循行定例,有茶司强差无俸司吏出往外郡,名为分司,恣意勾扰,取受钱物,害及良民。……"(《告茶钱合从有司追理》)

茶课在元初已是茶区的祸害,虽有官员提出反对意见,终是聚敛之臣占据上风。江州兴国(今湖北省黄石市阳新县一带)缴纳茶课三万五千锭,[①]徽州、宁国、广德三郡从早期的三千锭飞涨至后来的十八万锭。[②]江州兴国、徽州、宁国、广德曾经是北宋重要的商品茶产区,也是南宋茶商失业、茶贼肆虐的重灾区。元代以后,不断增加的巨额茶课,加之贪渎官吏们的层层盘剥,令当地的茶户不堪重负。浙江兰溪人吴师道由宁国录事迁任池州建德,作为地方官,亲眼所见当地的茶课之害(白话译文):

① 《延祐五年拯治茶课》,《元典章》,陈高华等点校,天津古籍出版社、中华书局2011年版,第2101页。

② 弘治:《徽州府志》卷3,"食货"之"茶课",天一阁明方志。

过去茶课征收的数额不多，不过已有门摊费的沉重负担。如今突然引目大增六百，额外的带办每天都在层层加码。面对如狼似虎的征税官，老百姓不敢申诉，陷入极大困顿，当地最大的危害就是茶课。今年各种租赋税犹且釜悬，金、纸、丝、纩等杂色之征又纷至沓来，百姓的怨恨之情不忍再听。①

有一位名叫的邓文原的地方官，对于以茶课名义搜刮茶区的做法非常不满。据他反映，徽州（今安徽省黄山市）、宁国（今安徽省宣城市宁国市）和广德（今安徽省宣城市广德市）三郡，每年需要缴纳茶课钞3 000锭，后来则增加到18万锭。这么巨大的茶课任务，竭尽三郡山谷的全部物产，都不能完成茶课税额的一半，其他的只能掏空民间进行补充，年年如此。转运司官员听信乡里的奸猾之言，动不动就以犯法诬陷无辜平民，不分青红皂白刑拘百姓，州县地方官员都不敢说话。因为负责茶课的转运司官员权力很大，对于五品以下的地方官可以当场杖杀。邓文原请求将征收茶课的工作从转运司下放到州县长官，以减少百姓的痛苦。然而，他的建议根本无法上达。②至正二年（1342），官员李宏言也上书痛斥江州茶司卖引之害，他说（白话译文）：

本朝在江州设立榷茶都转运司，又在各产茶地设立七处提举司，主要职责就是散据卖引。官员们打着规办国课的旗号为非作歹，无人敢管。每到十二月份，就派人到各处通知提举司官吏聚集江州，领取第二年的茶引。一个月官员们还没到齐，地方官吏通过

① （元）吴师道：《礼部集》，《与榷茶提举书》，吉林出集团2005年版。

② （明）宋濂：《元史》卷172《邓文原传》，中华书局1976年版，第4024页。

贿赂才能获得引据，此时春天已经过去。分司官员到各地散据卖引，每引十张，除了缴纳官课125两，还要缴纳名为搭头事例钱的中统钞25两，馈赠给分司官员。提举司名义上在散据卖引，实则为转运司营办资财。上行下效，势所必然。转运司官员如此，提举司也仿效。

茶户拿着引、据回家已是五六月份。官员又以茶户消乏为由，私自存留二三千本茶引，转卖给新兴茶户。每据又多收中统钞二十五两，上下分派，各为己私。真不知道这些钱由谁出！茶户内心的苦楚无法述说！拿到引、据刚开始碾磨造茶，官吏就上门催缴引钱，茶还没卖，哪来的钱?！充裕者想办法筹钱，穷人只能受刑拘之苦，典卖家私赎回，有些人家即便到期钱也凑不够，再次被刑拘，以上皆因转运司发放茶引太迟、分司官吏苛求所致。

茶户本为求利，结果反而受害。每天都看到人户减少和逃亡，实在令人怜悯。希望国家能重申法规，每年正月，转运司将引、据交付提举司，不得在库房停留妨碍造茶时间，过期追究责任。不许转运司效仿分司官吏私自散据卖引，肃政廉访司对违法者依法追责，如此也许能减少茶司贪渎之风，茶户减少损失。①

元代的大茶商已经消失，贩茶者也就是一些走街串巷、零星货卖的小商贩。南宋变质的茶引制被元代保留，且更加混乱，茶课收入在四十年内暴增二百四十倍，不排除也有滥发纸币导致的通货膨胀。有些地方官为民请命，希望停止榷茶转运司的工作，但这种上诉根本不起作

① (明)宋濂:《元史》卷97《食货五·茶法》，中华书局1976年版，第2504—2505页。

用。他们可能自身难保,以阻挠办课的罪名被杖杀。转运司拥有很大权力,他们打着为国办课的名义,可以随意诬陷和刑拘百姓和官员,为所欲为,无人敢管。统治者并非不知道茶课给百姓带来的危害,也曾经想要舒缓民力,但最终选择了茶课带来的厚利。

榷茶转运司被赋予极大的权力,不受控制的权力导致严重的贪污、腐败和渎职。对于茶区的百姓来说,造茶非但不能获利,反而成为祸害,他们想通过砍伐茶树、改变职业规避危害。元贞元年(1295)三月十三日,江西等处榷茶都运司称,"近年茶税重大,务官刁蹬人难,却有一等愚民因而斫伐茶株,往往改业,诚恐亏损官课。参详茶课理合照依劝课农桑,令各处管民官不妨本职,劝谕茶园、磨户广栽茶株,趁时月采摘造茶,不得似前斫伐,仍禁约纵恣疋啃咬等事。牒请施行"。①元代的户籍是固定的,茶户不能随便改变职业,茶课不会因为茶农的改业而消除。茶区人民背负了沉重的债务和刑罚,致使这里的人口日渐消乏,在没有茶树、不生产茶叶的地区征收茶课,这种现象显得越来越荒谬。当横征暴敛变成常态,压迫积累的苦难和不满越来越大时,距离统治者灭亡的日子也越来越近了。

3. 明代茶课钞

经历了元末战争的扫荡,明朝在一片废墟中建立起来。明朝初建时,有许多制度都照搬了前朝。根据《明史》,明朝最初也对茶叶实行禁榷,设置茶局批验所,贩卖茶叶要购买茶引,每引纳钱 200,照茶 100 斤;不够 1 引的称为"畸零",另外印制由、帖。没有茶引和茶由的贩卖视为私茶,与贩卖私盐同罪。后来,改为茶引 1 道,纳钱 1 000,照

① 《元典章》23《户部》,卷 9《劝谕茶户栽茶》,陈高华等点校,天津古籍出版社、中华书局 2011 年版,第 936 页。

茶 100 斤；茶由 1 道，纳钱 600，照茶 60 斤；后又再次改为每引 1 道，纳钞 1 贯。[1]茶课在明代财政上已不再重要，榷茶的规定似乎只能存在于川、陕地区，内地已经无法实行。明初的理学家丘浚曾不无骄傲地表示，本朝不同于前朝，皇帝“捐茶利予民”，除了四川和陕西设置茶马司、交通要道设置几个批验所外，榷务、交引、茶由等名目都一律废除了。[2]

一些文献中还有零星的茶课钞数据，尽管征收的数额不大，但与丘浚所说内地废除茶税征收的情况有所出入。茶课钞就是元代的茶课，起源于南宋变质的茶引税。元代茶户的户籍被固定，即便不再从事茶叶生产也要缴纳茶课。理论上说，茶户可以用实物缴课，现实中多折算成米、钱或钞缴纳。明朝大多以钞的形式折算征收，称为茶课钞。《弘治徽州府志》有对徽州茶课征收的详细介绍，包括缴纳芽茶、叶茶的数额、折算成钱的方法等：

> 本府以乙巳年(1425 或 1485)委官于产茶府县点数株数而取其课。本府茶株共 1 965 万 6 102 株，每 10 株官抽 1 株，计 1 965 千 6 102 株，每株科牙茶 2 钱 5 分，叶茶 1 两 7 钱 5 分，实征牙茶 3 万 680 斤 2 两 4 钱 2 分 5 厘，每斤折钱 240 文，共(折)钱 736 万 3 236 文 5 分。叶茶 21 万 4 761 斤 9 钱 7 分 5 厘，每斤折钱 120 文，共(折)钱 2 579 万 1 328 文 5 分，牙茶、叶茶共 24 万 5 441 斤 3 两 4 钱，共折钱计 3 339 万 2 657 文。[3]

---

① (清)张廷玉等撰:《明史》卷 80《食货志四・茶法》，中华书局 1974 年版。

② (明)丘浚:《大学衍义补》，苏州大学出版社 1999 年版。

③ 弘治《徽州府志》卷 3,《税课》。

茶课钞从元朝的体制中延续而来,国家先设定征收总额,再摊派给茶区的农民。茶株总数、每株茶树产出的芽茶(细茶)和叶茶(粗茶)都由官方事先设定,再按照每家的资产(茶株树)分摊抽取十一税,折算成米、钱、钞等缴纳。征收依据的茶树棵数、每株茶树产出的细茶、粗茶数量细致到棵、两、钱、分,实际上都是由需要的财物计算出来,与茶叶的实际产量无关。朱升是元末明初人,在《送分宪张公序》一文中批判徽州茶课脱离茶叶生产实际的搜刮属性。他说,徽州茶课每十株抽取一株,每株茶缴纳茶二两,大大超出茶树的实际产出。肥沃的土地才可能出产这么多茶,徽州的土地贫瘠,百株茶缴纳十株,也就是二十两茶叶,穷尽土地也难以达到!如今又不收本色,以钱、米折算,粗茶价值不过三升米,却让缴纳一斗,细茶值米五、六升却要纳米二斗,"穷山荒疃采摘之家,虽竭其庐之入,亦不能应,此乃事之章章不可行者"。①

有学者根据洪武初期茶引税收入,推测元、明茶叶产量不少于宋,②显然忽视了茶课钞征收可以脱离经济现状的聚敛性质。明朝茶课征收的数据并不完整,并且很难进行前后时间的对比。根据《大明会典》③里摘录的资料,结合明人王圻的《续文献通考》,各地的茶课钞征收数额列举如下:

苏州府 2 915 贯 150 文;

常州府 4 129 贯又铜钱 9 258 文;

① (明)陈子龙等:《明经世文编》卷 7,中华书局 1997 年版。

② 陈椽根据洪武初期茶引税收入 686 015 贯 721 文,每引照茶 60 斤,缴纳铜钱 1 000 文的规定,推算出明代茶叶产量高达六千八百余万斤,元以后茶叶产量至少不少于宋。

③ (明)李东阳:《大明会典》卷 37,《课程六 · 茶课》,广陵书社出版社 2007 年版。

镇江府 1 602 贯 620 文；

徽州府(今安徽省黄山市)70 568 贯 750 文；

广德州(今安徽省宣城市广德市)50 万 3 280 贯 960 文；

浙江 2 134 贯 20 文；

河南 1 280 贯；

广西 1 183 锭 15 贯 592 文；

云南 17 两 3 钱 1 分 4 厘；

贵州 81 贯 371 文；

江西、福建曾经是唐宋产茶大区，也是元代征收茶课的主要地区，而在《大明会典》和《续文献通考》中却没有茶课征收的记录。有一种可能是，茶课征收的前后变化很大，也许最初还想延续元代的制度，后来逐渐被取消，这种推测也有一定的根据。据嘉靖、隆庆年间临江府(今江西省宜春市樟树市)地方志所载，当地有茶课山 5 690 顷 66 亩 4 分 4 厘，征收茶课钞 2 832 锭 2 贯 352 文，实际却“岁并无征解”。[①]又据福建安溪县嘉靖年间的地方志，当地“以上茶钞，岁报额数，无银征解”。[②]嘉靖年间的广东省《增城县志》也有茶课钞，同样没有征收过，在茶课钞数额的后面有一小段特别的说明：

茶课钞：28 定 3 贯 725 文。野史曰：按此即汉唐以后榷酤、榷茶之法，然非先生之世所有者，本县尝罢之，诚是也。[③]

---

① 嘉靖《临江府志》卷 4《田赋》；隆庆《临江府志》卷 7《赋役》。

② 嘉靖《安溪县志》卷 1《各色课》。

③ 嘉靖《增城县志》卷 9《民赋类》。

《大明会典》和《续文献通考》记录的茶课钞以钱、米或钞折算，并不统一，有的用钞，有的用铜钱，货币单位有贯、有锭。由于这些数据都没有说明来源，也没有征收年代的信息，它们对了解明代茶课情况的价值不大。在上述资料中，徽州府茶课征收7万多贯、广德州50多万贯，这两个地区的茶课占上述资料中总额的近98%，其他地区加起来不过2%。巧合的是，《丝绢全书》和《万历会计录》中也有关于徽州茶课的资料，同一个地方的资料集中对比，可以看出更多明代茶课的真相。

根据《大明会典》和《续文献通考》的资料，徽州府征收的茶课额为70 568贯750文；《丝绢全书》的资料却显示，徽州府六县"有茶株银115两"，①又据《万历会计录》记录批验茶引所征收的全部茶课钞，本色钞共计5万贯，折色铜钱10万文，共折银300两，外纸价银30两。提到徽州、宁国两地茶课则说，"与别相混，别处无"。②综合来看，徽州茶课的文献抄录自不同历史时期，明朝初建继承了元茶课，《大明会典》和《弘治徽州府志》反映的是早期茶课征收。明建国后，茶区百姓经历战火洗礼和长期盘剥，早已贫困至极，无力承担高额的茶课，统治者只能放弃，茶叶专卖制至此终结。丘濬称颂明太祖"捐茶利于民"的仁德，实则是百姓已无油水可榨，茶课收入越来越少，以至于在财政上失去价值。《丝绢全书》和《万历会计录》的茶课钞数额非常少，更接近后来的情况。

（三）茶叶生产的小农化与副业化

尽管年代已经非常遥远，唐宋遗留的茶叶经济数据比元明还多。从唐宋时期存留的资料中，我们能感受到社会大众对茶饮强烈的嗜好，

---

① （明）程任卿：《丝绢全书》卷2，国家图书馆出版社2011年版。

② （明）张学颜：《万历会计录》卷43，书目文献出版社1987年版。

以及茶叶生产、贸易繁荣带来的财富和热闹。每当茶熟时节，茶商、茶农和强盗汇聚茶山、穿梭在江淮之间，这里充斥着茶叶、珠宝、金钱，还有欲望和暴力。南方野兽虫蛇出没的荒山被开垦出来，变成种植茶树的茶园和茶山，在绵延数千里的广阔区域，茶产业从业者占总人口的十之七八，茶叶种植、制作、贩运和销售形成链条，构成专业茶区。饮茶兴起以后，茶产业持续繁荣四百多年，专业化程度已经很高，出现园户、磨户、茶商等职业群体和细致的分工。

南宋以后直至元明时代，大茶商的群体消失不见了，偶尔可见肩挑手提、走街串巷的小茶贩。在南宋诗人中，陆游创作的茶诗最多，从中可见北宋、南宋茶业生态的变化，这种变化比较突出的是：制茶从茶农的主业变为兼做的农活。陆游的诗歌中，“蚕家忌客门门闭，茶户供官处处忙”（《自上灶过陶山》）、“采茶歌里春光老，煮茧香中夏景长”（《初夏喜事》），反映出农民在春天和初夏既制茶也养蚕，茶叶生产已经副业化；秋茶（代表粗陋的茗茶）频繁出现在陆游的诗中；卖茶的不是茶商，而是村女、溪姑、背着襁褓中婴儿的母亲。男子们似乎不屑从事卖茶的工作，他们忙着“刈霜稻”和“种冬菜”。①

陆游的诗歌呈现出南宋以后茶叶经济的新特点，即茶叶生产是农民在稻作、蔬菜和养蚕之余的副业；茶叶以零星方式售卖，往往是农民自产自销，家庭的女性在更多承担了卖茶工作。农民作为副业生产的少量茶叶，有的作为租赋输官，②有的拿到集市上出售，③有的则在农闲

---

① 见陆游诗《幽居二首其二》：“园丁刈霜稻，村女卖秋茶。缺井磨樵斧，枯桑系钓槎。”《秋晚村舍杂咏》：“村巷翳桑麻，萧然野老家。园丁种冬菜，邻女卖秋茶。”《黄牛峡庙》：“村女卖秋茶，簪花髻鬟匝，襁儿著背上，帖妥若在榻。”

② 见陆游诗《自上灶过陶山》：“蚕家忌客门门闭，茶户供官处处忙。绿树村边停醉帽，紫藤架底倚胡床。”

③ 见陆游诗《兰亭道上》：“兰亭步口水如天，茶市纷纷趁雨前。乌笠游僧云际去，白衣醉叟道傍眠。”

时候走街串巷零星售卖。南宋以后,尤其是元、明时代,茶叶在官方文献和地方志中比较少见,这与唐宋丰富的茶资料不可同日而语。地方志的土产或物产条,很难见到茶的踪迹,即使有,大多也是寥寥数语:

安徽宣城市泾县:《旧志》记载,白云寺面阳的山腰上有"寻丈之地"①产茶,茶叶甘而香,号称白云茶。②

安徽马鞍山市含山县:茶。含山县惟苍山适宜,寺庵僧人每年种植,也不多。③

明代中叶以后,饮茶出现小范围的复兴,对茶产业的推动却非常有限。九江府(今江西省九江市)曾经是唐宋时代重要的茶叶产区,明朝虽也产茶,大多乏善可陈。嘉靖六年的《九江府志》称,九江府下辖五县都产茶,只有庐山茶"味香可啜"。④庐山有些名气的茶叶是如何生产的呢?清顺治年间的《庐山通志》有对庐山茶的介绍,称庐山茶比较有名的是"钻林茶"和"云雾茶",以下摘自《庐山通志》(白话译文):

钻林茶:据《山疏》记载,钻林茶是鸟雀衔了茶子吃,有的就坠落在茂密的山谷中,久而生出茶树。山僧到山林中找寻和采摘,收获有限,不过三四两左右,顶多半斤。采摘的茶叶焙干,烹煮时色泽如月下白光,味道如豆花香。

---

① 2—3米左右,形容很小的地块。

② 嘉靖三十一年(1552)《泾县志》"土产"条。

③ 嘉靖三十四年(1555)《含山邑乘》"物产"条。

④ 嘉靖六年(1527)《九江府志》"品汇"条下的"茶品"。

云雾茶：据《山疏》记载，山居静者[1]度日艰难，在山崖间培植一小块土壤种点茶树。因山峰高峻寒冷，茶树长得矮小柔弱。冬天，山僧用茅草为其遮盖避寒。每年五月初五端阳节才开始采摘、烘焙，茶叶称为“云雾茶”。静者将茶叶拿到城里换米，乐于清贫的生活。近来因棍徒（流氓无赖）捏造税务之事勒索、欺诈静者，寺院里的僧人已有一半迁往他山，茶园因此荒芜。一天，南康郡（今江西省赣州市南康市）太守到山上游览，看到茶园荒芜，询问当地的静者，了解到发生的事情后叹息良久，张榜招集逃离的僧人，之后又有人栽培那些残存的茶树了。[2]

明中叶以后的饮茶复兴，转化成商品茶的能力有限，茶叶生产和贸易都不如唐宋时期繁荣。南宋以后，茶叶生产已经从专业茶区向副业和小农方式转变。产茶地多为贫瘠的高山，这里往往很难生产粮食作物，人们不会浪费肥沃的土地种茶。唐宋种植的茶树应该早已回到野生状态。茶树很少特意栽培，大多是长在贫瘠山上的野茶。采制者是山上的僧侣、附近贫困的山民，他们用茶叶到山下的集市换些生活物资。这些茶叶的产量极少、制作粗糙，时人称其“不堪品鉴”。偶有僧侣精制出的茶叶，不仅数量有限，也容易受到流氓、权贵的勒索。他们不得已砍伐茶树、或者逃跑到其他地方，制作出好茶没有好处，反而会引来灾祸。所以，很少有人专门种茶，茶叶的制作方法也很是简朴、粗糙，

---

① 静者似与“净者”通。佛教将劳动视为“不净业”，高级僧侣不从事劳动，依靠供养生活。为避免僧人之过，替代僧人在寺院劳动的人被视为有功德，称为“净者”。《宋高僧传》记载六祖惠能平时很爱劳动，竭力抱着石头为大家舂米，是为“净人”的表率。见（宋）赞宁：《宋高僧传》卷8，《唐韶州今南华寺慧能传》，范祥雍点校，中华书局1987年版，第173页。

② 顺治十五年（1658）《庐山通志》。

向着副业化的小农模式回归。

三、文化、意识形态与饮茶冲突

南宋以后，茶叶消费、贸易和生产都发生了巨变，改变的不是单一方面，而是整个体系。饼茶文化已经退出了历史舞台，散茶、草茶、茗茶、芽叶茶是元以后的主要茶类，大规模专业化的生产方式向山区副业和小农生产转变；巨商长途兴贩茶叶的场景不见了，贸易以自产自销的零星货卖为主。元代废除长引，主要发售短引、茶由（贩卖3—30斤分为十个品类），长引滞销乃至消失也是长途贸易衰落的表现；芽叶茶制作粗糙、价格低廉，卖茶的利润空间极为有限。茶税对政府财政的贡献越来越低，茶课蜕变成敛财的工具。明朝建立后，除了带有政治意义的茶马贸易，茶叶禁榷制正式退出历史舞台。这一切巨大的转变究竟是如何发生的？我们应该如何看待茶叶经济的衰退，以及大规模的饮茶退潮现象？

（一）茶叶经济衰退的原因

南宋以来，茶叶产量急剧下滑，直接原因是北方消费下滑和长途贸易衰落，淮南、江西、湖北等主要的北销茶产区的生产遭受重创，产量下滑的最为严重。茶农、茶商大批失业及其向盗贼转化，构成南宋严重的社会问题。学术界对于南宋茶叶长途贸易衰退原因，也开展了一些探讨，大致出现了这样几个观点：

一是战争破坏。很多学者认为，南宋与金对峙时期战争频繁，战争阻隔了贸易往来和交通，对茶叶经济破坏严重。这个观点不是现代才出现的，南宋就有人提出这种观点。战争造成的破坏是短暂的，一旦进入和平时期,茶区生产应该能够恢复,但事实却并非如此。漆侠先生认为,淮南茶区遭到战争破坏,至少要减少一千万斤,产量下滑可以理解,然而从南宋茶叶产量的数据看,战争破坏最严重的建炎二年(1129),东南茶区的产量尚且达到 1 950 余万斤,相对和平的绍兴(1131—1162)、乾道(1165—1173)年间,产量反而低了许多。[①]显然,战争破坏并非产量下滑的根源。

二是引税太重。有些学者认为,南宋政府征收的茶引税太重,降低了茶叶消费,商贩为了逃避引税走上武装贩私的道路。南宋官员对引税的批评不绝于耳,他们将长引滞销、私贩横行归咎于茶引负担。孝宗隆兴八年(疑为元年,即 1163 年),龙图阁待制、兼权户部侍郎杨倓算了一笔账,商人购买长引加上头子钱等费用,草茶需要花费 24 贯 484 文/引、末茶为 27 贯 677 文/引,如果运销到两淮、京西路住卖,还要再加 10 贯 500 文的翻引钱,到金与南宋交界的榷场交易,又有通货牙息钱(中介费)11 贯 800 文。相比而言,短引只需缴纳 23 贯 400 文/引,茶商大多以短引掩护携带私茶,致使长引滞销,积压国课。他建议降低长引翻引钱到 7 贯,牙息钱到 8 贯。[②]

长引税费过重的确对贸易产生了消极影响,却不是贸易下滑的根本原因。长途贩运的利润本来就高,由于管理、中介等各个环节繁多,长引税费总体必然高于短引。南宋政府为了促进长引销售,出台了降低引税的措施,有些地方又额外给予丰厚的绕润,以吸引茶商购买茶引。乾道七年(1171),福建提举周颉对给商人饶润过于优惠提出意见,他说(白话译文):

① 漆侠:《宋代经济史》,上海人民出版社 1987 年版,第 798 页。
② (清)徐松辑:《宋会要辑稿》食货三一之二一,中华书局 1957 年版。

> 福建一路茶引斤重按照旧法,(腊茶)銙截、片铤以十六两为一斤。到了乾道七年,茶引的斤重因贩茶引钱太重,得茶数少,客旅兴贩艰难而改变,銙截茶以五十两为一斤、片铤茶以一百两为一斤,比起旧法增加了数倍,优厚的饶润可谓达到极致。听说本府合同场每有茶货到场,更是额外增加饶润,增添斤重。①

乾道六年,南宋政府将茶引税额固定,这段时期,因为茶引销售困难,相关机构为招揽茶商,大幅增加茶叶绕润。福建提举周颉甚至认为,如今商人获得的优惠太多了,已经影响到政府的财政收入。他请求政府向福建路提举茶事司下令,依旧按照旧的斤重称制茶叶,不得过度增加饶余。可见,茶引税是一个可以修正的制度因素,当茶引销售困难时,相关机构降低或者采用变通方法降低引税。然而这些措施并没有改变长引滞销的趋势。

三是金的禁茶令。随着女真攻占北宋首都,北方地区迎来女真、汉人等多民族共处的局面。海陵王迁都燕京(1153)之前,女真的汉化程度不高,饮茶只是少数贵族的爱好。海陵王对汉文化有着浓厚兴趣,也懂得如何"瀹建茗",这在女真贵族中并不多见。女真人中的保守势力很强大,海陵王迁都燕京和汉化措施都遇到很大阻力。女真人除了少数贵族,没有强烈的饮茶需求,但汉人却保留着饮茶习惯。金人统治下的北方地区食茶来源有二:一是南宋的进贡,二则是在宋、金边界设立的榷场上购买。②南宋与金属于对立的政权,为了减少购买南宋茶叶,以免"费国用而资敌",金政权尝试在北方种茶,并多次发布禁止饮茶

① (清)徐松辑:《宋会要辑稿》食货三一之二五、二六,中华书局1957年版。
② (元)脱脱等撰:《金史》卷49《食货四》,中华书局1975年版,第1107页。

的法令。

在禁茶令之前，金政权最先尝试的是自己种茶。章宗承安三年(1198)八月，尚书省令史承德郎刘成奉命到河南监督造茶，民众称造出来的是温桑不是真茶，新茶销售很不理想。章宗责备刘成没有亲自品尝新茶便回京述职，杖七十，并罢免了他的官职。次年三月，政府再次于淄(今山东省淄博市)、密(今山东省潍坊市)、宁海(今山东省烟台市)、蔡州(今河南省驻马店市汝南县)设置造茶坊，“依南方例每斤为袋，直六百文”，结果“商旅卒未贩运”，转运司不得已命令山东、河北等四路州县计口均派，按户口强行摊派。民众对于强制买茶非常抗拒，章宗为了平息民愤，惩治了摊派茶叶的官吏，随后命令半价出售新茶，实在无法销售的陈茶只能销毁。北方种茶的实验似乎失败了，但政府始终对种茶抱有幻想，下令补种河南枯槁的茶树，百姓可以在废弃的茶园放牧却不许砍伐茶树。

承安五年(1200)，尚书省发布了禁止饮茶的诏令，大意是说，茶是饮食之余的消费，不是生活必需品。近年来人们竞相饮用，农民饮茶的更多，城市里也开了不少茶肆。商人们用丝、绢换茶，每年花费不下百万，以有用之物换无用之物。如果不加禁止，恐怕还要耗费更多财物。法令规定，七品以上官员才允许饮茶，但不许买卖和馈赠，违者参照违法携带茶叶的斤两定罪。两年后，金废除此项法令。之后，又有官员建议，用“岁取之不竭”的卤盐换取茶叶，因“博取不多”，“遂奏令兼以杂物博易”。泰和年间(1201—1208)，政府再次发布了禁茶令，据说后来因为宋人求和而放弃。

元光二年(1218)三月，禁茶的建议再次出现。官员提出的理由与之前相似，还是认为金币、钱、谷为世间不可或缺的物资，茶却不是饮食必需，商贾用有用之金帛换取茶叶是浪费财物和资助敌国。法令规定只有亲王、公主、在任的五品以上官员才允许饮茶，但不许买卖和馈赠，违反者判处徒刑五年，告发者赏宝泉 1 万贯。[①]禁茶令发布后，官员们发现违反法令的人很多，越过边界私自交易的人也在增加，他们担心在这些私贩的人中可能还夹杂着南宋的间谍。金宣宗元光二年(1224)，官员们在讨论禁茶，有人提到河南、陕西等 50 多个郡，郡日食茶大概 20 袋，每袋价值二两银子，一年花费的银子有三十多万两。按照每袋茶叶 1 斤推断，金每年消费的茶叶大约在三十六万余斤，还不到北宋消费量的零头，可见北方地区的茶叶消费呈现断崖式下降。

禁茶令是否为导致北方茶叶消费大幅减少的主要原因？如果是，法令通过何种机制对根深蒂固的饮食习俗产生影响？认为法令改变消费的学者，需要对以上疑问进行解释。北方茶叶消费量大幅度下滑，显然与金政权数次禁茶令有一定关系。然而，北方地区的饮茶习俗已经延续数百年，一种根深蒂固的习惯仅凭法令很难改变。元灭南宋之后，政府并没有发布禁茶令，但茶叶消费反而持续衰退。战争、暴力和法令都只是暂时因素，禁止饮茶的短期法令是如何影响到消费衰退的呢？法令只是政治生态的一种临时形态，我们需要对政治生态与饮食习惯的关系进行更合理的解释。

（二）饮食意识形态对茶叶消费的抑制

饮茶习俗本质上是一种文化现象，我们尝试用政治文化理论解释饮茶的兴衰。政治斗争不仅是军事和暴力集团之间的殊死搏斗，意识

---

① （元）脱脱等撰：《金史》卷 49《食货四》，中华书局 1975 年版，第 1107—1109 页。

形态和文化领域的竞争同样激烈而残酷。女真、蒙古有各自独特的政治体制和文化传统，在建立政权以后也很快形成自己的选官体系。元朝建立以后，国家的权力结构发生了根本的改变，蒙古、色目人处于优等地位，享有一定的特权，这种特权通过恩荫子孙的官僚体制被继承，形成固化的统治集团。胜利者的文化占据主导地位，极端者甚至提议"虽得汉人，亦无所用，不若尽去之，使草木畅茂，以为牧地"。①在文化上，元朝确立了程朱理学的官学地位。

制度、观念、价值、饮食习俗等，凡是表现出差异的文化领域，都将成为意识形态斗争的竞技场。女真灭了北宋以后，为了保持本民族文化优越地位，强制汉人改变服饰和头发样式。天会四年(1126)11月，枢密院对于归降人发布命令，归顺本朝就应该认同本朝之风俗，即削去头发，穿短装、左衽，敢有违犯，即是还在怀念旧国，理当施以惩罚。②据载，金元帅府禁民汉服，又下令髡髮，不如式者杀之。……生灵无辜被害者"不可胜纪"，一时间布帛大贵，没钱购买布帛作新式衣服的穷人，困坐家中、不敢出门。③

饮食是最能体现族群文化的场域之一，地方特色美食具有有限的空间性，超越族群和地域范围就不一定被认可。唐代中叶至于北宋时期的三百多年时间，饮茶之风在北方地区盛行，民众培育了深厚的饮茶习惯。饮茶在当时的女真人民中间并不流行，少数倾慕汉文化的女真贵族喜欢瀹建茶，但这种行为遭到顽固势力的抨击。金统治下的北方

---

① (元)宋子贞:《中书令耶律公神道碑》，(元)苏天爵编《元文类》卷57，商务印书馆1936年版，第832页。

② (金)佚名:《大金吊伐录校补》卷3，金少英校补，中华书局2001年版。

③ (宋)李心传撰:《建炎以来系年要录》卷28，中华书局1956年版。

地区,茶叶消费量锐减,从北宋年消费量超过二千余万斤,到金治下仅有三十六万多斤,茶叶的消费者应该是那些没有南迁、保持着饮茶习惯的汉人。金政权数次发布禁止饮茶的法令,虽说法令无法改变社会,女真保守贵族透过法令展现出对饮茶的敌意,却对茶叶消费产生了强有力的遏制。

根据目前的资料,蒙古人并没有饮茶的习惯,他们以肉奶类的饮食为主,喜欢的饮料有马奶子、葡萄酒、蜜酒等。元朝统一全国后,茶叶虽是贡品却并不受重视,北方的假茶温桑、高丽茶、苔藓茶、孩儿茶、西蕃大叶茶、枸杞茶……有无数种来自各地的、种类繁多的植物的根、茎、叶、果制作的"茶饮"与南方的真茶并列。这些地域性的植物饮料的地位并不相同,原来被贬为"假茶"的植物饮料,如今获得比南方真茶更高的地位。设计元大都的刘秉忠作诗夸赞高丽茶和云芝茶(苔藓茶),称它们比南方茶更美味。茶被描述为冷性饮料,据说对人体产生很大伤害,南方真茶对人的伤害更大,"少饮"甚至不饮的理念在元代开始流行,茶叶消费进入了低潮。

茶叶的最大价值在于文化属性,而不是树叶的物理性质。当茶叶被视为满足生存所需的物质时,文化属性便从它身上消失了,它也就不再视为有价值的物。北宋以后,茶叶的文化属性逐渐消失,人们不再以"点茶"的仪式感和技巧为荣,反而感到是一种华而不实的浮夸表现。在新旧政治文化结构发生巨大变化的历史潮流中,旧贵族长期习得的文化技能失去价值。那些熟悉的书籍,引以为傲的古文功底、琴棋书画、吟诗作赋的能力,当然也包括茶的品味和"点茶"的技巧,一切原本标识为高贵的文化符号,在新社会中都失去吸引力。

按照布迪厄的文化资本理论,文化如同财富,也是一种资本。一个人的学术能力等文化禀赋并非天生，它不仅需要投入大量时间，而且必须由投资者亲力亲为。文化资本在人群中的分配既不平等，也不公平。阶级和家族传统也起到重要作用，那些具有强大文化资本的家庭的后代占尽便利。另外，文化资本是有边界的，它在特定的集体和体制内成立。[①]这意味着，一旦保障文化资本的体制瓦解，文化资本也会失去价值。在社会结构大转变的潮流面前，旧文化贵族的特权和优势不复存在，他们投入大量时间、金钱和精力学习的文化技能，不但无法给他们带来回报，反而成为需要清除的负资产。

饼茶文化也是需要清除的负资产，唐宋茶饮的文化价值源于禅宗赋予的文化意义，茶饮的美味建立在深刻领悟禅文化，实践中熟练掌握饮茶仪式和技巧。文化贵族将这些知识和技能代代相传，积累出文化传家的大宗族，凭借文化资本保持政治地位和经济利益。然而，在女真建立的金政权和元帝国统治下，旧的文化贵族连同他们拥有的知识和技能统统失效。“无用”这个词透过文字和历史，在时代巨变的潮流中频繁闪现，表达的是旧文人内心的失落、挣扎与痛苦。旧文人的出路大致有这些：投靠新权贵；转向实用技能的学习，如医学、撰写迎合大众心理的戏曲和小说、经商，或者到大户人家做家庭教师，尽管教师的社会地位不高，但好歹也能勉强糊口。

（三）饮茶价值观的变迁

饮食是文化展示自身的场域之一，禁茶令的目的有经济因素，也是一场文化竞争。女真人、蒙古人与南人的权力竞争同样出现在茶饮领

① ［法］布尔迪厄：《文化资本与社会资本》，见《文化资本与社会炼金术——布尔迪厄访谈录》，包亚明译，上海人民出版社 1997 年版，第 192—201 页。

域,这场竞争的结果是饼茶文化彻底消失。饮茶是南人的饮食习俗,具有反酒肉的文化隐喻,唐宋文化中的茶叶类似琼浆玉液般的存在,美味且有益健康,但女真人没有饮茶的传统,蒙古人也没有饮茶习惯,他们以肉、奶、酒、甜饮料为食,常见的饮品有马奶子、葡萄酒、蜜酒、“舍里别”等。金政权禁止饮茶的理由是饮茶“无用”,花钱买茶是浪费钱财。元代以后,茶叶便不再是美味的饮品,一种新的饮茶观开始流行,“饮茶有害论”逐渐成为社会的主流意识。元代的医书和饮食类书籍对茶叶的介绍大多是负面的,贾铭的《饮食须知》非常有代表性,这本书是这样介绍茶的:

> 茶:味苦而甘。茗性属于大寒,茶性属于微寒,久饮令人消瘦、消除脂肪,使人不眠。极渴、酒后饮茶,其寒冷侵入肾经,使人的腰、脚、膀胱又冷又痛,还会患上水肿、挛痹等疾病。尤其忌讳用盐点茶,或者与咸味的食物一起食用,这样的做法犹如将贼引入肾脏。空腹时切记不可饮茶,与韭菜同食使人身体沉重。饮茶宜热,冷饮则聚痰,应该少饮而不能多饮,不饮最好。酒后饮浓茶令人呕吐。食用茶叶导致发黄和上瘾。只有蒙(顶)茶性温和,六安、湘潭茶稍微平和。松茗最为伤人。如果夹杂了香物,致使疾病透骨。更何况真茶很少,杂茶很多,日常生活中受到饮茶危害的人数不胜数!女人、老妇受茶之弊害更多。服用威灵仙、土茯苓的人忌讳饮茶。服用史君子的忌讳饮热茶,违反者立马腹泻。茶籽仁捣烂用来洗衣服能消除油腻。广南有一种叫做苦簦的茶,性大寒,胃冷的人不要食用。①

① (元)贾铭:《饮食须知》,程绍恩、许永贵、尚贞一点校,人民卫生出版社1988年版,第46页。

这段话都是在讲饮茶的害处，饮茶有害体现在这样几个方面：茶性寒，饮茶令人瘦、去脂、不睡；空腹、酒后、极渴等不当饮茶能导致很多疾病；社会上真茶少、假茶多，饮用假茶而受害的人很多，尤其是女性。值得注意的是，贾铭区分了"茗"与"茶"的区别，茗大寒，茶微寒。茗也就是散茶、草茶、芽叶茶，最为伤人的松茗应该是江南产的芽叶茶；茶则是比较温和的、对人伤害较小的茶类，蒙茶、六安、湘潭茶都属于性温、稍平的茶叶，而它们的产地在四川、湖南，都属于参与茶马贸易的边疆地区。

贾铭打破了茶能消食、醒酒等唐宋时期的饮茶神话，指出性冷的茶叶对人体伤害很大，而酒后饮茶冷到肾，令人患上腰脚痛、膀胱冷痛、水肿等诸多疾病。他指出饮茶不能与咸味食物同食、不能与韭菜同食、不能空腹饮茶等诸多禁忌，也会使人对茶饮望而生畏。贾铭对于饮茶的建议就是少量热饮，不饮更好！当"饮茶有害论"成为主流的饮茶观念，"饮茶宜少、不饮最妙"的建议也成饮茶实践的基本指南，也建构了医学界有关茶叶的认知。李时珍是明代中叶著名医学家，他以亲身经历说明饮茶的危害，批判的态度比贾铭更严厉。他在《本草纲目》阐释茶的部分时，讲述了自己少壮时一段饮茶体验，强调饮茶对人体会产生持久的伤害。我们采摘了这段话的部分内容，用白话表述如下：

有人嗜茶成癖，随时都在饮茶，久了伤害了精气，血色不再鲜亮，面黄肌瘦、身体萎顿脆弱。这些人即便生病也不后悔饮茶，尤其令人叹惋。陶隐居在《杂言》中说，丹丘子、黄山君饮茶后轻身换骨，壶公在《食忌》中说，苦茶久食令人羽化登仙，这些都是方士们误导世人的谬论。

> 时珍年轻时血气方刚，每饮新茶必然连吃数碗，顿时因汗发而感到肌骨轻松，颇感痛快。中年以后，胃气受损，再饮时便感受到茶的危害，不是感到胸闷恶心，就是寒冷腹泻。所以在这里做出说明，以警示那些有饮茶爱好的人。
>
> 苦茶性寒，属于阴中之阴。阴沉即下降，最能降火。……如果一个人年少气壮，心、肺、脾、胃的火气过旺，则适宜饮茶。温饮则火气因茶性寒而下降，热饮则茶借火气上升消散，茶又能消解酒食毒性，令人精神爽快、思维敏捷，不会陷入昏睡，此为茶之功效所在。①

当然，李时珍也列举了饮茶的一些功效，例如，少壮且肠胃健康的人、火气大的人饮茶可以降火，可解酒食之毒、令人不昏不睡等，似乎是在抄袭唐宋医书中的内容。综合来看，相对于饮茶的危害，对饮茶功效的论述微不足道。元明以后的医书中，茶叶是一味“凉药”，往往与其他中草药配伍使用。在饮茶有害健康的理论指导下，色、香、味与茶叶相似的替代物大量出现，温桑、苔藓茶、孩儿茶等（伪）假茶成为合法饮料，与乳酪、米面、水果、香花等制作成混合茶饮更为常见。新出现的饮茶观念影响甚远，热饮、少饮和不饮更好的观念开始深入人心，清代乃至近现代社会也可以发现这种观念的残留。小说家李汝珍生活在乾隆、嘉庆年间，《镜花缘》是他的代表作之一，小说的第六十一回“小才女亭内品茶　老总兵园中留客”中出现了大段有关饮茶的对话，对话在小说人物紫琼与红红之间展开，作者借紫琼之口表达了自己的饮茶观：

① （明）李时珍：《本草纲目》卷32《果部四》，人民卫生出版社1996年版，第1871—1873页。

> (茶)若以其性而论:除明目止渴之外,一无好处。《本草》言:常食去人脂、令人瘦。倘嗜茶太过,莫不百病丛生。家父所著《茶诫》,亦是劝人少饮为贵;并且常告诫妹子云:"多饮不如少饮,少饮不如不饮。况近来真茶渐少,假茶日多;即使真茶,若贪饮无度,早晚不离,到了后来,未有不元气暗损,精血渐消;或成痰饮,或成痞胀,或成痿痹,或成疝瘕,馀如成洞泻,成呕逆,以及腹痛、黄瘦种种内伤,皆茶之为害,而人不知,虽病不悔。上古之人多寿,近世寿不长者,皆因茶酒之类日日克伐,潜伤暗损,以致寿亦随之消磨。"此千古不易之论,指破迷团不小。……总之:除烦去腻,世固不可无茶;若嗜好无忌,暗中损人不少。因而家父又比之为"毒橄榄"。盖橄榄初食味颇苦涩,久之方回甘味;茶初食不觉其害,久后方受其殃,因此谓之"毒橄榄"。①

小说中的紫琼受其父亲的影响,具有丰富的茶叶知识。紫琼的父亲自称有嗜茶之癖,曾写过两卷本的《茶诫》,主要内容是宣扬饮茶有害的思想,警告饮茶成瘾的人戒茶。小说的饮茶观似乎存在矛盾:一方面,紫琼和父亲都是爱茶人,都有丰富的饮茶知识;另一方面,紫琼的父亲又说饮茶伤害身体,最好不要饮茶。李汝珍借助紫琼父亲之口,称茶叶是"毒橄榄",主张多饮不如少饮,少饮不如不饮。"饮茶有害论"与贾铭、李时珍等人的表述一致,理由也很相似,即认为茶性阴冷,除明目、止渴外一无好处,嗜茶太过的人莫不百病丛生,对人体造成日积月累的伤害;真茶少、假茶多,真茶对人有损,假茶对人有害。

---

① (清)李汝珍:《镜花缘》,上海古籍出版社 1991 年版。

李汝珍所谓假茶，指用染色、掺假等手段制作的伪造茶，元明常见的柳叶、菊花、桑叶、柏叶、槐角茶不在假茶之列。他表示江浙等地用柳叶作茶，但好在柳叶无害，偶尔吃吃也无妨。紫琼遵照父命不吃茶，平时只用菊花、桑叶、柏叶等做茶，有时也吃炒焦的薏苡仁。书中大谈用柏叶、槐角制作的茶饮对身体的益处，称桑叶、菊花做茶与之相似，对人也有益处。一些学者已经注意到《镜花缘》与《本草纲目》的关联，李汝珍不认为柳叶茶是有意造假，反而视之为一种别具风味的茶饮，与此同类的还有菊花、桑叶、柏叶、槐角等，都属于特殊风味的代茶饮品。①染色茶因为化学染料的毒性对人体有害，掺假茶的危害性又从何而来呢？掺假茶是北宋时期的一个概念，政府发布了禁止茶叶掺假的法令。贾铭、李时珍等人提到不饮茶，理由是假茶多、真茶少，却没有说假茶具体指什么，毕竟像温桑、柳叶等宋代的假茶已经合法，小说对假茶的态度似乎同样处于矛盾之中。

南宋以来，茶叶、茶饮的概念发生了极大的变化，饼茶文化消失，南方真茶地位下降。茶叶消费进入大衰退的趋势，贸易和生产也随之衰落。经济链条的各个环节都出现了问题，因为饮茶衰退是社会巨变的一部分。与南方真茶衰落相对应的是曾经的伪（假）茶合法化了，温桑、石头上的青苔、芍药芽、枸杞、柳叶、槐叶等都成为特色茶饮，四川、湖南、西藏、广南等边疆区域的茶叶地位提升，掺杂酥油、米、面、坚果、香花等混合茶饮开始流行。引发巨变的不是经济因素，不是贸易、生产、战争、税收和政策，而是作为经济发展动力的源头——文化竞争。政权之间的争夺是全方位的，武力和政治对抗只是基础的部分，文化和意识

① 詹颂：《〈红楼梦〉、〈镜花缘〉与〈九云记〉中的品茶与茶论》，《红楼梦学刊》2012 年第 6 期，第 168—194 页。

形态领域的竞争同样激烈。

金政权的“饮茶无用说”和元朝出现的“饮茶有害论”，扭转了唐宋主流的饮茶有益健康的观念，也是南方真茶失去价值的根源。唐宋与元明医学界的饮茶观截然相反，更清楚地显示出文化之于商品价值的奠基意义。茶叶蕴含的文化意义一旦消失，人们饮用这种草叶的热情随之减退。中国社会的主流是文化融合，南北对抗时期，文化上产生多元共存的社会需求，元朝盛行的混合茶饮就是文化融合主义价值观的体现。元帝国快速崩溃后，明朝出现微弱的民族复兴浪潮，然而直到明朝中晚期，芽叶茶文化才有一点萌芽。清初延续了饮食文化冲突，也有消除文化隔阂的政治需求，反映在饮食领域就是多样、对抗又共存的文化状态。

第五章
复　兴

饼茶文化在元、明时期已经消失，江南地区残存了一点末茶的痕迹。富裕的人家偶尔会请茶博士来点茶，用的是绿色的末茶，普通人家早已没有这种习俗。平民大多饮用白水，社会上盛行用柳叶、绿豆、菊花等做的代茶饮料，掺杂坚果、食物、香花的混合茶饮也很常见，南方的真茶只是可有可无的配料。草茶、茗茶、芽叶茶原本是唐宋时期的低端茶类，元以后受到冷落，价格低廉，没有太多经济价值。明代中晚期，尤其是嘉靖以后，以无锡和苏州为中心出现一批爱茶人，芽叶茶的采摘、制作和饮用都变得精致起来，出现了虎丘、天池、西湖龙井、松萝等一批名茶，有些名茶至今仍有影响。

茶饮的复兴出现在一个特定的历史时期，无锡和苏州是其核心发源地，我们将从时间、空间视角分析此茶饮复兴的历史。需要说明的是，复兴不是回归唐宋时期的饼茶文化，它是建立在芽叶茶基础上的全新文化创造。此次茶饮复兴的社会影响极为有限，仅在江南地区少数文化阶层，也没有形成风俗贵茶的局面，对消费、贸易和生产的影响不大。明代的茶叶贸易以自产自销的小商贩为主，茶税对国家财政的贡献可以忽略不计。

18 世纪中叶以后，饮茶在英国等欧美国家兴起，中国茶叶在海外市场的需求大增，带动南方多地的茶叶种植、生产和贸易。直到 19 世纪中叶之前，中国都是世界上茶叶的主要出口国，带动了茶叶经济的小高峰。为了争夺茶叶利益，英美等国在殖民地种茶、制茶，通过各种手段对中国茶叶进行打压。19 世纪晚期，中国茶叶经济陷入长期衰退，西方在印度等殖民地投资的茶叶取代中国，提供了世界大部分茶叶。这部分内容不是本书的重点，姑且作为明清茶饮复兴及其商业化的阶段性总结。

一、茶饮复兴

明代中叶之前，没有名茶，也很少见到爱茶人的资料。然而，嘉靖以后，却流传了早期茶人的故事，倪瓒被称为最早的茶人。英宗正统五年(1440)，朱权撰写的《茶谱》是明代第一部茶书，却没有产生太大影响。一个世纪以后，顾元庆编撰了另一本《茶谱》，此时已是嘉靖二十年(1541)。无锡和苏州的爱茶人群体正在形成，饮茶风气也在酝酿。茶馆也在这一时期出现了，因为唐宋的茶馆很是发达，此时出现的茶馆可以称为复出。明代群体性的饮茶热潮出现在隆庆、万历以后，直至明末清初都没有停止，名茶和茶书在此阶段大量涌现。

（一）江南再现爱茶人

爱茶人指那些特别喜欢饮茶的人，有些爱茶人也热衷于搜集茶叶资料，编著茶叶书籍。爱茶人在元代基本上就消失了，朱权的《茶谱》是嘉靖(1522—1566)之前唯一的茶书。据顾元庆《茶谱》,至少在明武宗正德前后,无锡和苏州出现了以沈周、吴纶等人为首的爱茶人群体,按照沈周、吴纶等人的年龄推算,爱茶人集团出现的时间似乎更早。吴智和认为,成化、弘治以后,以无锡和苏州为中心的吴地出现了"常州文人集团"和"苏州文人集团",他们也是乐于隐逸生活的"茶人集团"。①顾元庆与这些茶人都有交往,在他的《茶谱》中,同为无锡人的倪瓒、王绂被发掘出来,作为吴地饮茶爱好者的代表性人物。

1. 朱权及其《茶谱》

朱权是朱元璋的第十七个儿子,洪武二十四年(1391)被封为宁王,封国在宁国(今内蒙古自治区赤峰市宁城县)。永乐元年(1403)二月,朱棣政变成功,朱权被发配到遥远的南昌,权力受到严格限制,又遭到"巫蛊诽谤"的陷害,自此韬光养晦,在南昌建了一座精庐,每天读书、弹琴,表现不会危害朱棣皇权的样子。②他将精力投入道教典籍、音乐、戏剧、茶饮、藏书等文化事业,在很多领域起到开创性作用。③《茶谱》是朱权诸多文化专著之一,署名"臞仙",这本书应该是他晚年的作品。近代农史学家万国鼎认为,该书撰于正统五年(1440),茶界认为这本书是明代第一本茶书。④

---

① 吴智和:《中明茶人集团的饮茶性灵生活》,《史学集刊》1992 年第 4 期,第 52—63 页;吴智和:《明代的茶人集团》,《传统文化与现代化》1993 年第 6 期,第 48—56 页。

② (清)张廷玉等撰:《明史》卷 117《诸王二·朱权传》,中华书局 1974 年版,第 3591—3592 页。

③ 朱权奉敕编撰《通鉴博论》《家训》《宁国仪范》《汉唐秘史》等史籍和文献。成书于洪熙元年(1425)的《神奇秘谱》(三卷)是现存最早的琴曲专集,收录了 64 首琴曲,在中国音乐史上史料价值较高;他撰写的《太和正音谱》则是中国现存最早的杂剧曲谱,是中国戏剧史上重要的理论著作;正统九年(1444)撰道教专著《天皇至道太清玉册》八卷,后被收入《续道藏》。

④ 王建平:《白眼望青天　清泉烹活火——朱权〈茶谱〉赏析》,《农业考古》2017 年第 2 期,第 187—191 页。

《茶谱》老调重弹了唐宋文人对茶的赞美，强调茶的各种神奇功效：助诗兴、伏睡魔、助清谈、化痰醒睡、解酒消食，具有去油腻、爽精神的效果，饮茶的好处大矣！①这本书赋予饮茶以积极意义，茶叶再次受到肯定和重视。不过，书中也继承了“饮茶有害论”的负面评价，称“虽世固不可无茶，然茶性凉，不疾者不宜多饮”，卢仝七碗、老苏三碗的饮茶量有点多，不过也许古今饮茶标准不同罢了。朱权的饮茶观存在明显的矛盾，他一方面强调饮茶的诸多好处，另一方面又说“不宜多饮”，显示出饮茶文化的冲突和混乱。

朱权表示，饮茶的价值在于文化表达，只要心意到了就好。饮茶用于帮助修道，不在于多，一瓯便可通仙灵。茶会的目的在于思想交流，主、客之间款话，探索玄学的奥秘。朱权设计了高士间饮茶的流程，童子做好准备工作，端上煮好的茶水，主、客的饮茶仪式如下：

> 主人站起来，举起手中的茶瓯敬奉给客人说：为君泄清臆。
>
> 客人也站起来，接过茶瓯说：没有这杯茶，不足以破孤闷。
>
> 两个人都坐下。
>
> 饮茶毕，童子接过茶瓯，退下。
>
> 谈话说情久之，饮茶的礼仪再三举行，随后拿出琴、棋，鼓琴下棋。

书中还有制茶、收茶、饮茶等方法，对古今茶叶及其制作方法进行了一番评价。朱权批评宋代“杂以诸香，饰以金彩”的龙团凤饼已经失

① （明）朱权：《茶谱》，艺海汇函本。

去真味,不如芽叶茶朴素,更符合自然本性,但他采用的还是唐宋末茶法。他对“山东蒙山石藓茶”赞誉有加,称颂其“味入仙品,不入凡卉”;他也认可香花熏制的茶叶,称“其茶自有香气可爱。有不用花,用龙脑熏者亦可”。朱权自制了便携式茶灶和瓦器灶台,茶灶“古无此制,予于林下置之”,并介绍了茶具、水的品鉴方法。

朱权作为一位落寞闲居的王爷,用琴、棋、书、画、饮茶、清话等隐逸行为,表达自己不问世事的姿态,这是对自己的一种政治保护。他试图重塑饮茶礼仪,将茶叶视为文化表达物,发明了便携的茶具、茶灶等用具,设计了一套饮茶仪式。《茶谱》的内容混杂了冲突的饮茶思想,茶叶和茶饮并不限于南方真茶,也包括元以后出现的多种代茶饮品。在程朱理学的官方文化压制下,能够欣赏禅意、清话之美的人寥寥无几,如同被打入冷宫的朱权。朱权的茶饮思想与其时代格格不入,孤悬于主流文化价值之外,在文化界没有产生什么影响。

2. 顾元庆与倪瓒、王绂的茶事故事

顾元庆(1487—1565),长洲人(今苏州),字大有,又号大石山人,一生未仕,嗜好饮茶。他是一位书商,有自己的刊印中心,主要印刷大众喜闻乐见的流行小说。顾元庆是嘉靖年间无锡、苏州文人饮茶萌芽时期的重要茶人,编写了许多茶人小说和故事。无锡倪瓒、王绂及其竹茶炉的故事源头,都可以追溯到顾元庆。通过《云林遗事》《茶谱》等作品,顾元庆成功塑造了倪瓒、王绂、吴纶等一批无锡、苏州早期茶人的形象。他撰写的《云林遗事》,主要讲倪瓒的各种传闻轶事,分高逸、诗画、洁癖、游寓、饮食五个门类。高逸门下有这样一则故事,大意如下:

倪瓒喜欢茶,在惠山时,用核桃、松子仁、真粉等捏成石头般的小块，放在茶水中，取名“清泉白石茶”。有一天，一位名叫赵行恕的宋朝宗室后裔慕名访问倪云林，主客落座以后，童子献上茶水，行恕几次都将茶里的食物吃光，惹得倪瓒很不高兴，对访客说，本以为你是王室后代，所以才献出此茶，没想到竟如此不懂风味，真是俗物。从此便与之绝交。

饮食门下有一则倪瓒创制莲花茶的故事，这款茶叶的做法非常复杂：在黎明前将一小撮上好的细茶放入含苞待放的莲花蕊之中，用麻绳略微扎起，第二天早上摘掉花朵，取出茶叶后，用建纸包茶焙干后，再次重复之前的做法，反复数次，茶叶香美无比。这些故事不断流传，出现在各种版本的明人文集中。故事的内容与《云林遗事》大致相同，细节上稍有差别。例如，陈继儒《小窗幽记》载，云林嗜好饮茶，在惠山用核桃、松子肉和白糖捏成小块，状如石子，放在茶中待客，称为清泉白石。[①]万历以后，倪瓒八世孙辑录其祖的文集，编成《清閟阁集》，历经增删修订，顾元庆的《云林遗事》也附录其后。[②]

清泉白石茶、莲花茶是对元代茶饮的美学升华。莲花茶是元代混合茶的精致作品，芽茶在这款混合茶饮中的位置并不突出。茶的重点在于莲花对细茶的香薰，制作过程烦琐且精致。清泉白石茶体现了混合茶饮的典型特点，茶水中混有核桃、松子等食物。这款茶的重点不在吃里面的食物，更像是用茶水制作一幅简约、疏淡的山水画。故事中的遗宋皇室子孙不懂欣赏其中之美，将里面的食物吃了个精光，这令倪瓒非常愤怒。传说中的倪瓒有重度洁癖，对洁净和美有很高要求。倪瓒

---

① （明）陈继儒：《小窗幽记》卷7，陈桥生评注，中华书局2008年版，第191页。

② （元）倪瓒：《清閟阁集》卷11，续修四库全书本。

的故事应该都是后来编造的，在元末明初兵戈动荡的年代里，生命都无法保证，追求茶水艺术就太过奢侈了。这些故事集中出现在嘉靖以后，明朝的文化界正在经历复古思潮和禅学复兴运动。

在嘉靖以后文化复古的潮流中，唐代的阳羡贡茶受到追捧，倪瓒被塑造成明代阳羡茶、惠山泉的第一人。历史上的倪瓒及其经历比较模糊，他是无锡人，绘画师法董源等人，被认为是元代南宗山水画的杰出代表。他的书画简约、疏淡，擅长山水、竹石。沈周、文征明都曾向他学习，他对董其昌、石涛等人的画作也产生了巨大影响。

朱权《茶谱》出现一个世纪后，顾元庆的《茶谱》(1541)出版了。[①]这应该是明代第二本茶书，据顾元庆的说法，这本书不是他撰写的，而是在钱椿年《茶谱》(又称《制茶新谱》)、[②]赵之履《茶谱续编》[③]基础上删改、校订而成。这样看来，他的《茶谱》就像以上两本茶书的辑合本。根据王建平的说法，钱氏《茶谱》大约成书于嘉靖九年(1530)左右，[④]也有说刊行于嘉靖十八年(1539)，此时钱椿年已经八十四岁。赵之履看到这本书后，告诉钱椿年，自己家藏书中有王绂竹茶炉的故事。钱椿年看到后感到很惊奇，嘱其将王绂茶事附在《茶谱》后做个续编，这就是《茶谱续编》的来历。钱椿年、赵之履只是顾元庆《茶谱》中的人物，有关他们的情况不得而知，很有可能是他虚构的。

---

① (明)顾元庆:《茶谱》，续修四库全书本。

② 钱椿年，江苏常熟人，字宾桂、号友兰，生平事迹不详，撰《茶谱》(又名《制茶新谱》)。据顾元庆说，他的《茶谱》抄录了钱氏《茶谱》。

③ 赵之履，其人不详，著《茶谱续编》(约1539—1541)，其书的部分只见于顾元庆《茶谱》。顾元庆参考钱椿年与赵之履的著作，编著了《茶谱》一书。

④ 王建平:《钱椿年编　顾元庆删校版〈茶谱〉述评》，《农业考古》2012年第2期，第334—337页。

据布目潮沨《中国茶书全集》中的说法，[①]顾元庆《茶谱》只删减了钱氏书籍中的“炙茶”，其他则抄录了钱氏《茶谱》。顾氏《茶谱》中有盛颙（冰壑）、盛虞（舜臣）[②]叔侄所作“王友石竹炉并分封六事”，这部分应该来自赵之履《茶谱续编》，书中的《跋》提到王绂竹炉新咏及其茶诗。竹炉六事指饮茶所需六种茶具并附有八幅图，分别是：竹茶炉、苦节君行省（竹编贮藏器）、建城（茶笼）、云屯（贮水器）、乌府（炭篮）、水曹（洗盆）、器局（茶具存放器）、品司（茶食存放器）。竹炉铭文为盛颙撰“苦节君铭”，诗文是“心存活火，声带湘涛”“一滴甘露，涤我诗肠”。

王绂（1362—1416），字孟端，号友石生，又号九龙山人，九龙山即惠山（慧山）。他也是无锡人，晚于倪瓒。他的茶事故事早见于邵宝《慧山记》卷三，书中有王绂、潘克诚、僧人性海，以及湖州竹工匠人共同发明竹茶炉的故事。[③]邵宝也是无锡人，成化二十年（1484）进士。《慧山记》原本是慧山寺住持圆显撰写的二十卷地理志，正德五年（1510），时任南京礼部尚书的邵宝润色、编订为四卷本刊行。这本书早在隆庆年间（1567—1572）被大火烧毁，清咸丰七年（1857），邵宝八世孙邵涵初重刻，后又毁于战乱。同治七年（1868），邵文焘据刊行本再次重印。[④]圆显、邵宝的《慧山记》在消失了三百年后再次出现，书籍和故事的真实性令人怀疑。王绂及其竹茶炉故事存留资料中，最早现于顾元庆《茶谱》。

《明史》中有王绂的传记，比较简略，称其“博学，工歌诗，能书，写山

① ［日］布目潮沨编《中国茶书全集》，汲古书院 1987 年。

② 盛颙（1418—1492），字时望，无锡人。其事迹见《明史》卷 162 列传第五十《盛颙传》。明景泰二年（1451）进士，授御史，后为束鹿知县。宪宗登基后升邵武知府，历任陕西左布政使、刑部右侍郎并巡抚山东。盛虞为盛颙的侄子，无锡本地画家，生卒事迹不详。

③ 王河、真理：《赵之履〈茶谱续编〉辑考》，《农业考古》2005 年第 4 期，第 212—218 页。

④ 钱建中：《无锡历代专志考略》，《江苏地方志》1996 年第 4 期，第 30—31 页。

木竹石,妙绝一时。”洪武十一年(1378),王绂被征召入京,当时只有十六岁;洪武十三年至二十三年(1380—1390),胡惟庸案爆发并持续十年,前后共诛杀三万余人,王绂也受到牵连,“坐累戍朔州(今山西省大同市)”,建文二年(1400)才被释放回到家乡。永乐初(1403),王绂受举荐回到京师,因善于写作而在文渊阁供事,后升任中书舍人。①他曾参与《永乐大典》的编纂工作,又从事迁都筹备,两次随朱棣北巡,创作画作《燕京八景图》,永乐十四年(1416)在北京去世。从他的经历看来,十六岁来到北京,又在山西大同生活十九年(有说十年),回乡三年后再次征召入京,于北京去世,这样算起来,他在九龙山(慧山)隐居的时间只有建文二年到永乐初的三年。在明初动荡的环境中,王绂似乎没有时间和条件隐居惠山饮茶。

据说王绂的竹茶炉没有保存下来,如今可见的是清代的仿制品,现藏于故宫博物院。②根据王河的研究,③竹炉故事的高潮发生在乾隆年间,乾隆亲自组织惠山茶饮活动,掀起两次“听松庵竹炉烹茶”文化盛会,其间创作了大量绘画和诗歌。康熙三十一年(1692),江苏巡抚宋荦来到惠山听松庵,他用竹炉烹茶,并搜集寺内残存的支墨,请顾贞观④将收藏的王绂、李东阳诗画交给寺院僧人。据说顾贞观在康熙二十三年(1684)复制竹茶炉,他与明珠的儿子纳兰性德关系很好,又从纳兰性德处得到“竹炉新咏”的诗画合集,里面有王绂的画、李东阳等人的诗,后邀请好友朱彝尊等人吟诗题咏。

---

① (清)张廷玉等撰:《明史》卷286《王绂传》,中华书局1974年版,第7337—7338页。

② 参见故宫博物院网址:https://www.dpm.org.cn/collection/bamboo/233063.html。

③ 王河:《惠山听松庵竹茶炉与〈竹炉图咏〉》,《农业考古》2006年第2期,第248—252页。

④ 顾贞观(1637—1714),无锡人,字远平,又字梁汾,号华峰,康熙十一年(1672)举人。

乾隆六次造访惠山寺，在听松庵汲泉、用竹炉煎茶品饮，与大臣们赋诗唱和。无锡知县吴钺集合这些画作和诗文，刊刻成《惠山听松庵竹炉图咏》。乾隆非常喜欢惠山泉，还在紫禁城建造“竹炉烹茶”场所，北京玉带泉号称天下第一泉，惠山泉为“天下第二泉”。乾隆四十四年(1779)，无锡知县邱涟因疏忽，致王绂、李东阳画作和诗稿烧毁。乾隆、张宗昌、董诰、皇子等共同补作，邱涟辑录为《竹炉图咏补集》，内有乾隆创作的诗歌三十五首，大臣奉和诗歌十五首，九幅书法和绘画作品。乾隆五十八年(1793)，无锡人邹炳泰①摘录吴钺、邱涟等人书籍，刊印成《纪听松庵竹炉始末》。无锡文人刘继增重新辑合了吴钺、邱涟的书籍《御题竹炉图咏》。②阳羡茶、听松庵、惠山泉、竹茶炉成为明清茶文化重要的文化象征，王绂则被塑造成文化茶饮的开创者。

竹茶炉的故事追溯到元末明初的王绂，但它们基本上遗失不见，乾隆以后才被重新发现。伴随着这个传奇的故事，中国茶叶经历了大量出口到大幅衰退的历史。茶人王绂与倪瓒的故事类似，都是脱离了时代背景和社会环境的孤立故事。故事中的他们没有朋友，发生的时间、地点和人物也模糊不清，无法证明真伪，具有传奇故事的特征。顾元庆《云林遗事》和《茶谱》更像是文学创作，不能视为陈述事实。嘉靖以后，饮茶在吴地的文人群体中萌芽，顾元庆通过小说虚构了吴地早期茶人事迹，成为茶饮复兴的重要文化源头。文征明也是苏州人，年龄比顾元庆稍长，也创作了不少茶画和茶事故事。

---

① 邹炳泰(1741—1820)，无锡人，乾隆三十七年(1772)进士，历任国子监祭酒、江西学政，兵部、户部、吏部尚书等职，参与编辑四库全书。

② (清)吴钺:《御题竹炉图咏》，乾隆二十七年无锡原刊本。

3. 江南的茶人集团

苏州的饮茶文化萌芽于成化、弘治年间,早期茶人有沈周、吴纶(心远)、过养拙、朱存理、王涞、文征明等,都是无锡、苏州文人。无锡以吴纶为代表,苏州则以沈周为领袖。吴智和提出"茶人集团"的概念,指的是成化、弘治以后,以沈周为首的苏州文人集团,也就是以苏州为中心的江南五府出现的文人茶饮集团。无锡、苏州为比邻,相互间往来频繁,似乎不分彼此。两地比较而言,常州(无锡)发端的作用更为明显。开始饮茶的只是少数人,文人们相互观摩,最终成为一代风气。由于没有可信的官方资料,江南茶人集团出现的时间、地域和发展过程都不清晰。顾元庆在《茶谱》中介绍了他与吴纶、过养拙等人的认识过程(白话译文):

> 二十岁时,我认识了阳羡人吴心远,琴川人过养拙。两人对茶事极为精通,讲授茶叶收焙、烹点方法简单易行。我看到钱椿年的《茶谱》,感到与吴、过二人传授方法相合,但这本书收集的古今文献过于繁杂,失去了《茶谱》的意义,于是决定删繁就简重新编订。书后附录了王友石竹炉及其事迹,与喜欢饮茶的同道共享。①

顾元庆说自己弱冠时见过吴心远和过养拙,并向他们学习茶法,古人弱冠为二十岁左右,那么,他与两人见面的时间大约在明武宗正德二年(1507)。阳羡吴心远就是吴纶,过养拙应该就是过仪,两人都是宜兴人(今无锡、常熟等地)。吴纶字大本,自号"心远居士",隐居不仕。过养拙,即过仪,字廷章、号养拙,又称听松道人,顾元庆称其为琴川人(今

① (明)顾元庆:《茶谱》,续修四库全书本。

常州），生卒年代和事迹不详。吴纶与沈周、文征明、邵宝等人也有交集，大约在弘治己未年（1499），沈周应吴纶的邀请游历荆溪山水，创作《张公洞图卷》并写了很长的序；邵宝曾经收到吴纶寄来的茶叶，作《吴心远惠新茗重以盆蕙走笔谢之》；文征明也收到过吴纶寄来的茶叶，作《是夜酌泉试宜兴吴大本所寄茶》，“白绢旋开阳羡月”的诗句表明这是饼茶，但也不排除这句话只是模仿唐人称呼。无锡阳羡、湖州顾渚出产唐代名茶，也是茶人们喜欢探访的地方。

吴纶在无锡溪山建两座别墅，一为樵隐，一为渔乐，在山中也有茶园，又热心茶事与交友，与沈周、文征明等人关系密切。江南茶人群体的共同特征是不乐仕进，喜欢过自由自在的隐居生活，他们的生活理念与官方主流文化格格不入。不过，吴纶的隐士形象可能是嘉靖以后编造的，现实中的吴纶以诗书持家、全力支持子弟科考。根据吴氏宗谱，吴氏始祖吴德明在元至正年间（1341—1368）由河南迁到宜兴。元末明初战乱导致无数家庭的迁徙，吴氏家族是其中一例。吴纶的父亲吴玉屡试不第，由岁贡进入南京国子监，后又在吏部选拔中成为一名小官员。吴玉的家境并不富裕，但他的儿子吴纶因经营有方变得富有。据罗玘的说法，“吴心远先生有田百亩，山百峰，园以畦计，泉池以泓计者称是，树株千，竹荻苇束千，牛羊蹄千，僮指千，在宜兴”。①吴纶未仕，却督促儿子吴仕科考成功。吴仕曾官至四川布政司参政，吴纶因儿子获得礼部员外郎的荣誉官衔。吴氏后人热衷支持子弟读书科考，取得不俗的成绩，成为无锡诗书持家的家族典范。

吴纶的隐士形象，最早在罗玘《送吴先生归宜兴序》初见端倪。罗

---

① （明）罗玘：《圭峰集》卷8《送吴先生归宜兴序》，文渊阁四库全书本。

玘先是听吴纶的哥哥吴经说,吴纶"樵南山、渔西溪,穿虎豹麋鹿之群,探鲛鳄鼋鼍之宫。味津津,日若不足,盖往返者焉。吾东西封之人,岁不一见"。吴纶隐士的形象自此被树立起来。罗玘在《西溪渔乐说》中将吴纶喻为雷泽和渭水之滨作渔夫的舜和尚父,东汉初终身不仕的隐士严光(子陵)。[①]渔夫、樵夫是隐逸文化的象征,与实际从事樵采、捕鱼、耕田、放牧、做官的人不同,后者为了衣食受雇于人,身体和精神都受到极大束缚和压抑。

一个世纪以后,过廷训笔下的吴纶更像神仙中人:非公事不到城市和官府。天气好的时候,乘坐肩舆行走在山溪间,总有一头苍鹿、一只白鹤伴随。乡人远远地就能看到它们,便知道是吴隐君来了。在溪水间的别墅樵隐、渔乐,嗜好茗饮,必须是阳羡、顾渚的茶,非其地能辨之。[②]万历《宜兴县志》中的吴纶形象是:自称心远居士,活到八十三岁高龄。他不乐仕进,纵情山水,每天与墨客骚人吟诗作赋,怡然自乐。他喜欢饮茶,到处品尝名泉、好茶,经常独自在房间内焚香、静坐,或者阅读史书和陶渊明的诗歌。他临摹的书法作品,人们争着想要得到。人们经常看到他"野服葛巾",带着笔床、茶灶,一头鹿和一只仙鹤,遨游于杭州和苏州之间的吴越大地,看到的人视之为神仙。[③]

传说紫砂壶的发明者与吴纶、吴仕父子有关,但这些说法并未得到证明。据孙磊考证,宜兴壶的名称最早见于顺治十二年(1665)陈鉴《虎丘茶经注补》,雍正四年(1726)、乾隆二十三年(1758),清朝内务府造办

---

① (明)罗玘:《圭峰集》卷22《西溪渔乐说》,文渊阁四库全书本。

② (明)过廷训:《本朝分省人物考》卷28《吴纶》,续修四库全书本。

③ 《(万历)重修宜兴县志》卷7《选举志·驰封》,《无锡文库》第1辑,凤凰出版社2012年版,第146页。

处的记录中，宜兴紫砂壶统称为“宜兴壶”。“紫砂壶”的称呼在清代中后期才开始出现，并在清末及民国初年渐渐兴起。[①]宜兴紫砂壶早期雏形是龚春（供春）壶，出现在万历二十年（1592）左右。

龚春壶最早的记载在万历二十五年（1597）许次纾的《茶疏》“瓯注”条说：“茶注以不受他气者为良……往时龚春茶壶，今日时彬所制，大为时人宝惜。”文震亨创作《长物志》（1634）之前，供春一词很少出现，关注龚春的也不多，茶壶核心在时大彬。《长物志》最早使用供春一词，说“茶壶以砂者为上，盖既不夺香，又无熟汤气，供春最贵，第形不雅，亦无差小者”。周高起的《阳羡茗壶系》（约 1644）将供春与吴纶、吴仕父子联系起来，称“供春，学宪吴颐山公青衣也……世以其孙龚姓，亦书为龚春”（人皆证为龚春，予于吴冏卿家见时大彬所仿，则刻供春二字，足折聚颂云）。战志杰认为，吴洪化和周高起共同虚拟了一个历史上不存在的书僮供春。[②]

吴洪化，又名吴迪美，他与堂兄吴洪裕应该是供春故事的源头。1640 年，周高起来到朱萼堂，参观了吴洪化收藏的紫砂壶。吴冏卿即吴洪裕，是吴洪化的堂兄，周高起在他家见到刻有供春的茶壶。吴梅鼎是吴洪化的儿子，于 1654 年春邀请制壶家许龙文来到朱萼堂作壶，周容作《宜兴瓷壶记》，吴梅鼎作《阳羡茗壶赋并序》，称“余从祖拳石公读书南山，携一童子名供春，见土人以泥为缶，即澄其泥为壶，极古秀可爱，世所称供春壶是也。嗣是，时子大彬师之，曲尽厥妙。数十年中，仲美、仲芳之伦，用卿、君用之属，接踵骋技，而友泉徐子集大成焉”。[③]

---

① 孙磊：《紫砂壶名考》，《中国陶瓷工业》2023 年第 4 期，第 33—37 页。

② 战志杰：《“供春”考辨》，《大众考古》2016 年第 1 期，第 41—43 页。

③ （清）吴梅鼎：《阳羡茗壶赋并序》，（清）吴骞：《拜经楼丛书·阳羡名陶录》卷下《文翰》，上海博古斋民国壬戌年影印本。

周高起、吴梅鼎的故事源头相同,但细节不同:周高起的故事中,供春是吴纶的青衣(婢女),跟金沙寺的僧人学习制壶;吴梅鼎故事里的供春是吴纶的书童,看到土人捏的泥缶,将其改进成紫砂壶。

宜兴在唐代也是瓷器产地,唐宋生产适合末茶法的茶碗、茶盏,没有烹煮芽叶茶的茶器。嘉靖以后,芽叶茶被赋予文化价值,制茶工艺、水和茶器也开始变得精洁。烹煮芽叶茶的汤煎法由北方传到南方,最初用的是茶铫、沙瓶,也就是土陶罐。文征明有一首《是夜酌泉试宜兴吴大本所寄茶》,品尝吴纶寄来的茶叶,"活火沙瓶夜自煎"中的沙瓶指的就是土陶罐。沙瓶还出现在他的《桐城会宜兴王德昭为烹阳羡茶》,"旋洗沙瓶煮涧澌"指用土陶罐舀水准备烹煎芽叶茶。万历以后,粗大且敞口的陶罐、沙瓶向小而精致的茶壶转变,以适应品茗禅修的新文化,烹煮芽叶茶也向冲泡方式变化。茶壶的首要功能是烧水,称为注春。明高濂《遵生八笺》称,"注春,磁瓦壶也,用以注茶"。[①]注水的磁壶为何称为注春?"春"即春茶的意思,在这本书中,茶器名称都很文艺,"注春"指茶壶,喝茶的磁瓦瓯称"啜香"。

这样看来,供春应该是烹茶叶的陶罐或沙瓶,因为"龚"通"供",因此也称龚春。时大彬是最优秀的供春壶制作者,与当时爱茶人士密切合作,将粗大的烹茶砂壶"龚(供)春"改造为小巧的泡茶器,成为芽叶茶文化的重要组成部分。时大彬制作的龚(供)春壶深受爱茶人的喜爱,价格昂贵,吸引了很多匠人加入制壶产业,精致的茶壶层出不穷。龚(供)春壶既是泡茶器,也是艺术品,名茶、名水与名壶是茶文化中的物质符号。时大彬、许龙文等人是制作龚(供)春壶的著名匠人,吴洪化和

① (明)高濂:《遵生八笺校注》之《饮馔服食笺上·茶泉类·茶具十六器》,赵立勋校注,人民卫生出版社 1994 年版,第 394 页。

吴洪裕则是龚（供）春茶壶的爱好者，他们与制壶工匠关系密切，参与了茶壶的设计和制作。龚（供）春为吴仕青衣或书童的故事，赋予宜兴紫砂壶厚重的历史，也为其增添了引人入胜的神秘趣味。

文征明既是当时著名的画家，也是苏州最早的茶人之一。正德十三年（1518）清明日，文征明与蔡羽、王守、王宠、汤珍等五位友人，加两位仆人从不同地区出发登上惠山。据参与者蔡羽做的序，他们克服了很多困难，带着王氏鼎，模仿古人围在惠山泉的亭子里，汲水烹茶，啜饮了三次，品味着天下名泉，体会古人的乐趣，沉浸在幸福之中，久久不愿离去。文征明创作了《惠山茶会图》，在他传世的十多幅茶画中，《惠山茶会图》是较早的作品。他还讲述了苏州早期茶人故事，沈周的茶事首现文征明的文章中。在文征明的笔下，无锡、苏州出现了一批布衣闲人，如华珵（华尚古）、沈周、朱存理等，他们对于品画烹茶、焚香弹琴，评书选石等无用之闲事都很精通。这些事也就是文震亨所谓“长物”，①而饮茶列其一。

沈周，字启南、号石田，晚年又称白石翁，是绘画大师，书法、文学、医学家，吴门画派的创始人。他的祖籍在吴兴（今浙江省湖州市），元末移居长洲（今江苏省苏州市），家族属于吴中（苏州）望族。沈周家族的绘画始于其曾祖沈良（字良琛，号兰坡），沈周的父亲和伯父都善于诗文和绘画。沈周从小跟随家人学习诗文和绘画，师法元四家，善于模仿唐宋文人的书法和诗作、宋元的花鸟和人物画。他与吴兴人王蒙交好，祝允明、唐寅（唐伯虎）、文征明等人的画作皆深受其影响。天顺（1457—1464）之前，沈周还是默默无闻的画家，嘉靖以后却名声大起，字画成为

① （明）文震亨：《长物志校注》，陈植校注，江苏科学技术出版社1984年版。

市场上的抢手货。沈周的故事在嘉靖以后多了起来,与倪瓒、王绂等人一样,在明中叶以后成为早期茶人的代表者。

如果没有文征明为华珵(华尚古)做传,恐怕我们永远不曾知道,成化、弘治年间的无锡和苏州有这样一群"好古博学"并痴迷于"瀹茗"的人。华珵在历史上没有名气,除了文征明为他写的传记,我们对他的了解很少。华珵与沈周交往密切,疯狂痴迷古文物,为此将自己的名字改为"尚古",衣食住行无不模仿古人。他在家里建了一座"尚古楼"。文征明对他的评价很高,称"成化、弘治间,东南好古博雅之士称沈先生,而尚古其次"。[①]有复古嗜好的文人大多是布衣,共同的特点是不乐仕进,以藏书、诗画、品茗为乐,喜欢聚在一起茗饮、观砚、绘画、听松……,时常到风景优美的山林、寺院聚会,谈论诗文画作,喝酒啜茗。

朱存理,字性甫,经常与文征明、祝允明、都穆等人聚会饮茶。他也是"复古嗜茗"的爱好者,为了修撰苏州郡志,热衷搜集地方典故。他与邻居朱尧民气味相投,因两人居住相邻、喜好相近而被称为"两朱先生"。文征明在为朱存理所作墓志铭中称,朱存理和朱尧民两位先生在成化和弘治年间的苏州东城区"其名奕奕",他们不乐仕进却悠然自得的生活方式,在苏州城受到追捧。弘治二年(1489),朱存理作《傲松轩记》和《题松下清言》表达对目前生活状态的喜爱,节选译文如下:

> 夏天到山林避暑,带一束书,一张琴,一壶酒,还有竹床和石鼎。在两棵大松树之间的树荫下支一张竹床,闲适地读着《史记》和《汉书》,累了就在松树下散散步。苍雪堕地,清风徐来。访客来

① (明)文征明:《甫田集》卷27《华尚古小传》,文渊阁四库全书本。

了，取出琴弹奏，释然忘记忧虑，快乐的如同登仙。(《僦松轩记》)

住所旁边有两棵大松树，下面建的小屋就称为“僦松轩”。我每日记录下与访客的交谈，日积月累集结为《松下清言》。来访者都是苏州城里的朋友，远一点的也有，周围的左邻右舍，都穆、祝允明还有邻居朱尧民都不是势利的人。聚会无非就是饮茶、鉴画、品砚、借书，有时候举行小型宴饮，谈论的都是不势利的清话。松树下设置一个小案几，上面有摊开的书。客人走了，有所得，就用楮笔将客人的话记下来。(《题松下清言》)①

经常与朱存理一起饮茶的客人中，王涞(字濬之)和吴嗣业“尤精茗事”。弘治十年(1497)仲冬十二月，朱存理创作《书会茶篇》，对于王涞精湛的煎茶技艺极为赞赏。《会茶篇》是白石翁(沈周)为王濬之(王涞)创作的作品。王涞嗜好饮茶，也懂得煎茶之道。他带着上等好茶来到沈周的“竹巢”，为其展示煎茶技术，沈周连啜七碗，感到无比美妙，创作了《书会茶篇》。在文章的后面部分，朱存理用文字展示了王涞高超的煎茶艺术，白话译文如下：

有一天，枝指生到濬之家做客，濬之为他煎茶。从未尝过阳羡尹山二子的茶，无法与濬之相比。仪部君是一位非常懂茶、懂煎茶法的人，也为濬之写过书。就连他都认为濬之煎的茶非常好，我还有什么好说的！听说濬之吃茶的地方叫“茗醉庐”，吴太守在墙壁上题了一首诗，认为虽无功却有趣。最近我在寻找顾渚遗址，在山

① (明)朱存理:《楼居杂著》之《僦松轩记》《题松下清言》，文渊阁四库全书本。

上遇到一位汲泉水煮茶的人,分享了一些给我。回来后悔了很多天,心想如果濬之在那里就好了。今天将拜访濬之,学习煎茶法,一起游览顾渚,汲雪泉水烹茶,将是何等好风致!濬之还有一位同道中人名叫吴嗣业,尤其精通茶事。他居住城市,住的地方叫做"松泉斋",常用惠山新造的紫竹炉、洞庭"悟道泉"为客人烹茶。濬之的家住在偏僻的湖上,离得太远难以到达。我真想直接到濬之的"茗醉庐"连饮三日,以清洗尘土做成的肠胃,再为他留下创作!①

弘治年间,应该是煎茶艺术开始萌芽的时期,很多人并不懂得如何将芽叶茶烹煮得"好喝"。王涞、吴嗣业是苏州城少有的精通茗事的人,朱存理对于王涞等人的煎茶之道极为推崇,但他没有详细说明煎茶的方法。此时,享誉全国的苏州芽叶名茶——天池、虎丘还没有出现,王涞等人算是孕育名茶的先驱。

苏州茶人探访湖州顾渚的热情也在持续升温,此时的湖州岕茶也远没出现,芽叶茶文化初现端倪。烹茶和饮茶变得具有仪式性,茶炉、泉水、地点和参与者都有讲究。烹茶时使用惠山造的紫竹炉,选择洞庭"悟道泉"、顾渚山的雪泉水;烹茶的地点有时在茶人自建的别墅,有时在寺院。寺院大多建在人烟稀少的山里,便于僧侣们修行。吴地文人喜欢在节日与友人相约到寺院茶会。文征明的《惠山茶会图》作于清明节,而朱存理与友人则是在端午节前一日来到寺庙,从他的游记中可见文人到寺院访古、饮茶的行程(白话译文):

① (明)朱存理:《楼居杂著》之《书会茶篇》,文渊阁四库全书本。

> 正德三年(1508)端阳前一日，来到西崦会友访古，晚上又与友人朱叔英一起来到光福寺。光福寺的僧人普照和其徒弟晓谷将客人引入方丈室端上茶饮，一起观赏唐人诗刻，野王墨池上的书法。晚上则在山中留宿，吟诗作赋。①

另外一个茶会的地点在文人的别墅，别墅大多建在远离城市的大自然。吴纶的山中别墅名为“樵隐”与“渔乐”，沈周的是“竹巢”，王涞的“茗醉庐”建在湖中，吴嗣业将其居所称为“松泉斋”，还有朱存理的“僦松轩”……别墅周边环境风景优美，茶人在这里习静、阅读和思考，友人来时则一起聚会、品茗和闲聊。饮茶的场所叫做“茶庐”，一般是敞开式的茅草小屋，建在松竹之间，旁边有溪水流过，里面的陈设比较简单：有一室为僮仆备茶的地方，一室设简单桌子，上面摆有茶壶、茶杯等用具，同时作为主人的书桌。嘉靖十三年(1534)谷雨前两日，文征明的朋友到苏州支硎山茶会，他因病不能前往，但为茶会绘制了一幅《茶事图》，可以看到茶人在小轩聚会饮茶的场景。

(二)芽叶茶的文化制作

朱权的《茶谱》是明代饮茶文化的起点，不同于主流的饮茶有害论，书中表达了饮茶有益的思想，并赞美茶饮“清致”的味道。朱权的茶饮没有摆脱元代影响，茶是末茶，对花茶、石苔茶等代茶饮也赞誉有加。嘉靖时期，文征明等人为追寻复古，表达了对唐宋名茶阳羡的崇拜。顾元庆笔下的茶人鼻祖倪瓒，创制“莲花茶”“清泉白石茶”，虽然清雅可爱

---

① (明)朱存理：《纪游》，(明)钱谷《吴都文粹续集》卷21，文渊阁四库全书本。

却没有摆脱元代茶饮窠臼,茶叶在混合茶饮中不占主流,芽叶茶还是粗陋、廉价的形象。

嘉靖以后,爱茶人和茶书都多了起来,芽叶茶的制作和饮用变得精细和讲究。然而直到万历以后,芽叶茶才出现了真正的名茶。晚明的沈德符称,近年来,饮茶的精洁程度无与伦比。采摘的都是嫩芽,无需碾造,保留了茶的"真味",这些变化都出现在明朝。其实宋已有之,只是散片为下等茶,"故搢绅不贵之耳"。[①]芽叶茶在万历以后变得精致,文人摆脱一味崇拜唐宋的束缚,创造了属于自己时代的名茶。

1. 明朝第一名茶:虎丘、天池

苏州名茶虎丘、天池产自寺庙,也算是寺观茶。这两款茶叶由谁创制,为何如此著名?这些问题没有明确的答案。徐渭的《谢某伯子惠虎丘茗》有"虎丘春茗炒烘蒸""紫砂新罐买宜兴"的诗句,此时应该是虎丘茶刚起步的阶段。虎丘茶采用炒、烘、蒸的制作工艺,与唐宋散茶、草茶、茗茶差别不大。王世贞[②]稍晚于徐渭,他的诗文中记录了许多在虎丘寺聚会、游玩、饮茶的时光。《解语花·题美人捧茶》诗中写道:"临饮时、须索先尝,添取樱桃味。"这首诗里的茶水很美味,品尝出樱桃味。人们观察茶水的颜色、无需依靠水果、香花助力,就有果味、香味等丰富的味觉体验。

隆庆以后,虎丘茶的名声渐盛。虎丘、天池时常并提,但天池茶的名气稍逊。隆庆四年(1570),松江华亭人陆树声与僧人同试天池茶,这

---

① (明)沈德符:《野获编补遗》卷 2《茶式》,续修四库全书。

② 王世贞(1526—1590),江苏太仓人,字元美、号凤洲,又称弇州山人。嘉靖二十六年(1547)进士,先后任职大理寺左寺、刑部员外郎等职,后与张居正交恶被罢归,直到张居正死后再被启用,累官至南京刑部尚书。王世贞在文学界很有成就,成为文坛中新复古社团的领袖,与李攀龙等人合称"后七子"。

也是天池茶出现的早期记载。虎丘茶不会晚于天池，至少也在隆庆期间。万历以后，禅修和饮茶的生活方式受到文人追捧，虎丘、天池茶也随之收获了极高的名声。万历二十五年(1597)，许次纾撰写《茶疏》时，已将虎丘列为名茶。湖北公安文学家袁宏道尤其喜欢虎丘、天池茶，他的理想生活就是卸甲归田后，住在惠山泉边，饮用顾渚、天池和虎丘茶，与陆羽、蔡襄这样的爱茶人一起谈佛论道，探讨诗文。《长物志》的作者文震亨对虎丘茶也是赞誉有加。

明末清初的陈鉴，化州(今广东省茂名市化州市)乐岭村人。万历四十六年(1618)乡试后，赴京会试因触犯规则，被取消考试资格。他对陆羽《茶经》只提洞庭未列虎丘感到诧异，怀疑陆羽在苏州时，虎丘茶还没什么名气。大约在1655年，他模仿陆羽作《虎丘茶经注补》。[①]陈鉴创作此书时，虎丘茶的名气最盛。陈鉴引用《姑苏志》称虎丘寺的西面产茶，注释道：虎丘寺西距离剑池不远，能够出产这样的好茶也是奇怪。此地只有巴掌大，却名扬四海，又是一大奇迹。

当时有关虎丘茶的传说比较多，《虎丘茶经注补》收集了一些传说，例如，虎丘茶是明初天台山的起云禅师住在虎丘寺时所种，明初的王璲写过《赠天台起云禅师住虎丘种茶》诗；徐天全[②]贬谪回乡后，每到春末

① (清)王晫、张潮编纂：《檀几丛书》卷49《虎丘茶经注补》，上海古籍出版社1992年版。

② 徐天全(1407—1472)，即徐有贞，原名徐珵，晚号天全。江苏苏州人，好功名。土木堡事变后曾建议迁都南京，遭到于谦等人的斥责。英宗复辟后，徐有贞因拥立之功高升首辅之职，杀害于谦。后因权力斗争被贬为庶民，流放金齿(今云南)，不久又被赦免返乡，回到家乡吴县，成化元年(1465)恢复官员身份却没有被启用，直到成化八年(1472)病逝。嘉靖三十三年(1554)，八十五岁的文征明受陆师道的邀请游石湖，其间出示徐有贞游山时所作《满庭芳》，文征明受邀追赋作《游石湖追和徐天全满庭芳》，此书写为波士顿美术馆藏。传说中徐有贞在虎丘开茶社的时间，应该在1460—1472年间，也就是他被贬回乡后的那段时间。然而，明代最早的茶坊是在1547年开设的，距离徐天全去世已经八十多年，所以故事是虚构的。

夏初都会到虎丘开茶社;吴匏庵(吴宽)为翰林时,放假回乡都会与石田(沈周)同游虎丘,亲自采茶制作茶饮,自称有茶癖;文衡山(文征明)不喜欢吃杨梅,客人吃杨梅时,他则以虎丘茶作陪;徐元叹、钟惺因虎丘茶事通讯结缘、发展出深厚友谊。

以上故事应该都是文人编造的,因为朱存理与吴宽、文征明是同时代的人,他又是当时苏州最著名茶人之一,却从未提及虎丘茶。虎丘茶最初产自虎丘寺,其名声日盛是一个历史过程。虎丘茶不是由个别僧侣或文人创制,而是文化群体共同创造的产物。

徐元叹、钟惺因茶结缘的故事在明末广为流传。徐元叹是苏州的逸士,钟惺,字伯敬,竟陵人(今湖北省天门市),两人相隔千里,却以买茶为名,一年通信一次。钟惺创作《虎丘品茶》诗,体味水、茶与香迷离交融的茶理。晚年回到家乡,年老无法出游,希望徐元叹到自己家乡一见。一位名"醉翁"者这样评价二人的友谊:茶树一旦种在世间,至死不能移植,否则就死。所以男女以茶为聘礼,朋友之间的交情也如此。(《虎丘茶经注补》)徐元叹与钟惺的友谊不晚于天启二年(1622),钟惺当时任福建提学佥事。他与徐元叹因茶结缘写的书信与诗编成册,取名《茶讯诗》。在一次与徐元叹的通信中,钟惺提到自己做官极苦又俗,不敢再说做诗。他决心在五十岁时斩断俗事,诗文也不做了。钟惺在弟弟钟恰死后,觉得自己活不过五十岁,[①]后来与同僚一起出家,每日诵经念佛,持斋半日,静心禅修,后因父亲去世离职,又遭到福建巡抚的弹劾,更是一心求佛,五十岁去世。陈鉴在其虎丘茶书中,收录了谭友夏感叹两人友情的两首诗,一首《冬夜拜伯敬墓诗》有"姑苏徐逸士,香

① (明)钟惺:《钟伯敬先生遗稿》卷3,《与徐元叹》《自跋茶讯诗卷》,明天启七年徐波刻本。

雨祭茶时”的诗句，又有诗寄元叹曰：“河上花繁多有泪，吴天茶老久无香。”明末清初的钱谦益作《戏题徐元叹所藏钟伯敬茶讯诗卷》，诗句“钟生逝矣徐郎恸，吟诗啜茶谁与共”“高山流水在何许，但见风轻花落萦茶烟”传达二人因茶、诗结成的友谊。

2. 西湖龙井

嘉靖二十年(1541)，顾元庆刊印《茶谱》。同一年，田汝成告病回到家乡杭州，专心搜集杭州的历史典故和新闻。嘉靖二十六年(1547)，田汝成完成《西湖游览志余》，里面记载了杭州富裕家庭偶尔还会请茶博士“点茶”的习俗，以及第一家茶坊开张的新闻。嘉靖三十三年(1554)，田汝成的儿子田艺蘅创作了茶书《煮泉小品》，他在书中批评了各种代茶饮品和“混合茶饮”，认为水果、香花都会影响到好茶的味道，他说(白话译文)：

> 人们大多喜欢在茶水里放茶果，这种风俗近世才出现，即使茶果很好，也损害茶水的真味，应该去掉才对。更何况放茶果时必用汤匙，金银制品不是山居器物，铜又有腥味，都不可用。以前人们还说，北方人喜欢放酥酪、四川人喜欢放白盐，这些都属于“蛮饮”，不足责；也有人放梅花、茉莉等香花，虽然很有风韵，但也损害了茶味。如果茶叶很好的话，不会放这些香花。①

田艺蘅不仅抛弃了用酥酪、盐等与茶同煮的“蛮饮”，反对茶水中掺杂水果、香花，也反对复古唐宋末茶，认为末茶有碎屑，不如芽叶茶的汤

---

① (明)田艺蘅：《煮茶小品》卷5《宜茶》，明嘉靖甲寅刻本。

水清爽，真正有品味的人自然会辨识。《煮泉小品》提出"今之芽茶"比唐宋团饼更有"真味"，生晒的芽茶因断了烟火气比火作的更接近自然，何况人手制作的茶叶不够清洁，器具也不干净，又难以掌控火候，损害了芽叶茶的色泽、香气和味道。宁波人罗廪在其《茶解》中表示，"岭南之苦薆、玄嶽之骞林叶、蒙阴之石藓，又各为一类，不堪入口"。他也反对将熏梅、咸笋、腌桂、樱桃等食物与茶混合起来，认为这样不仅失去了茶的真味，而且还有害健康。

在谈到水对美味茶饮的重要性时，田艺蘅提到龙泓山（即龙井）的泉水，认为这里的茶叶也是最好的（白话译文）：

> 如今武林（今杭州）诸多泉水，只有龙泓入品，茶也是龙泓山的最好。这座山深厚高大，佳丽秀越，为两山之主。故其泉水清寒甘香。……又其上为老龙泓，寒碧倍之。那个地方产茶，为南北山绝品。陆羽将钱塘天竺、灵隐的茶叶视为下品，应该是没有见过龙井茶。《郡志》称颂的也是宝云、香林、白云诸茶，但它们都没有龙泓茶那样清馥隽永。我曾经一一尝试过，在两浙地区很难找到与之媲美的茶叶。

田艺蘅是龙井茶最早的知音。龙井茶也是寺观茶，由龙井寺生产制作。芽叶茶被田艺蘅赋予文化的意涵，在龙井茶这里表现得异常清晰。虎丘、天池茶也是芽叶茶，采用的还是唐宋时"蒸"的技术，不如龙井茶具有真味。田艺蘅为芽叶茶的生产、饮用制定了一些规范，如同唐宋时期的饼茶文化，比如，生晒更接近自然的意义、泉水的选择等等。《煮泉小品》刊印半个世纪以后，万历二十五年（1596），杭州人许次纾撰写了《茶疏》。

他否定石苔（苔藓）是茶，称其“全无茶气，但微甜耳”，又反问道：“茶必木生，石衣得为茶乎？”他对宋代“龙团凤饼”制作工艺也表示了不屑，认为“冰芽先以水浸，已失真味，又和以名香，益夺其气，不知何以能佳。不若近时制法，旋摘旋焙，香色俱全，尤蕴真味”。对于山东蒙阴县产石藓茶，万历年间的茶人大多持否定态度，拒绝承认其为茶。万历二十一年（1593），杭州人陈师在其《茶考》中评价石苔茶“不可煮，又乏香气”。[①]许次纾高度赞誉了“近时”的芽叶茶制作，称采摘后立即烘焙，茶叶色香味俱全，尤其蕴含“真味”。许世奇为《茶疏》写了序，回忆了两人同游龙井寺的经历。他们在僧舍逗留了十多天，与僧人分享春茗，聆听竹炉上沸腾的水声，与空山松涛相应和，感到无与伦比的快乐。为此，他宁愿削发为僧，与僧人们永享此刻。[②]

3. 安徽松萝、湖州岕茶

许次纾《茶疏》罗列了万历中期全国的名茶，著名的有：六安（安徽江北区）、阳羡（无锡）、建州（福建）、武夷（福建）、罗岕（湖州）、松罗（安徽江南区）、虎丘（苏州）、龙井（杭州），许次纾说，除此之外便没有更好的茶叶了，他还对于以上茶叶进行了一番评价，现对其评价做个归类总结（白话译文）：

> （1）六安茶的产地在霍山县大蜀山，这种茶在河南、山陕等北方地区特别受欢迎，南方人认为其能消除积滞和诟腻，也比较喜欢

① （明）陈师：《茶考》，朱自振、沈冬梅、增勤等编《中国古代茶书集成》，上海文化出版社2010年版。

② （明）许次纾：《茶疏》，茶书全集本。

喝。当地人不善制造,用大锅加大火炒焙,没等出锅茶叶已经焦枯;存储方法也有问题,炒焙的茶叶热的时候就放在大竹篓中,茶叶很快变得萎黄,只能作为下等茶用于饮食,难以供给文人品味。

(2) 无锡阳羡、福建建茶都是唐宋名茶,如今皆空有虚名,两地目前贡茶最多。福建茶只有武夷山的雨前茶还算可以。

(3) 如今最受推崇的是湖州岕茶,罗氏家族所在地出产的罗岕最有名,有人认为这里是唐代顾渚紫笋的产地,其实不然。

(4) 苏州的虎丘、杭州的龙井、歙州的松罗,皆为香气浓郁的好茶,可与岕茶相媲美。天池是过去的文人喜欢的名茶,但这种茶叶喝多了腹胀,品级应该降低。

(5) 黄山茶可归入歙州松罗系,福建泉州茶、浙南茶如天台雁宕、绍兴日铸等,可归武夷同系,虽有名茶,大多“制造不精、收藏无法、一行出山,香味色俱减”,与龙井为首的浙北茶不可同日而语。湖南宝庆茶(今邵阳、娄底一带)、云南五华茶(今昆明一带)因为不熟悉,不予置评,但两地茶叶应该不止于列出的这些。

以上罗列的名茶中,阳羡、建茶是唐宋名茶,明代还是贡茶,但许次纾认为已经不能算是上等好茶;六安茶在北方比较有名,南方文人视为粗制的药饮,不值得文人品味。这样看来,也就只有虎丘、龙井、松萝(松罗)、罗岕算得上香气浓郁的真正名茶;虎丘、龙井很早便享有盛名,松萝(松罗)、岕茶出现相对较晚;天池曾与虎丘齐名,许次纾将其列为次等茶叶,已经没有什么名气了。

根据《歙县县志》,徽州原本没有茶,大约在隆庆年间(1567—1572),苏州虎丘的和尚大方到松萝建寺院,采摘当地的山茶,按照虎丘法焙制，造出的茶叶大受欢迎。大方因为卖茶得利很多，从此还俗从商，不再做和尚。冯时可，松江华亭人，隆庆五年进士。他于万历三十七年(1609)前后创作《茶录》，讲了类似的故事，他说，“茶全贵采造，苏州茶饮遍天下，专以揉造胜耳”，[①]意思是茶叶好坏的关键在制茶方法。采用虎丘法制茶造出的松萝(松罗)，气味变得清香，虽然比虎丘稍逊，比天池稍粗，味道却相同。自己家乡松江佘山的茶叶品质也不错，因为不懂采造法，制作出的茶叶不好喝。近来也有虎丘和尚来到本地，采用虎丘法制作，味道与松萝(松罗)相同。当地僧侣担心权贵索茶，很快将他赶走了。

松萝(松罗)茶的成名在虎丘之后，湖州岕茶又比松萝更晚。许次纾说，岕茶产地与唐代顾渚紫笋不同，顾渚的佳茗在水口，岕茶中名气最大的是罗岕，与水口有一定距离。他也详细介绍了岕茶的采造法：一般来说，谷雨时采摘茶叶比较合适，吴淞人喜欢杭州雨前细嫩的茶芽，一撮茶用开水冲泡饮用；岕茶则不然，当地人对茶树极为爱惜，非夏前不摘，多在正夏时采，谓之春茶；近来秋天七八月再采一次，称为早春。当地气候寒冷，其他地方恐难仿效。别的地方大多用铁锅炒茶，而岕茶则用锅蒸熟，然后烘焙。也许因为采茶晚，茶叶大多为粗梗，只能用锅蒸软。许次纾认为，从爱惜茶树的角度，应该学习岕茶的采造法，晚一点采摘茶叶，采用蒸法做茶。宁波人闻龙于崇祯三年(1630)写过一本《茶笺》，称大多数名茶采用炒制法，唯独岕茶还用蒸，却很受珍视。

岕茶原本是宋朝价格低廉的散茶、茗茶，在夏、秋采摘，连梗带叶比较粗放，制作时也沿用了宋代的蒸青技术。这种原本不值钱的茶叶之

---

① (明)冯时可：《茶录》，古今图书集成本。

所以变得珍贵,据说与一位名叫徐古腔的书生有关。起初,人们用柴火烘焙岕茶,烟雾很大,致使茶叶不佳。书生徐古腔劝说僧人用炭火替代柴火,茶叶的味道立刻变得不同。(康熙十二年《长兴县志》)岕茶出名之后,人们对它粗大的外形不再介意,甚至有传言称,这种茶的名贵之处恰在于那些粗梗,然而不懂茶的人常误以为它是廉价的劣等茶。当时流传着这样一个故事,有人将名贵的岕茶送给一位北方官员,这位官员看到这些粗枝大叶的茶叶,以为是品质不好的下等茶,便随手赏给了仆役,成了大家的笑柄。

4. 福建武夷

建州腊茶自南宋以后走向衰落,元代在武夷山又开辟了一处新的贡茶基地,福建茶却没有再次走向辉煌。建州、武夷在明代依然是最大的贡茶地,明末清初谈迁称,明朝贡茶总数为 4 022 斤,福建建宁贡芽茶 1 360 斤,崇安贡茶 940 斤,两地贡茶 2 300 斤,超过全国贡茶的一半。宋元时腊茶制法到明初罢造,"惟采其芽以进"。宋代北苑贡茶最为著名,元代在武夷设茶场,与北苑并称。如今,人们只知道武夷,不知道北苑。福建茶在明朝没有名气,即便是贡茶,也只备宫中洗涤杯子之用。贡茶官大多在京城买茶进贡,即便是福建本地的茶叶,产地在延平而不是武夷。[1]谈到福建茶,许次纾的《茶疏》说,宋人推崇的建州在明代贡茶最多,这里的茶叶也只是徒有其名,并非上品。福建武夷的雨前茶还可以,与浙南茶类似,制作不精、收藏无法,一出山便色香味俱减。泉州的清源也有点名气,因制造无法,大多焦枯,令人兴趣索然。倘若有制茶好手,清源茶可与武夷不相上下。

---

① (清)谈迁:《枣林杂俎》,罗仲辉、胡明校点校,中华书局 2006 年版,第 477—478 页。

谢肇淛是福州长乐人，他对福建茶的评价也不高。他说当今品级最高的茶叶是松萝、虎丘、罗芥、龙井、阳羡和天池，福建茶只有武夷、清源和鼓山可与之比较。六合、雁荡、蒙山茶有消腻去滞的功效，色香味不足，只是“药笼中物”，不算“文房佳品”。①顺治五年至十三年（1648—1656），周亮工在福建为官，福建茶的情况依然没有改观。人们普遍认为，苏州茶倚靠其独特制法天下闻名，福建僧人却不善烘焙，总是先蒸后焙，茶的颜色变得紫赤。近来，崇安县令招募黄山僧人教授松萝制茶法，刚开始制作的茶叶色香味俱全，不久又恢复到原来的样子。②由此可知，武夷茶与芥茶一样，长期采用宋代先蒸后焙的技术，一时难以改变。

武夷茶没有学会松萝茶的炒制方法，因为是粗茶，茶叶看起来粗枝大叶，蒸出来的颜色变得紫赤，味道浓苦如饮药，武夷茶给人的印象并不好。清代中叶以后，武夷茶在人们心目中的形象却发生了很大的改变，令人耳目一新、刮目相看。乾隆五十一年（1786）的秋天，袁枚来到武夷山游玩，讲述品尝武夷茶的亲身经历和体会（白话译文）：

> 我向来不喜欢武夷茶，嫌其浓苦如饮药。然而，丙午（1786）秋的一天，我来到武夷山的曼亭峰、天游寺附近游玩，僧人们争相献茶。杯子只有核桃般大小，茶壶则像香橼，每次斟上一杯没有一两。在嘴里不忍马上咽下去，先闻其香，再试其味，徐徐咀嚼慢慢品味。只觉得此茶清芬扑鼻，回味甘甜，一杯之后，再试一二杯，内心的烦躁渐渐平和，心情感到愉悦舒适。此时才感到，龙井虽清而味薄矣，阳羡虽佳而韵逊矣。颇有玉与水晶的差别，只是品格不同

① （明）谢肇淛：《五杂俎》，中华书局1959年版，第304页。
② （清）周亮工：《闽小记》卷1，福建人民出版社1985年版。

罢了。武夷茶在天下享有盛名,可谓实至名归。反复冲泡三次,味犹不尽。①

虽然还是蒸、焙出来的大叶茶,颜色赤红,味道有些苦涩,武夷茶的饮法变得讲究起来。僧人们拿出的茶壶和杯子都小巧可爱,饮用前先闻其香气,再慢慢咀嚼品味。这种饮茶方式有意消除浓苦如饮药的"药茶"印象,最大限度地突出美之品味。通过对饮茶方式的精心设计,武夷茶摆脱了药饮形象,转而变成精致文雅的文化物。经过此次武夷之旅,袁枚对武夷茶的印象彻底改观,认为武夷茶可以比肩龙井、阳羡,虽说制作方法和茶水的色泽、味道不同,也只是玉石与水晶的区别,各有其特色罢了。武夷茶从过去的浓苦向美味的转变是如何发生的?谁设计了香橼般的茶壶、核桃大小的茶杯,以及先嗅其香、再品其味的流程?这些问题很难再有答案,或许只是社会风潮中潜移默化的结果。乾隆五十一年(1786),正是英国饮茶兴起的初期,武夷茶在出口英国的茶叶中占了很大比例。

(三)明代的茶馆、茶会与茶寮

群体性的饮茶聚会分为雅、俗两种类型,文人茶会对地点、仪式、参与者有一定的要求,茶叶、水、茶具都比较讲究。明代的文人茶会有不同形式,有沉默无言的坐禅聚会,也有游乐茶会,伴随写诗、作画、清话、观赏风景等活动。茶会地点选择在寺观、山林,或家里专门建设的饮茶场所——茶寮,这是嗜茶修禅文人们专门设计的饮茶场所,他们在那里

---

① (清)袁枚:《随园食单》中列有"武夷茶"条,陈伟明校注,中华书局2020年版。

独自禅静、饮茶或与好友茶会。普通人饮茶聚会以聊天、交友为目的，形式和内容都比较随意，大多伴随餐饮食物。嘉靖中期，杭州、南京等地的茶馆陆续开张，随后便如雨后春笋般出现在各大城市，茶馆分为文人聚会的清雅茶坊和普通人聚会的俗茶坊。清雅茶坊大多位于人烟稀少的偏僻郊区，而俗人聚会的茶馆、茶坊、茶肆则设在城市繁华地带，相当于餐馆、酒馆之类的饮食店，也有的实际上等同于妓院与赌场。

1. 文人茶会与茶寮

朱权认为，茶饮是为了与志同道合的人清话。参与茶饮的人，皆为同道中的朋友，主要是僧侣道友等化外之人。他设计了文人茶会必备的环境和仪式，与当时的主流文化背离，没有流传下来。文人茶会对于饮茶场所、参与人都有一定的要求，开茶会的地点设在远离城市的郊外，尤其是寺院、道观和环境优美的大自然。朱权说，或在泉石之间、或在松竹之下，有时面对皓月，坐于清风之中、明窗净几之旁。只有在这样的环境中，才能与客人轻松交谈款话，探索玄虚的宇宙奥秘，清心寡欲，神出尘表。①文人茶会必备的条件有二：茶会地点选在远离世俗的环境，参与者是志同道合的茶人。

文征明创作了多幅茶会图，从这些画作来看，茶会的地点大多在山林、水泉边，园林里专门辟出敞开的茅屋，朋友们在里面聚会闲聊。大家清谈或雄辩，享受超脱肉体和尘世束缚的自由自在，旁边是童仆在生火烹茶。饮茶既可以与朋友一起分享，也可以一个人独饮。陈继儒在其《宝颜堂秘笈》中表示，饮茶应在凉台、静室、窗明几净的场所，或者是僧道的寮院，在竹月松风中静坐吟诵，与友人清谈阅读经典。一起饮茶

① （明）朱权：《茶谱》，艺海汇函本。

的朋友皆是写诗作画的墨客，道士、和尚和隐逸之散人，具有共同品味世外之味的能力。陈鉴模仿陆羽《茶经》，创作了《虎丘茶经注补》这本茶书，其中的“六之饮”收录明代文人有关饮茶的论述，无不强调饮茶环境、志同道合的茶人参与茶饮的重要性。

文征明时代，文人们举办茶会的场所在大自然中敞开式的厅堂，很少见到茶寮的名称。茶寮出现在万历以后，寮是一个封闭的小空间，本是僧侣禅修的僻静茅屋，用以读经、打坐和修道。万历以后，文人中间兴起禅学热。在这股浓浓的禅风吹拂下，茶饮的形式发生了转变。晚明文人在房屋旁边专门建造的修禅、饮茶的小室，称为茶寮、茶屋、茶室，是他们禅修生活的一部分。茶寮名称最早见于陆树声《茶寮记》，根据吴智和的论述，《茶寮记》原名《茶类七条》或《煎茶七类》，梅癫道人周履靖在其编著的《夷门广牍》中改为《茶寮记》。[①]陆树声是一位退休的官僚，喜欢禅学。他没有用茶寮这个名称，但描述了在小寮中与僧人品茶的场景（白话译文）：

> 园林居所靠墙边的西面，有一个敞开的小寮。小寮的中间设有茶灶，汲水的瓢、点茶的罂注、擦拭用具一应俱全。选择一位懂得茶事的人主持，另一位在旁边协助烧火、汲水。客人来到后，茶烟在竹林外隐隐升起。来这里饮茶的禅客，与我相对结跏趺坐。默默地啜着茗汁，没有一句话说。……此时接近深秋时节，参加茶饮聚会的有我、无诤居士，五台山的僧人演镇和终南山的僧人明亮，在茶寮中烹试天池茶，是为记。[②]

① 吴智和：《明代茶人的茶寮意匠》，《史学集刊》1993年第3期，第15—23页。

② （明）陆树声：《茶寮记》，丛书集成初编本。

陆树声表示，饮茶者的人品与茶品相配，那些隐逸的高尚之人，喜欢云霞泉石、胸怀磊落的人会遵守饮茶规则。许次纾《茶疏》“论客”部强调，与同道饮茶是品味好茶的必要条件，只有与志同道合、心意相通的朋友一起饮茶，彼此之间才能畅快舒适。《茶疏》“茶所”部介绍了茶寮的设计（白话译文）：

> 茶寮从外观看，设置在小斋（书斋等）的外边，敞开式的建筑，干燥、清爽又明亮。茶寮有一个壁道，里面放置了两个炉子，炉子以小雪洞覆盖，只打开一面，以免燃烧的时候灰尘飞腾。茶寮内部放置一个茶几，上面有茶注、茶盂，这些都是临时的茶具。茶几旁边还有一几，放置其他器皿。旁边再竖立一个架子，将毛巾等擦拭之物悬挂其上，用的时候就拿到房中。斟满茶水后的杯子，用盖子盖上，以免灰尘污染茶水。火炭放到远一点的地方，不要让其靠近炉子。炉子尽量不要让灰尘飘出，需要时常打扫，总的原则是小心谨慎，以防止火灾为当务之急。①

明代茶寮的设计深受禅宗思想影响，周边的环境和内在的布置无不体现清寂的禅意。茶寮在远离世俗的山林、道院，或者家里僻静的小屋。家有园林、园中设有茶寮的文人，家境都比较富裕，他们往往是退休的官员，或在当地有权有势的大家族，有能力在风景优美的地方购置土地，建造自己梦想中的安静之所。茶寮内在的装饰也异常简朴，约生活在万历年间的杭州文人高濂，于万历十九年（1591）刊行了《遵生八笺》，②里面有

---

① （明）许次纾：《茶疏》，茶书全集本。

② （明）高濂：《遵生八笺校注》卷3《起居安乐笺·居室建置》，赵立勋校注，人民卫生出版社1994年版。

关于书房、药房、茶寮等不同功能的房间设计。茶寮的结构和装饰以简单、朴素为主基调,房子不大,与书斋相邻,里面有茶灶一件,茶盏六件,茶注两件,茶臼一件,佛刷、净布各一件,炭箱、火钳、火筋(筯)、火扇、火斗各一件,茶盘一件、茶囊两件。茶事由童子主之,文人白天在此清谈,晚上默默打坐。

茶寮中饮茶的仪式也体现了浓浓的禅意,《茶寮记》里的陆树声与禅客相对结跏趺坐,默默地啜着茗汁,饮茶的气氛沉默、寂静,主客都不发一言,利于品味茶味中的清、空、香。参与饮茶的人以少为贵,一人独饮最佳。两三位朋友以一炉烹茶,五六人用两炉,再多则不适合茶饮。明末清初人陈鉴创作《虎丘茶经注补》,引用高深甫(高濂)《八笺》的说法,认为饮茶的人以少为贵,"一人独啜为上,二人次之,三人又次之,四、五、六人是名施茶"。①饮茶在于品味其色、香、味,如果味道的意义到了,又何必饮用那么多,反而失去了茶饮的清冽品味,更何况茶叶过多也有损脾肾。②

饮茶的量也以少为好,《红楼梦》里刘姥姥一饮而尽的表现,被讽刺为牛饮。饮茶宜少、茶杯宜小的理念影响到以小为美的紫砂壶设计。相比唐宋时期的茶会,明清的文人茶会缺乏集体性,显得清冷而孤独。唐宋时期饮茶的量比较大,卢仝"七碗茶"在晚明文人看来就太多了。唐宋的茶会没有人数越少越好的观念,人多的情况下多"行"几碗就是了。皎然、颜真卿等人在夜晚举办的茶会有 3—7 位参与者,他们传花、作诗、参禅、讨论宗教问题,茶碗在参与者中"传饮",体现出浓厚的仪式

① (清)陈鉴:《虎丘茶经注补》"六之饮",(清)王晫、张潮编纂《檀几丛书》,上海古籍出版社 1992 年版。

② 陈祖槼、朱自振编:《中国茶叶历史资料选辑》,中国农业出版社 1981 年版,第 148 页。

感、平等观念和集体感。唐宋茶会没有静默不语的规则，官僚茶会参与人数可多达二十余人，其间笑语喧哗，热闹非凡。相比唐宋茶会，晚明饮茶仪式以习静为特色，茶寮选择在僻静的地方，人数越少越好，参与者不发一言。饮茶量少而小，清淡无味为上，意在品味禅意的味道。

2. 嘉靖年间复出的茶馆

嘉靖二十年(1541)，田汝成[1]不再担任王朝的任何官职，告病回乡后过着隐居闲适的生活。他喜欢访探掌故、记载家乡发生的实时新闻，体裁比较随意，事无巨细，务求真实客观，这些资料最后被编成两本书，分别是《西湖游览志》和《西湖游览志余》。嘉靖二十六年(1547)三月，田汝成记录下杭州城里发生的一件稀奇事儿：

> 杭州以前有酒馆但没有茶坊，不过富人家里承办宴席，还是有专供茶事的人，称为“茶博士”。王希范[2]就写过一首《西湖(饮游书)赠沈茶博》的诗歌，其中有“烟生石鼎飞青霭，香满金盘起绿尘”等诗句。嘉靖二十六年(1547)三月，有一位姓李的人忽然开了间茶坊，当时饮茶的客人蜂拥而至，由此获得了很多财富。此后大家都开始效仿他，几十天之内就开了五十多所茶坊。不过这些茶坊大多是以饮茶为借口，众人过来还是沉湎声色歌酒，与酒馆也差不多。[3]

---

① (明)田汝成(1503—1557)，浙江钱塘(今杭州)人，自幼文章、诗词都很出色，历任南京刑部主事、礼部仪制司员外郎等职，1541年告病回到家乡杭州，此后不再出任官职。在家乡饱览西湖美景，注重记述杭州的历史典故，尤其是南宋以来的遗事，撰《西湖游览志》和《西湖游览志余》。

② (明)王希范(1379—1420)，浙江钱塘人，与王称、王恭、王褒称为词林四王。永乐时被征召为翰林检讨，参与修纂《永乐大典》，后来不愿为明帝服务，不复进用。

③ (明)田汝成：《西湖游览志余》卷20，浙江人民出版社1980年版，第327页。

李氏茶坊在杭州开张后生意很是火爆,人们纷纷效仿,一时间许多茶馆开张了。据嘉靖《杭州府志》,当时大小茶坊有800多所。又过了很长时间,南京也开了第一家茶馆,据上元(今南京)隐士周晖[1]所记,万历癸丑年(1613),一个新都人在钞库街开了一个茶坊,这是以前从未有过的事。如今,好几处茶坊都开张了。[2]钞库街是南京繁华的商业和娱乐中心,也是妓院集中的地方。这里的茶坊以茶为借口,实则是声色歌舞之地,说书人讲着《水浒传》《三国演义》等流行小说。杭州、南京新出现的茶坊,与酒馆、餐厅和娱乐场所无异。

万历戊午年(1618),在金陵(今南京)栅口的五柳居,一位僧人开了南京第一家茶舍(汤社),与繁华城市的茶坊不同,茶舍的客人都是高雅的文化人。茶舍提供的茶叶和器具非常讲究,用的是松萝茶、惠山泉、锡铛,加上宣德窑产的茶壶,无不显示超凡脱俗的品味。[3]不同于钞库街茶坊的热闹,文人茶舍(汤社)大多选择在环境清幽的僻静之所,茶、水、器具和空间布置无不精洁,客人们的品味很是高雅。张岱笔下南京的"露兄"[4]"闵老子"都是此类高雅茶舍。董其昌为"闵老子"题字,南京名妓王月生喜欢在"闵老子"约会,"虽大风雨,大宴会,必至老子家啜茶

---

① 周晖(1546—1630),上元(今南京)人,字吉甫号漫士,又称鸣岩山人,一生未仕。他精通文、史和书画,尤其喜欢谈论南京的掌故和历史典籍,作品有诗集和曲论《幽草斋集》和《周氏曲品》等。他与当时的官僚焦竑、朱之蕃、顾起元等往来密切。万历三十八年(1610),周晖从其书稿《尚白斋客谈》中,选编出《金陵琐事》四卷,后又编成续编、再续编各四卷。内容都是关于南京的典故、名人传说,包括街谈巷议,民间琐事传闻,具有较高的历史价值。

② (明)周晖:《金陵琐事·续金陵琐事·二续金陵琐事》卷上《茶坊》,南京出版社2007年版,第316页。

③ (明)吴应箕:《留都见闻录》卷下《河房》,南京出版社2009年版,第20页。

④ (明)张岱:《陶庵梦忆》卷8《露兄》,中华书局2008年版,第157页。

数壶始去。所交有当意者，亦期于老子家会”。[1]“露兄”和“闵老子”茶舍均出自张岱的小品文，不知道它们是真实存在的茶舍，还是张岱创作的文学作品中虚构出来的。此时，明王朝已经进入末帝崇祯统治时期。

杭州、南京在南宋早已拥有无数茶肆、茶坊。吴自牧《梦粱录》里的杭州城有十万户口，到处都有茶坊酒肆，[2]茶肆、茶坊售卖各种饮食，通过挂画、插花、弹奏乐曲等方式吸引客户。士大夫喜欢清雅茶室，富室子弟愿意到特定茶馆学习乐曲，还有打着点茶旗号的妓院。为什么田汝成、周晖说杭州和南京在嘉靖、万历年间才出现第一家茶馆？许多学者对此感到困惑。王鸿泰认为，周晖作为见识广博的学者，不可能不知道茶肆、茶坊的历史，他之所以说南京在万历四十一年开设茶坊为“从未有之事”，指的是明代以来从来没有之事，不包括唐宋时代。这说明在明人一般的认识中，茶坊的确是新出现的现象。唐宋时期流行的茶坊并未能延续下去，至少一度彻底地中断了，所以，在明人的闻见范围内，不知有茶坊之事，以致熟知金陵典故的周晖也认为万历年间这家茶坊是创举。[3]

茶馆应该消失了很长时间，许多明人都不知道宋代在此开过茶馆。顾起元[4]说，徐铉弟弟徐锴的儿子在南京开了个茶肆，叫做“徐十郎茶肆”。人们只知道南京首开茶坊，却不知宋代早就有了。[5]田汝成也说，

---

① （明）张岱：《陶庵梦忆》卷3《闵老子茶》，中华书局2008年版。

② （南宋）吴自牧：《梦粱录》卷13《铺席》，浙江人民出版社1980年版，第118页。

③ 王鸿泰：《从消费的空间到空间的消费——明清城市中的茶馆》，《上海师范大学学报》（哲学社会科学版）2008年第3期，第49—57页。

④ （明）顾起元（1565—1628），南京人，字太初（璘初、瞒初），自号遁园居士。万历二十六年（1598）进士，万历三十三年（1605）解京职回乡（南京），万历三十八年（1610）升南京国子监司业，后历任祭酒、吏部左侍郎兼翰林院侍读学。后来退隐，七召不入。成书于1617年的《客座赘语》，记录了南京的典故与现实故事，有较高的史料价值。

⑤ （明）顾起元：《客座赘语》卷4，《徐十郎茶肆》，中华书局1997年版，第33页。

杭州只有酒馆没有茶坊,只有少数富人家里举办宴会时才请茶博士点茶。点茶是宋代冲泡末茶的方式,茶博士则是宋代对“专供茶事之人”的称呼。茶博士多在茶肆、茶坊从事点茶工作,有时也会被富人请到家中为私人宴会提供服务。田汝成提到王希范赠送茶博士沈某的诗中,出现了“起绿尘”和“龙团”,说明嘉靖年间杭州还有末茶遗俗。他赞美茶博士精湛的技艺,使诗社再无“孤闷客”,人群中出现“独醒人”。明中叶以后兴起的茶肆、茶坊和茶舍,不是唐宋风格的延续,而是长时间中断后的创新发明。

嘉靖、万历茶馆兴起,很快成为吃喝玩乐的娱乐场所,也是妓院、赌场的代名词。根据乾隆时黄印编的无锡地方志,早期的茶坊、酒馆大多开设在县城治所、乡镇和街头巷尾,村中的老人称,它们多是赌博场所,在这里吃饭比较方便罢了。康熙之前,正派人士从不踏入茶肆、酒坊,如今缙绅权贵大多借口豪爽,也到这里消费,康熙末年已经出现“遍地清茶室”的传言。以前卖清茶的多在泉石之间,后来则开到城市。[①]道光十五年(1835)《博平县志》载,茶肆、酒庐遍布,流风日下,这种风俗起源于嘉靖中叶,当时各种新奇的说法盛行,风气由此大变。[②]乾隆《新城县志》也认为,浮华风气从明代中叶开始,余波延续至今未止,大有愈演愈烈之势。清初风气还比较正,国家禁止弃本逐末的闲逛和游戏,如今到处都有博弈游戏,游荡的闲人拥挤在街道、茶肆和酒楼。[③]

古人认为明清时期的茶坊和茶肆多为藏污纳垢之所,社会堕落的

---

① (清)黄印:《锡金识小录》卷1《风俗变迁》,凤凰出版社2012年版,第35页。

② 《博平县志》卷5《人道·民风解》,道光十五年(1835)。

③ 乾隆:《新城县志》卷7,《稀见中国地方志汇刊》第29册,中国书店出版社1992年版,第838页。

标志。现代学者大多看到积极的意义，他们认为这些复出的茶坊、茶肆，必然是商品经济发展的结果。[①]也有学者说，“茶馆的盛行之所以一再被视为社会风气败坏的表征，这除了表示这个问题的严重化外，更显示这个社会空间的开启，以及由此空间的消费所衍生出来的文化，基本上是相异于传统的另一文化形态。由此可以说，茶馆是个新的社会文化的创造空间，而由此空间所衍生出来的诸种活动也是一种新的文化活动”。[②]娱乐场所也有健康的娱乐，也有堕落的娱乐，如成为赌博和妓院的茶馆遍布，可以视为社会畸形和颓废的标志。嘉靖重新出现的茶馆以饮茶为卖点，茶叶再度变成有价值的商品，尽管许多茶馆以卖茶为借口，实则是饭馆、妓院和赌场。

二、社会、文化与茶饮重建

明代茶书约三十五种，嘉靖之前只有一本朱权的《茶谱》(1440)，一百年后，顾元庆的《茶谱》才刊行，此时已是嘉靖二十年(1541)。嘉靖中叶以后，明代的茶书不断增长，嘉靖时期有五种，隆庆一种，万历以后呈爆发之势，达二十二种之多。嘉靖年间，茶文化在以无锡、苏州为中心的吴地复兴，茶坊开始在杭州等大城市出现。然而饮茶真正的复兴发生在万历以后，也就是在明末清初。这个阶段不仅茶书刊行的品种最多，原本粗糙廉价的芽叶茶在明代饮茶复兴的潮流中被赋予了价值，苏州、杭州、安徽和福建出现了一些芽叶名品。虎丘炒茶新法在隆庆、万

① 汪红亮：《明代茶馆浅析》，《农业考古》2013 年第 5 期，第 101—104 页。

② 王鸿泰：《从消费的空间到空间的消费——明清城市中的茶馆》，《上海师范大学学报》(哲学社会科学版)2008 年第 3 期，第 49—57 页。

历以后向周边传播,安徽松萝受此影响成为名茶,此外,浙江地区的西湖龙井、湖州岕茶,以及福建武夷也发展成各具特色的名茶。明代饮茶的复兴是在何种社会环境中出现的?为什么首先出现在苏州、无锡为中心的吴地?饮茶复兴的前期和后期有何不同?我们将从时间、空间的视角,探究明代饮茶复兴的社会文化意义。

(一)英宗以后的社会权力格局

在反抗元统治的斗争中,朱元璋政权祭出民族主义的大旗,喊出"驱除鞑虏、恢复中华"的口号。朱元璋在元末农民战争中意外取胜,他的制度没有什么创新,继承了元王朝的统治思想、组织形态和文化制度。明朝建立后很长时间,统治集团核心是"北人"的军事集团,"南人"在政治上受到排挤。明代的卫所制源于金、元政权,是军政合一的政权形态,既是军事战斗组织,也是基层社会组织。皇帝既是军队的最高统帅,也是行政体系的头领,对军队、人口和财富有很大支配权。

明朝初建时,为了惩罚元末豪强欺负贫弱,设立法律多"右贫抑富",命户部登记浙江、应天等地的富民万四千三百余户,迁徙到京师;成祖时又选了三千富户充实京师,仍然还要服徭役。时间久了,很多人不堪忍受就逃跑了,再令本籍殷实户补上。直到弘治五年,"始免解在逃富户,每户征银三两,与厢民助役"。①朱元璋将东南富户迁徙到北京等地,称是为了惩罚欺负穷人的元末豪强,实则也达到了削弱东南地方豪强势力,巩固中央政权的作用,经济上也有助于开垦地广人稀的地区。

---

① (清)张廷玉等撰:《明史》卷77《食货一·户口》,中华书局1974年版,第1880页。

明代早期的统治权力高度集中，国家实行军事化管理，人口、财富被重新分配。宋元积累的大家族衰亡了，家族成员迁徙到各地卫所重新编排，地方豪强的根基受到沉重打击，吴宽称“皇明受命，政令一新。豪民巨族，铲削殆尽”。[①]明代也继承了元时期的程朱理学，作为官方主流文化，倡导维护现有权力与秩序的忠孝思想。明初，民众生活贫困、物资匮乏，国家倡导反对奢靡的节俭生活方式，也是集权体制下再分配的体现。明代树立了一批自我牺牲的道德模范，官僚阶层中以海瑞为代表，过着极为俭朴的生活，克己奉公，不徇私情。

元朝残余势力一直是明朝的心头大患，南方豪强大族和沿海倭寇也不容小觑，民众在经历长期压榨和战乱之后，已经极度贫困和虚弱，急需安定的环境休养生息。严峻的国内外形势没有给明初统治者留下多少制度创新的时间，权力高度集中的政治体制、军政合一的卫所制度延续了元朝制度，对控制混乱、创造安定的环境起到一定的积极作用。一旦社会趋于稳定，政治体制的缺陷便暴露出来。由于社会运转过于依赖暴力，控制成本极高，财政匮乏又加剧了对民众的剥削，贫富分化严重。严苛的社会管控措施与民众向往自由、美好生活的欲望相违背，持续下去阻力很大。朱元璋政权并不稳定，面临北方蒙古残部和南方豪强家族的挑战，一旦战争失利，依靠暴力压制的社会秩序便陷入瓦解。太祖和成祖初创时期武力最为强盛，经历了几届皇帝更迭，国家控制社会的能力明显衰弱，英宗时期的土木堡之变(1449)、夺门之变(1457)成为明朝由盛转衰的转折点。

英宗在与瓦剌的战争中失败被俘，暴露了王朝在军事和财政上的

---

① (明)吴宽:《匏翁家藏集》卷58《莫处士传》，四部丛刊本初编。

虚弱,复位后也并没有阻止权力弱化的趋势。在地方社会的管理中,卫所组织逐渐瓦解,地方豪强家族势力变得强大。成化、弘治以后普遍出现奢靡之风,嘉靖、万历的江浙地区尤其盛行。南方豪族与中央政权形成对抗,权力从集中变得分散。晚明王权陷入内忧外患的困境,既无力击溃外敌,也无法控制尖锐的阶级对立。相比富人们越来越集中的财富,国家财政却一直处于紧张之中,对穷人的搜刮进一步加剧了贫富差距。农民们不堪沉重的赋役逃亡成为流民,或者依附权贵成为他们的附庸,贫富差距悬殊,阶级矛盾尖锐。

嘉靖以后,东南倭寇和盗贼蜂起,中央王朝已经无力提供保护,豪族成为地方社会的保护者。嘉靖年间抗击倭寇的战争中,俞大猷、戚继光都是豪族私人武装的代表。他们在集结军事势力、赈济贫民等活动中的表现,反过来又增强了其威望和权势。无锡早期茶人吴纶、华珵(华尚古)等人,都是明中叶以后新兴地方豪族代表,他们所在的家族势力庞大,拥有巨大的财富,又通过培养子弟读书考取功名,走向国家权力中心。随着中央权力的弱化,这些地方豪族承担了维持地方秩序、倡导与引领地方文化的重要作用。

(二)文化复古主义与心学

明朝沿袭了元王朝的政治结构和组织形态,以及与之相配的官方意识形态。程朱理学发源于南宋,经过改造成为元、明官方意识形态。提倡遵循天理,就是国家规定的礼法秩序,以忠孝为核心价值,将个人欲望视为邪恶。学校和科举考试严格限定在“四书五经”和程朱理学的枯燥范围,学子们在狭窄的范围内雕琢文字,应试教育变成刻板的文字游戏。明朝政府大力提倡忠、孝、节、义的道德观,树立孝子、贞洁烈妇的道德典型,官方文学宣扬的也是割肉奉亲、夫死殉情的故事。成化、弘治以后,社会普遍出现了奢靡之风,嘉靖、万历以后的江浙地区尤其盛行。学者一般在学理上都承认奢靡之风成因的多样性,如法制松弛、社会经济结构变动,消费风俗变迁等,从商品经济的发展解释这种现象的也不在少数。[①]简朴文化失去效力,理学家们致力于消灭的人欲复苏了。

1. 文化复古主义

土木堡之变反映出明王朝控制力的减退,社会权力结构变迁在文化上的反映就是复古主义的兴起。英宗以后,社会上出现"反理教,求人道"的思潮,矛头直指程朱理学的根基。人们厌倦了拘谨和程序化的官学,文化界兴起了一股复古主义思潮。复古风潮涵盖的范畴很广泛,文学、艺术、旅游、饮食起居等诸多方面都有体现。当今对复古研究很多都在诗文领域,但复古风不仅限于文学,还影响到词学、元曲等诸多领域。[②]文学复古的第一波浪潮提出"文必秦汉、诗必盛唐"的崇尚远古贬低宋元的文风,尤其反对台阁体。台阁体文学盛行于永乐初,正统末和天顺以后逐渐消退。使用台阁体的主要是当朝权贵,代表者之一的李东阳是当时的内阁首辅,拥有很大的权势。台阁体文学独抒性灵、感悟人生和对艺术的追求已退居次要地位,辅助政教的功能则成为主要的目的。传圣贤之道,鸣国家之盛,颂美功德,发为治世之音成为文学思想发展的主流。[③]

① 钞晓鸿:《近二十年来有关明清"奢靡"之风研究述评》,《中国史研究动态》2001年第10期,第9—20页。

② 张若兰:《论明词的复古追寻》,《文学遗产》2009年第4期,第146—150页;程芸:《明代曲学复古与元曲的经典化》,《文艺理论研究》2014年第2期,第163—170页。

③ 罗宗强:《政策、思潮与文学思想倾向——关于明代台阁文学思潮的反思》,《文史哲》2011年第3期,第111—118页。

弘治、正德年间,李梦阳、何景明等明代文学的“前七子”倡导复古,“文自西京,诗自中唐而下,一切吐弃,操觚谈艺之士翕然宗之。明之诗文,于斯一变。”一时间复古受到文人们的追捧,文风为之一变。①明初的掌权者多为“北人”,提倡诗文复古者多为“南人”,也是受排挤的政治底层。李梦阳祖籍河南扶沟,出生于庆阳府安化县(今甘肃省庆城县),弘治六年(1493)进士,后回家守孝,五年后再入仕途。他入仕之初,执政大臣对他很是歧视,后人为其作的年表中称,“执政大臣北人也,弗善公,曰:‘后生不务实,即诗到李杜,亦酒徒耳。’于是授公户部山东司主事”。②李梦阳的祖籍和出生地都在北方,却被执政大臣称为“南人”,可见“北人”与“南人”不是地理概念,而是文化概念。

复古主义者大多为屡试不第的南方布衣,或者在政治上受排挤的官僚。历史上的文征明、唐寅(唐伯虎)等“苏州四才子”都是复古主义的典型代表。他们都受过科举考试的伤害,反对程朱理学,崇尚隐逸生活。程朱理学是官方提倡的主流文化,科考要求严格按照文法、章句程序,极大束缚了个性发展。弘治十二年(1499),唐寅为应天府乡试第一(解元)。同年,监生江瑢控诉掌权的首辅大臣李东阳杜绝言路、嫉贤妒能。李东阳受皇帝任命核查考试舞弊案,唐寅受此案牵连被排除在录取名单,从此无缘仕途,在苏州卖字画为生。文征明是唐寅的同乡兼好友,九次科考皆以失败告终,五十多岁在家人逼迫下还在考取功名。

文征明年轻时便不喜欢应试文章,十九岁那年,他从滁州回到苏州,说自己乐于古文,却与世俗相悖,屡受挫折。他跟沈周学画,随南京

---

① (清)张廷玉等撰:《明史》卷285《文苑一》,中华书局1974年版,第7307页。

② (明)李梦阳:《空同集》,《附录》之朱安㴉《李空同先生年表》,上海古籍出版社1991年版。

太仆寺少卿李应祯学习书法,从苏州状元吴宽学习古文。工作后偶尔读到《左传》《史记》和《两汉书》,暗自决心学习古人,被同事嘲笑为造作迂腐的疯子。知己劝他暂时放弃古文,先考上科举再随兴趣学习古文,文征明对此不以为然,反驳说,雕琢应试文章依靠天分,有些人永远写不好此类文章,一辈子考不上科举,难道要永远放弃古文,这岂不是很辜负人生!①但他不得不向世俗低头,在父亲督促下回到科举老路,最终受恩荫做了待诏的小官。在北京官场的日子令人不快,同事们瞧不起恩荫入仕的文征明,但他的书画作品日益有名,向其索求的人很多,遭到翰林院同僚的嫉妒。他多次请求辞官,五十七岁才如愿以偿,返回苏州后,过着闲适快乐的退隐生活。

苏州有一个不乐仕进的文人群体,他们也是复古主义的文化核心。据文征明为华珵写的传记,沈周、华珵是苏州、无锡一带最好古的人。沈周家族在曾祖父时发迹,祖父、父亲开始学习绘画并以此传家,沈周以绘画为业,一生未仕。华氏家族为无锡望族,华珵的父亲因纳财为官,华珵及弟弟华珏进入官学,发奋读书以求仕途。弟弟华珏考中进士,华珵却七试不中,又厌倦光禄寺太官署丞的工作,最终辞职归家,过着隐居生活。华珵喜欢搜集古物,遇到喜欢的必花重金购买。他有很高的古董鉴赏能力,收藏的古董品级很高。他为自己取名"好古",家里建了一幢"尚古楼",衣服、鞋子、盘子、几案,……无不模仿古人。华珵(尚古)听说沈周鉴赏古董能力很高,就驾着小船随沈周游历山水,观赏古代诗文画作,相互展示、评价各自所藏的古董,有时候几十天都不回家,可谓古物的极端痴迷者。

---

① (明)文征明:《甫田集》卷25《上守溪先生书》,文渊阁四库全书本。

早期的复古主义者多为南方望族,家境富裕,有很多终身未仕的布衣,也有渴望田园生活的退隐官僚,其共同特点是厌恶官场,喜欢搜集"无用"的古物,流连于绘画、闲聊、饮茶、赏花、游历山水,做些普通人看来无意义的闲事。一般来说,一位标准的复古主义者喜欢做的事情包括:藏书。到处求购古书、广泛阅览秦汉、盛唐时的著作、古人和今人文集、地方典故等;搜集古文物。包括古鼎、古砚、古图章、古画、古器具等;寻求古迹。时常与友人一起探寻古迹,临摹或榻写古碑;亲近大自然和山水。远离世俗世界的最好方式就是亲近大自然,观赏秀美的山水;寻找安静时刻。人迹罕至的古刹,夜晚、清晨、山林中安静的小屋……这些地方很容易让焦虑的思绪安静下来,也就是"习静";从事无用的闲事。如茗饮、观砚、绘画、听松、鉴古、弹琴、手谈等,无法为人带来利益之物。佛教称"长物",即身外之物,寒不可衣、饥不可食的无用之物。

2. 第二波文化复古运动

嘉靖晚期,文学上出现了第二波复古主义浪潮,他们不仅反对台阁体和程朱理学,也不赞同诋毁宋元、独尊秦汉的早期复古思想,因此也被称为"反复古主义"或"后复古主义"。早期复古主义者称,文章自西京、诗歌自天宝以下都不值得阅读,明朝只有李梦阳的作品值得推崇。学子们大多追随响应,如果与之不一致,就诋毁其为宋学。[1]第二波复古主义者认为,不应该完全排斥宋元文学。李攀龙是第二波复古主义的著名领袖之一,他认为前七子诋毁一切宋代文辞的态度过于激进。

---

① (清)张廷玉等撰:《明史》卷287《文苑三》,中华书局1974年版,第7378页。

3. 心学与禅学的复兴

明朝末年，王阳明的心学影响力越来越大，追随者称为“姚江之学”。《明史》儒林前言称，王阳明的学说“别立宗旨，显与朱子背驰，门徒遍天下，流传逾百年，其教大行，其弊滋甚。嘉、隆而后，笃信程、朱，不迁异说者，无复几人矣”。[①]嘉靖、隆庆以后，很多学者接受了阳明心学，坚持程朱理学、不信异端学说的学者已经很少了。

王阳明死后，詹事黄绾对他的学说总结出三大要点：一曰致良知，二曰亲民，三曰知行合一。[②]王阳明说，“良知之在人心，无间与圣愚，天下古今之所同也”。[③]良知存在于每个人心中，无论圣人、愚人都应该遵从自己的良知。他质疑朱熹对《大学》的阐释，这在官方看来属于离经叛道。王阳明解释说：“夫学贵得之心，求之于心而非也，虽其言之出于孔子，不敢以为是也，而况其未及孔子者乎？求之于心而是也，虽其言之出于庸常，不敢以为非也，而况其出于孔子者乎？”学术贵在获得内心认同，如果内心无法认同，不要说朱熹，就是孔子说的话也不认可；如果内心认同，哪怕出自庸人之口，也会承认说得对！[④]王阳明的心学以致良知为核心，强调遵从自己的内心，拒绝承认程朱理学就是真理。他的学说对广大文人群体有强烈的吸引力，也招致现有权力集团的嫉恨。

禅学是王阳明心学的理论基础，他引禅入儒解构程朱理学，主张个性、内心认同的重要性。“心外无物，心外无理，心即理”的说法明显借鉴了惠能，与“世人性本自净”“佛是自性作，莫向身外求”等表述很像。

---

① (清)张廷玉等撰：《明史》卷282《儒林一》，中华书局1974年版，第7222页。

② (明)王守仁：《王阳明全集》卷34《年谱三》，谢廷杰编，中央编译出版社2014年版。

③ (明)王守仁：《王阳明全集》卷2《语录二・传习录中・答聂文蔚》，谢廷杰编，中央编译出版社2014年版。

④ (明)王守仁：《王阳明全集》卷33《年谱二》，谢廷杰编，中央编译出版社2014年版。

晚明出现了一股浓厚的禅风,陈垣说,“万历而后,禅风寖盛,士夫无不谈禅,僧亦无不欲与士夫结纳”。[①]徐渭大约是在嘉靖二十七年(1548)左右首次接触心学,他跟随王阳明的学生季本学习心学,想要知道王阳明思想的来源,季本告诉他,王氏学说类似禅学,徐渭于是“又去扣于禅”。[②]禅宗曾经是反抗唐代经院佛学的有力武器,心学在对抗程朱理学过程中具有同样的功能。

心学主张遵从自己的内心,然而布衣寒士与豪门权贵的“内心”并不相同。心学不是一个信仰一致的统一体,其内部充满了矛盾与分裂。例如,后七子集团的王世贞出生官僚豪门,而山东临清人谢榛出身贫寒,又是布衣,他与后七子的其他成员之间存在很大矛盾。谢榛与李攀龙、王世贞等人交恶的原因已有不少探讨,[③]徐渭在《廿八日雪》评价了谢榛等人的矛盾:“谢榛既与为朋友,何事诗中显相骂?乃知朱毂华裾子,鱼肉布衣无顾忌。即今此辈忤谢榛,谢榛敢骂此辈未?”[④]徐渭与谢榛同为寒士,这一评价直指权贵与布衣对立的现实。晚明的袁宏道是心学中的激进文人,他在《答李子髯》一诗中说,“当代无文字,闾巷有真诗”,公开表达对士大夫阶层虚伪的反感,指斥文人们写的东西不如老百姓表达的真实。[⑤]他主张文以言心、表达自己真情实感和真实思想,讽刺复古主义者只会模仿古人,不如竹枝词这样的民间俚曲有创造力。

王畿、王艮、李贽、袁宏道、谢肇淛、屠隆等人也是心学激进的底层

---

① 陈垣:《明季滇黔佛教考》,中华书局 1962 年版,第 129 页。

② (明)徐渭:《徐文长三集》卷 26《自为墓志铭》,《徐渭集》,中华书局 1983 年版,第 638 页。

③ 周潇:《谢榛与李攀龙“绝交”始末辨析》,《青岛大学师范学院学报》2006 年第 4 期,第 73—77 页。

④ (明)徐渭:《徐文长三集》卷 5《廿八日雪》,《徐渭集》,中华书局 1983 年版,第 143—144 页。

⑤ (明)袁宏道:《袁宏道集笺校》卷 2,钱伯城笺校,上海古籍出版社 1981 年版,第 81 页。

信徒，反对王朝礼教秩序，认为人之本心、真心与情欲为正常人性。心学信徒中的上层文人则没有那么激进，他们反对程朱理学的方式是远离政治，退隐和从事无用的闲事。明初，人们以建功立业、报效国家为荣，隐逸文化缺乏生存的土壤。程朱理学受到官方的支持，佛、道文化则遭遇抑制。成化、弘治之前，文人到寺院饮茶和讨论经文的情况虽不多见，但也有少数记载，如永乐二年(1404)3月5日，朱逢吉《游石湖记》载，傍晚到僧舍，寺主德启在翠微亭迎接，并陪同参观了双冷泉，晚上为其打扫房间留在寺院过夜。与僧清渭焚香、烹茶，一起清话。[①]嘉靖以后，隐逸文化在上层文人中间很是盛行，介绍养花、种草等闲书多了起来，陈继儒的《岩栖幽事》、文震亨《长物志》即为此类。

（三）茶的文化建构与重构

正统五年，明朝第一本茶书——朱权的《茶谱》刊行，这本书打破了金、元时期“饮茶有害论”，再次肯定饮茶的价值。书中设计了一套饮茶的流程，使饮茶具有仪式感，突出茶饮的文化价值。朱权赞美芽叶茶的简朴，批判龙团凤饼奢靡。他采用的还是末茶法，苔藓、花茶虽在色泽、香气、味道上与末茶相似，也具有美味价值。倪瓒据说发明了“莲花茶”“清泉白石茶”，体现的是元末明初的茶饮审美。汤煎的芽叶茶用于解渴，与绿豆汤、柳叶汁一样，芽叶茶还不是文化产品。朱权作为被朝廷监视的落魄王爷，不问政治是对自己最好的保护。他的日常就是养花种草、研究棋谱、与友人饮茶闲聊，从茶饮中品味清味。但这些做法与主流文化格格不入，在当时没有产生多大的影响。

---

① (明)朱逢吉:《游石湖记》,(明)钱谷《吴都文粹续集》卷23,文渊阁四库全书本。

英宗以后的王朝对社会控制力减弱,随着经济复苏和繁荣,南方地方豪强在嘉靖以后势力增强,逐渐形成“去中心化”的趋势。作为官方主流文化的程朱理学逐渐失去权威性,在文化复古主义、第二次文化复古和心学冲击下逐渐瓦解。嘉靖以后,以无锡、苏州为中心的吴地出现了一批爱茶人。顾元庆的《茶谱》于嘉靖二十年(1541)刊印,杭州的茶坊在消逝数百年后再度出现,很多当地人都不知道茶馆业曾经很繁盛。茶饮只是文化复古潮流中的一种表现形式,好古的人也喜欢阅读古文,探寻古寺、古迹和古董,模仿古人茶会的场景,文征明笔下,华理的“好古”更是达到痴迷程度。复古主义初期的名茶沿用的是唐代的名称,如阳羡茶、惠山泉、顾渚紫笋等,有关茶叶形态、制作、饮用、器具方面的记载很少,似乎还是团饼茶和末茶法。正德十三年(1518),文征明与朋友登惠山,模仿古人举行茶会,绘制了《惠山茶会图》以记之。

嘉靖后期,第二次复古运动在反对官方主流文化的同时,也对前期复古运动崇尚更古老的秦汉和唐代文化,排斥近现代的宋元思想展开批判,这种思潮在茶饮上体现为不必追捧唐代名茶,不模仿唐人茶饮,采用汤煎的芽叶茶制作美味。嘉靖三十三年(1554),杭州人田艺蘅在其《煮泉小品》批判了末茶、花茶和混合茶饮,提倡发掘芽叶茶的汤煎之美,认为芽叶茶的汤水不杂碎屑、更为清爽可爱。他没有追捧阳羡茶,以及杭州古代名茶宝云、香林、白云,而是致力于发掘茶饮当下的美味,西湖龙井和龙井泉首次被提及。王世贞是徐渭的同时代人,也是“后七子”文学著名的代表。在徐渭的诗文中,最早出现了虎丘茗的名称,当时采用的是唐宋茗茶制造中“蒸”的技术;王世贞也多次提到与朋友到虎丘寺聚会饮茶。龙井、虎丘、天池是最早出现的芽叶名茶的代表,其影响至今仍然存在。

隆庆、万历以后，伴随着心学势力进一步扩张，士大夫无不谈禅，这股文化思潮重新塑造了芽叶茶文化。芽叶茶从采摘、蒸炒、烘焙更为精洁，甚至叶片都经过精心挑选，去除柄蒂以免焦煳不均，焙时用无烟的炭火，避免沾染烟熏的气味。虎丘、天池之所以成为名茶，主要在于其特殊的采造法，松萝、岕茶、武夷等万历以后的名茶，无不从改造茶法开始。饮茶也变得考究和仪式化，为了享用一杯好茶，茶人不惜从远处购买名泉，而雨水、雪水因其来自远离尘嚣的天上，被视为纯洁的好水。精致的茶器也必不可少，茶杯和茶壶变得越来越小，茶水色泽、香气和味道清淡者更胜一筹。退隐官僚选择清幽的环境建造园林，在僻静处设计茶寮作为修禅、饮茶的场所。室内陈设简单、洁净，邀请一两个好友结跏趺坐、品啜茗汁，默默无言。茶会以趺坐、无言为特色，参与的人数越少越好，一人独啜为上，超过三人以上的茶会便失去价值。这些文化符号构成明代禅茶的经典场景。

明代的文化茶没有广泛的群众基础，爱好者为家境富裕的布衣文人或退隐官员，以无锡、苏州为中心，向松江、杭州、徽州和福建等周边地区扩散。他们大多是政治文化意义上的“南人”，掌权者则以“北人”为主。万历以后，养花、种草、饮茶等闲书多了起来，陈继儒的《岩栖幽事》就是一例，四库馆臣评价道：所载皆山居琐事，如接花艺木以及于焚香点茶之类，词意轻佻，不出明季山人之习。[①]晚明闲书提倡个性、自由和平等的价值观，“山人习气”与官方维护的等级秩序、服从长官意志背离，自然受到官方抨击。

社会不存在统一的好茶标准，茶饮味道的好坏由隶属阶层和意

① （清）纪昀：《四库全书总目提要》卷130《岩栖幽事》，文渊阁四库全书本。

识形态决定。《红楼梦》里的贾母代表掌权者,她喜欢“药笼气”的六安茶,品味不出龙井的美味。妙玉、林黛玉等人的茶饮清新脱俗,用雅致的古董茶器、珍藏的雨水、雪水烹煮茶水,蕴含色白清香的空寂。晚明的袁宏道对复古派诗文极为不满,认为其束缚了人们的心灵,不能表达真情实感。官方文化的卫道士对新文化也充满了敌意,抨击和诋毁离经叛道的新文学。梅子是袁宏道的好友,他不能理解诋毁者的动机,诗文的好与坏难道不是显然易见的么,为何诋毁者要抨击好的作品?袁宏道以饮茶为例,开导困惑的梅子,讲了这样一个故事(白话译文):

> 我曾经到吴地,同乡有一位同来的人,我送给他天池、虎丘茶,他却愤怒地丢到地上说,这是什么水!恰好此时家乡人带来一些安化茶,拿出来给他喝,则大喜,连饮四五盏。这是什么道理呢?人往往安于习惯,最美的东西,也认为是恶的。①

在袁宏道的心中,虎丘、天池代表了人间美味,于是用来招待荆州的老乡,没想到却遭到嫌弃,老乡喜欢的安化茶又恰是袁宏道鄙视的药笼气茶叶。茶饮与文学具有同样的性质,那些诋毁新文学人,同样无法体会虎丘、天池的美味。爱茶人与官方和普通民众在饮茶审美上存在着巨大鸿沟,这也反映出明代社会文化割裂的现状。虎丘、天池、龙井、松萝等名茶的产量很低,流通范围仅限于特定的文人群体,对权贵阶层和底层民众的影响力有限,喜欢六安茶和安化茶的人大有人在。大众

---

① (明)袁宏道:《袁宏道集笺校》(中册)卷18《叙梅子马王程稿》,钱伯城笺校,上海古籍出版社1981年版,第699页。

将茶视为食物或药物，最流行的饮茶方式还是加了瓜子、芝麻或香花的混合茶饮。

三、芽叶茶的商品化与世界扩张

明代的茶饮复兴产生的影响有限，国内没有出现唐代那样的饮茶热潮，茶叶的商品化进展缓慢。直到清朝初年，除了茶马贸易，茶叶市场依然冷清，茶叶税对财政贡献很少。18 世纪中叶以后，也就是乾隆统治中期，欧洲尤其是英国的饮茶潮流持续升温，海外对中国茶叶的需求量逐渐递增。在广州洋行出口贸易的带动下，福建等地的茶叶经济进入繁荣期。中国近代茶叶经济被卷入了全球市场，经历了从繁荣到衰落的大起大落，这个过程与英国资本、政治和消费需求的变化息息相关。

（一）中国茶在欧洲的早期传播

唐代饮茶潮流出现之后，很快向周边国家和地区散播，主要是在僧侣群体和上流社会。据说日本在奈良时代的天平元年(729)，圣武天皇招集百僧听经赐茶，这是日本最早出现的饮茶记载。圆仁在中国巡礼期间(838—847)，有过多次饮茶记录，回到日本后应该保持了饮茶习惯。他在日本创立了喜多院，这里是关东狭山茶的发源地。根据金富轼的《三国史记》(1145)，朝鲜在兴德王三年(828)，“入唐回使大廉持茶种子来，王使植地理山。茶自善德王时有之，至于此盛焉”。[①]善德王

① ［韩］金富轼:《三国史记》卷 10《新罗本纪》，吉林文史出版社 2003 年版。

时代(632—647)就有茶饮的说法不太可信,那时中国都很少见到茶。宣宗大中五年(851),来到中国的阿拉伯商人也记载了茶的信息:

> 国王本人的主要收入是全国的盐税以及泡开水喝的一种干草税。在各个城市里,这种干草叶售价都很高,中国人称这种草叶叫“茶”(Sakh)。此种干草叶比苜蓿的叶子还多,也略比它香,稍有苦味,用开水冲喝,治百病。盐税和这种植物税就是国王的全部财富。①

《中国印度见闻录》大约刊行于9世纪中叶到10世纪初,作者不详。阿拉伯商人对中国茶的描述应该是可信的,因饮茶盛行,茶税对国家财政的贡献很大。南宋以后,茶叶消费在中国陷入低谷,贸易和生产持续大幅衰退,饮茶习俗也逐渐消失了,这大概是马可·波罗没有提到中国茶的原因。16世纪中叶以后,欧洲出现中国茶的信息。1559年,威尼斯人吉安巴蒂斯塔·拉穆西奥(Giambattista Ramusio),又译为“拉木学”,出版了一本《航海与旅行》(*Navigationi et Viaggi*)的书籍,提到波斯人哈只·马合木告诉他中国茶的故事:

> 他告诉我,在中国各地,他们使用另一种植物,它的叶子被彼邦人民称为中国茶(Chiai Cataiz),它产于中国的称为Cachanfu的地区。在那些地方,它是一种常用之物,备受青睐。他们食用这种植物,不论干或鲜湿,均用水煮好,空腹吃一两杯煎成的汁;它祛除

① 《中国印度见闻录》,穆根来、汶江等译,中华书局1983年版,第17页。

热症、头痛、胃痛、肋痛与关节痛;注意需尽可能热饮;它对其他许多疾病有益,痛风是其中之一,其他的今已不记。而设若某人恰感积食伤胃,若他饮用少许此种煎汁,即可消滞化积。故而此物如此贵重,凡旅行者必随身携带,且不论何时人们愿以一袋大黄换取一盎司中国茶。这些中国人说(他告诉我们),若在我们国家,在波斯,以及在拂郎(Franks)地面,据说商人不会再投资于罗昂德·秦尼(Rsuend Chini),即如他们所称的大黄。①

16世纪中叶,欧洲人已经知道中国茶可以作为一种药物。将茶叶介绍到欧洲的除了商人还有传教士。16世纪以后,耶稣会派出不少传教士到海外传教,1581—1712年间,仅耶稣会士就有249人来到中国。葡萄牙人伯来拉、克路士,西班牙人拉达(Martin de Rada)、意大利人利玛窦(Matteo Ricci)等人在葡萄牙政府支持下,受罗马教廷委派来到中国,在澳门、南京和北京建立教区。②此时中国正值万历年间,芽叶茶文化在江南的文人阶层初兴。

传教士们大多提到了中国茶,例如,西班牙传教士拉达的行记说,中国人以茶待客,"这水是用一种略带苦味的草煮的,留一点末在水里,他们吃末喝热水"。③利玛窦是意大利耶稣会教士,万历十年到三十八年(1582—1610)在中国生活,晚年将自己的经历写成日记。传教士金

① 转引自:黄时鉴:《关于茶在北亚和西域的早期传播》,《历史研究》1993年第1期,第141—145页。黄时鉴则根据Hobson Jobson所作*A Glossary of Colloquial Indian Words and Phrases*一书中Tea条的英译文转译,并参照了意大利原文。

② [法]高龙盘(Auguste M. Colombel):《江南传教史》,周士良译,台湾辅仁大学出版社2009年版,第456页。

③ [英]C.R.博克舍:《十六世纪中国南部行纪》,何高济译,中华书局1990年版。

尼阁(Nicolas Trigault)将利玛窦的日记翻译和整理后出版,在欧洲引起巨大的轰动。利玛窦到过广东肇庆、江西南昌、湖南邵阳、南京和北京等地,他观察到中国人吃饭、待客时都会饮茶,对于茶,他介绍说:

> 由灌木叶可以制成……叫做茶(Cia)的著名饮料。中国人饮茶为期不会太久,因为古籍中并无书写该著名饮料的古字,而其书写符号(指汉字)极为古老。的确如此,同样的植物抑或能在我们的土地上被发现。在中国,人们在春季到来时采集这种叶子,置于阴凉处阴干,继而用阴干的叶片调制饮料,可供用餐时饮用或者宾朋造访时待客。待客之时,只要宾主在谈话,主人会不断献茶。该著名饮料需小口品啜而非牛饮,需趁热喝掉,其味道难称可口,略呈苦涩,但即便时常饮用也被视为有助于健康。
>
> 这种叶片可分为不同等级,按其质量差异,可售价一个、两个甚至三个金锭一磅。在日本,最好的叶子一磅可售十个乃至十二个金锭。日本调制饮料的方法异于中国:日本人将干叶磨成粉末,取两三汤匙投于滚开的热水壶中,品饮冲出的饮料。中国人把干叶放于滚开的壶水中,待精华泡出后滤出叶片,只饮剩下的水。①

利玛窦没去过日本,他对日本末茶的介绍,应该来自其他传教士。他说中国饮茶时间不会太久,因为古籍中没有这种饮料的古字,这种说法令人诧异。不过,他的说法也许是真实的,元时期中国出现了饮茶空档期,就连明代的杭州人都不知道当地曾经开设过茶馆。利玛窦说,茶

① 利玛窦、金尼阁:《利玛窦中国札记》,何高济、王遵仲、李申译,中华书局1983年版,第17—18页。

叶在春天采集后在阴凉处阴干，这与今天白茶的制作相似。他没有介绍茶叶的蒸炒工艺。传教士们刚开始喝茶时，会觉得味道不是很好，待饮茶习惯后，他们逐渐相信频繁饮用有益健康。

（二）从药物到奢侈饮料

耶稣会成立于1534年，属于天主教中反新教的保守势力。传教士们在传教过程中，将西方科技、文化传播到中国，也将中国的情况，包括茶叶等东方物品介绍到欧洲。据说1559年，欧洲出现茶的记载。商人们有时会带些异域物品献给欧洲贵族。大约在17世纪以后，到东方从事贸易的公司将少量茶叶运到欧洲。有一种说法是，早在1606年，在爪哇做生意的荷兰人第一次将从中国和日本购买的茶叶运送到欧洲。也有说是葡萄牙人率先将茶叶带回欧洲，荷兰人随后开展了茶叶贸易。随后的半个世纪，茶在法国、荷兰、瑞典和丹麦等欧洲贵族圈出现。茶在英国最早出现在1615年，法国是在1650年由路易八世的主教马扎林介绍进来。茶叶被介绍到欧洲的早期阶段，是作为药物在药店里出售的。1657年，伦敦的一家叫托马斯·加威(Thomas Garway)的咖啡馆开始出售由荷兰输入的中国茶。在咖啡馆张贴大幅的广告中，茶被描述为一种质地温和、四季皆宜的饮料，具有提神醒脑、延年益寿等多种功效，还说世界上许多国家的医生、名人正争相饮用。①

茶叶传入欧洲的早期历史不是很清晰，饮茶何时和为何受到权贵青睐？这个问题的研究相对较少，这段历史往往由民间传说和故事填充。有一种说法是，英国的饮茶习俗是由葡萄牙公主凯瑟琳(1638—

① ［美］威廉·乌克斯：《茶叶全书》，依佳、刘涛、姜海蒂译，东方出版社2011年版，第37—38页。

1705)带来的。1662年,她嫁给了英国国王查理二世,带了几箱茶叶作为嫁妆,英国人在她的带动下喜欢上了饮茶。[①]还有一种说法是,1688年光荣革命后,从荷兰来的威廉与玛丽共同统治英国,也带来在荷兰比较流行的饮茶。[②]此类故事就像流行文学广泛流传,大众喜欢听权贵引领时尚的传奇。

17世纪中叶到18世纪中叶,茶叶昂贵且一直在药店出售,在此期间,饮茶逐渐成为英国上流社会的时尚。18世纪中叶以后,情况发生质的改变,饮茶在英国兴起,茶叶消费量在短期内骤然上升,茶叶的售卖也从药店转移到食品杂货店。对比英国与中国唐代饮茶兴起的历史,会发现两者有些相似之处:茶叶经历了三次形态的转化,分别是稀少的药饮、昂贵的奢侈饮品和大众商品;茶叶作为神秘的药物由宗教人士传播;从药物到奢侈饮料的过程比较漫长,之后又在利益驱使下,创造出茶叶的大众消费形态。

推动茶叶形态不断创新的力量不是单一的,而是多元的。茶叶形态的每一次创造都离不开社会力量的推动。我们目前看到的茶叶、药茶、奢侈饮料、大众商品的多种样态,是在一个复杂的社会机制中出现的。对比西敏司研究的英国蔗糖消费历史,发现蔗糖也遵循了药物—奢侈品—大众商品的变化轨迹,其形态转变的时间节点与茶叶相同。蔗糖与茶叶一样,起初都是比较稀罕的药物在药店销售,都是在1650年左右受到贵族青睐,并在18世纪中叶以后变成大众商品,19世纪初已经成为英国人生活的必需品。英国对蔗糖、茶、胡椒、咖啡等海外饮

① [美]罗伊·莫克塞姆:《茶:嗜好、开拓与帝国》,毕小青译,生活·读书·新知三联书店2010年版,第15—18页。

② 刘章才:《18世纪英国关于饮茶的争论》,《世界历史》2015年第1期,第69—77页。

食的渴求,与这些“物”的甜味、苦味或辣味没有关系。我们应该将其放在英国社会变革历史时期,观察推动茶叶形态变化的社会机制。

(三)海外贸易、殖民地与大工业生产方式

英国的东印度公司创建于1600年,荷兰始建于1602年。荷兰东印度公司在印度尼西亚建立了殖民地,中国是其主要贸易对象。[①]英国的茶叶早期由荷兰提供,荷兰的东印度公司从爪哇购买茶叶,重新包装后转卖给英国。1669年,英国东印度公司从爪哇购买143.75磅中国茶,这也是英国直接开展中国茶贸易的开端。1731年,瑞典也成立了东印度公司,从事中国茶转口到英国的贸易是其业务之一。林奈希望在瑞典本土种植茶树,减少从中国进口茶叶的数量,赚取更多的茶叶利益。

17世纪60年代左右,英国的贵族圈接受了饮茶,但直到17世纪末,饮茶仅限于上层社会,茶叶的消费量有限,贸易量仍然难以保持稳定。18世纪以后,饮茶逐渐在英国的中产阶级中扩散,后来又向社会下层传播,至于18世纪末期,饮茶已经在英国基本普及。[②]18世纪上半叶,当茶叶还在英国药店零售时,每年进口不到10万磅。18世纪中叶以后,英国成为欧洲大陆最为热衷饮茶的国家,茶叶进口量陡然上升,世纪末已经飙升到2 300万磅。英国的茶叶进口量激增、价格大幅下降是在18世纪30年代,在快速帆船开往中国,展开直接贸易后不久出现。[③]1784年,英国改革了茶叶税,极大促进了茶叶消费。

---

① 张汉良:《瑞典植物学家林奈与茶业的西传》,《闽商文化研究》2011年第2期,第59—64页。

② 刘章才:《饮茶在近代英国的本土化论析》,《历史研究》2019年第1期,第86—99页。

③ [英]艾伦·麦克法兰、艾丽斯·麦克法兰:《绿色黄金:茶叶帝国》,扈喜林译、周重林校,社会科学文献出版社2016年版。

在茶叶贸易没有兴起之前,英国并不是业绩突出的资本主义国家。葡萄牙、荷兰和法国都比英国更早地开始了海外贸易,他们将海外的物品运送到欧洲,又将欧洲和其他地方的货物运送到中国。从中国运输到欧洲的货物中包括茶叶,但数量并不大。英国的茶叶最早由荷兰人从日本、中国等地购买后转卖提供。随着英国人饮茶热情的上升,英国东印度公司从日本和中国等地进口茶叶的数量越来越大。茶叶在近代英国海外贸易中占据重要位置,成为资本主义发展过程中最重要的商品之一。

英国每年从中国进口的茶叶数量惊人,中国从英国进口的商品很少,英国与中国之间的贸易出现巨大逆差。英国为了消除这种贸易逆差,不惜将鸦片偷偷运往中国。随着输入中国的鸦片数量越来越大,中国卖茶的收入已不足以支付鸦片费用。中国反抗鸦片输入的战争最终以失败告终,大门被迫开放。随着自由贸易的增多,东印度公司结束了茶叶贸易垄断,开始投资茶叶生产以攫取更大的利益。其实,欧洲很早便有种茶和制茶的实验,以摆脱对中国茶的依赖。西方的博物学家、植物学家和探险家致力于搜集世界各地的珍稀动、植物,他们并不单纯出于科学研究的目的,这些活动与经济利益、殖民运动紧密捆绑在一起。

欧洲在本土的种茶实验最终都失败了。1780 年,英国人和荷兰人将中国茶种带入印度种植,但长期未能获得进展。资本受到巨大利益的诱惑,并没有停止在殖民地尝试种茶。18 世纪末至 19 世纪中后期,英国人将茶苗和种子运到印度,高薪聘请中国制茶工匠到印度传授技术。1793 年,英国政府派马戛尔尼带着礼物,以给乾隆皇帝祝寿的名义出使北京,随行的人员中有植物学家。他们在一个茶树很多的地方停下来,向乡人购买茶树,连同茶树的根和带着做成球状泥土,准备带到印度、孟加拉等地种植。马戛尔尼认为，如果能够在印度等地种植成功，地方官会大力提倡这项事业，几十年后，印度的茶叶一定会闻名世界。[①]

东印度公司茶叶委员会的乔治·戈登、植物猎人罗伯特·福琼在中国窃取茶籽、茶苗和技师的经历可谓惊心动魄。[②]1835—1836年间，乔治·戈登在精通中文的牧师郭实腊的帮助下，将八万颗茶籽、三名制茶工匠运送到加尔各答，种子在加尔各答催芽后又被送往印度各地种植。由于缺乏管理经验而所剩无几。罗伯特·福琼受英国皇家园艺学会派遣，1839—1860年间曾四次来华采集植物。1842年《南京条约》签订后三年间，他三次进入舟山、宁波和福州的茶园观看制茶过程，并收集大量标本运往英国；受阿萨姆公司委派，1848年罗伯特·福琼又到中国偷窃茶树种子、树苗和技师，于1851年将2 000棵茶苗、1.7万颗发芽的茶种、8名技师偷运到加尔各答，[③]这些种子和幼苗被分配到阿萨姆、大吉岭等地种植。

1836年，第一批印度茶从阿萨姆运往伦敦，标志着中国垄断茶叶的时代被打破，但最终的胜利并没有那么快到来。英国在印度、锡兰生产的红茶味道苦涩，消费不畅，令投资者心灰意冷。在19世纪70年代之前，[④]中国还是国际茶叶市场的主要供应者，并输出知识、技术和规则，提供茶叶评价的国际标准。松萝、龙井等名优绿茶最初也是欧洲市

---

① 乔治·马戛尔尼：《1793乾隆英使觐见记》，刘半农译，天津人民出版社2006年版，第203页。

② 罗龙新：《帝国茶园：茶的印度史》，华中科技大学出版社2020年版，第83—107页。

③ [英]罗伯特·福琼：《两访中国茶乡》，敖雪岗译，江苏人民出版社2015年版，第187页。

④ 近代中国茶业的盛衰广受关注，一般认为19世纪80年代，特别是1886年是中国茶业由盛转衰的关键年。这一年中国茶叶出口达历史最高峰，之后便持续萎缩。林齐模则认为，根本性的逆转发生在19世纪70年代中期，中国茶在英美市场上几乎同时被印度、日本击败，初步失去红茶、绿茶市场。

场的高档品,红茶实为低等粗茶,半发酵的福建武夷茶占据英国大众市场。1831 年,在殖民地种茶的英国中尉查尔顿,声称在阿萨姆发现野生茶树,茶树起源于印度。这些茶树最初没有被植物学家认同,随着英国在印度茶叶生产能力的提升,印度发现的茶树获得植物学家认可。1877 年,英国人贝尔登(S. Baidond)出版《阿萨姆之茶叶》,明确提出茶树起源印度的假说,在英国引起广泛关注。在此后的几十年间,茶树起源问题成为热门讨论的话题。

19 世纪 70 年代,英国工业革命的成果开始应用于茶叶生产。1872 年,英国人杰克逊发明的揉茶机,用于阿萨姆公司的希利卡茶园;1877 年,弥尔·戴维德逊发明焙炒机,机械化的热气焙烤替代手工炭炉炒茶法;1887 年,杰克逊将压卷机改良为快压卷机,在市场上流行二十多年。19 世纪末,印度茶在揉捻、烘焙、筛选和包装等各个生产环节都实现了机械化,大量红茶源源不断地生产出来。与此同时,印度茶园的大工业生产方式基本实现,从种植、采摘和制作,茶叶生产的每个工序都受到严格监管,确保产品以最高效率生产出来。英国剑桥大学人类学名誉教授艾伦·麦克法兰(Alan Macfarlane)的父母在阿萨姆地区经营茶园,她自己曾经在尼泊尔和阿萨姆的茶园有过三十年的田野调查。从她的讲述可以发现,殖民地茶园走上了一条与中国完全不同的生产模式,这种被称为工厂的生产模式有如下特点:①

一是茶树种植采用化学和农业知识,被种植在精心规划的茶园。"他们精心研究茶树之间的准确株距应该是多少,什么样的土壤最好,行距怎样设计最有利于茶叶采摘,遮阴树应该用多少棵,以及用哪种遮阴

---

① [英]艾伦·麦克法兰、艾丽斯·麦克法兰《绿色黄金:茶叶帝国》,扈喜林译、周重林校,社会科学文献出版社 2016 年版。

树,什么样的茶树种子最好,怎样照料育苗场——所有这些问题都要仔细规划。茶株栽好之后,他们马上开始了一系列实验和培训,如修剪的频率和方法、怎样施肥、怎样用喷雾器和杀虫剂防止各种病虫害。后来,他们还建立了多个茶叶研究站,专门研究茶树种植和茶叶加工的最佳途径。”

二是茶园结合了英国18世纪的重大进步,科技和管理贯穿茶叶生产的每一步,从砍伐森林、种植茶树到茶叶采摘,最后到成品装箱,尽量采用机械化生产,严密管理体现在每个工序。

三是对劳工采用严格的准军事化管理,尤其是那些无法用机器的生产工序。茶园工人统一住在几排类似帐篷或营房的窝棚里,他们要严格遵守作息时间,这种劳动一年到头没有休息,每天都在进行长时间的单调工作。“茶园成了繁忙的育苗场。在公路、小路、茶树、工厂和单间工棚里,劳工在整个流程中的动作都经过严格训练,统统精确到分钟。整个绿色天地就是一个大工厂,工厂的顶棚就是遮阴树。”在纪律和规章制度的约束下,劳工已经成为庞大机器的一部分。

19世纪70年代晚期,中国茶叶在国际市场上的份额开始下降。19世纪90年代,印度茶和日本茶分别挤占了中国在英国红茶、美国绿茶的市场份额,中国茶销量出现大幅下滑。艾伦·麦克法兰引用J.戴尔·鲍尔(J. Dyer Ball)在20世纪初出版的《中国风土人民事物记》(*Things Chinese*)中的数据,说明中国茶和印度茶在茶叶市场上的变化:1859年,印度不存在茶叶贸易,中国向英格兰出口了70 303 664磅茶叶;1899年,中国茶叶出口量下降到15 677 835磅,但印度的出口量增幅巨大,达到了中国从来没有达到的数量——219 136 185磅。尽管印度劳工的血汗为英国资本的胜利做出贡献,艾伦·麦克法兰还是强调了资本、大工业生产方式和持续努力的功绩。她说:“英国人投入了大量精力和科学知识,坚持不懈地反复实验和生产方法的不断改进是中国的小农经济所无法做到的。投资的大幅增加、生产规模的扩大、最大限度扩大投资回报的决心让效率的提高终于成为现实。”

血汗工厂、工厂生产方式并不是资本取胜的全部秘密,资本对意识形态领域的控制也很重要,科学重新塑造了英国消费者的口味,这是印度茶能大量倾销市场的前提。1877 年,英国人贝尔登的《阿萨姆之茶叶》明确提出茶树印度起源假说,此时的印度已经具备大规模生产茶叶的能力。科学界围绕茶树发源问题展开旷日持久的讨论,尽管没有实证依据,但印度茶在这场持久的讨论中获益。与起源地联系在一起,印度茶似乎更为“正宗”。生物学家对茶叶的成分进行化学分析,在新的科学评价体系中,咖啡因、茶多酚等物质含量成为喝茶的目的,滋味浓厚的印度茶不再是缺陷,反而成为优势。

印度茶取代中国茶的秘密并不止在于大工业生产方式,还有文化和价值的胜利。资本通过强大舆论控制大众,印度茶成为“好茶”的标准。在早期的中国标准中,绿茶优于红茶。优质绿茶的生产非常讲究,必须在春季采摘茶树嫩芽,通过蒸、煮、炒等方式去除苦味,色白味香的绿茶为优。这样生产的茶叶费时、费力且产量很低。据英国普及性科普读物《便士百科全书》对茶的介绍,中国人在茶叶采摘前两三个星期禁止吃鱼或其他被认为不洁的食物,要求每天洗两三次澡,只能戴手套而不允许用裸露的手指采集茶叶……①如果按照这个标准,大规模生产的印度红碎茶完全没有价值。

茶树印度起源说及其持续的炒作,使印度红茶逐渐被英国人接受。

① 丁承慧、吴燕:《19 世纪英人在华植物实用知识的采集与阐释——以〈实用知识传播学会的便士百科全书〉“茶”词条为例》,《科学与管理》2020 年第 2 期,第 57—66 页。

大工业生产为市场提供了大量廉价茶叶，迅速占领了英国市场。经过多年的经营，英国人逐渐适应了印度茶的口味。即便中国茶农薪水极低，也无法提供印度茶那样的廉价茶叶。当英国殖民地的茶叶可以大量产出后，中国就是其最大的竞争对手。资本控制的舆论机器和政治体制开始发挥作用，中国茶叶被冠以不科学的标签，冠以标准不一、不卫生等诸多缺陷，工厂茶叶则收获了美誉，它们被认为是品质均衡、干净卫生、高产廉价的好茶。英美等国提高了中国茶叶的进口关税，并设置苛刻的检验标准，却降低印度等地茶叶进口税，沉重打击了中国茶叶的外销。在全球茶叶消费不断增长的情况下，中国茶叶出口反而快速萎缩。

近代中国茶叶由盛转衰，根源不能完全怪罪于传统的生产方式。在中国是世界茶叶主要提供者的初期，没有人指责中国茶叶的生产方式；在人们已经厌倦了工厂茶叶的今天，无农药、无化肥的有机茶叶，远比工厂茶叶有价值。然而在近代，中国茶叶的传统生产工艺受到贬低，人们指责中国茶叶存在各种弊端，羡慕外洋茶叶的优点，主张效法印度、锡兰等地的茶叶产销良法。①中国开始模仿西方茶叶种植和制作，购买机器生产茶叶，高价聘请外国技师制茶，但终究无法在规模上与西方茶叶抗衡。鸦片战争之后的短短二三十年间，印度茶与中国茶的地位完全反转过来：印度茶从无到有再到占据大部市场，中国茶从出口垄断到迅速下滑，至今无法回到往日辉煌。在这个过程中，殖民地“科学的茶叶”战胜了中国“传统的茶叶”，凸显出技术和知识在商业竞争中的价值。如果我们将时间拉长，重新审视发生在中国茶叶身上的故事，就会发现，文化与知识才是定义茶叶价值的核心。

① 陈涛：《从“以茶制夷”到“茶业改良”：清季士绅华茶外销观念的嬗变》，《农业考古》2018年第2期，第110—117页。

参考文献

一、中文书籍

陈椽:《茶叶通史》,农业出版社 1984 年版。

陈兴琰:《茶树原产地——云南》,云南人民出版社 1994 年版。

陈垣:《明季滇黔佛教考》,中华书局 1962 年版。

陈寅恪:《隋唐制度渊源略论稿·唐代政治史述论稿》,三联书店 2002 年版。

陈祖槼、朱自振编:《中国茶叶历史资料选辑》,中国农业出版社 1981 年版。

岑仲勉:《隋唐史》,河北教育出版社 2000 年版。

方国瑜:《中国西南历史地理考释》,中华书局 1984 年版。

关剑平:《茶与中国文化》,人民出版社 2001 年版。

郭朋:《中国佛教思想史》(中卷),福建人民出版社 1994 年版。

郭绍虞:《宋诗话辑佚》(上下),中华书局 1980 年版。

姜亮夫等编:《先秦诗鉴赏辞典》,上海辞书出版社 1988 年版。

介永强:《日本僧人圆珍人唐求法活动摭谈——读〈行历抄校注〉》,杜文玉主编《唐史论丛第二十五辑》,三秦出版社 2017 年版。

凌大珽:《中国茶税简史》,中国财政经济出版社 1986 年版。

刘淼:《明代茶业经济研究》,汕头大学出版社 1997 年版。

罗龙新:《帝国茶园:茶的印度史》,华中科技大学出版社 2020 年版。

漆侠:《宋代经济史》,上海人民出版社 1987 年版。

苏国文:《芒景布朗族与茶》,云南民族出版社 2009 年版。

谭亚原、杨泽军:《云南茶典——丰富多彩的云南少数民族茶》,中国轻工业出版社 2007 年版。

童恩正:《古代的巴蜀》,四川人民出版社 1979 年版。

吴觉农:《茶经评述》,中国农业出版社 2005 年版。

吴宗国:《唐代科举制度研究》,辽宁大学出版社 1992 年版。

谢国桢:《明代社会经济史选编》上册,福建人民出版社 1981 年版。

杨亚军主编:《中国茶树栽培学》,上海科学技术出版社 2005 年版。

周重林、太俊林:《茶叶战争》,华中科技大学出版社 2012 年版。

钱穆:《理学与艺术》,《宋史研究集》第七辑,台湾书局 1974 年版。

杨庆存:《黄庭坚宗族世系新考》,《中华文史论丛》第 56 辑,上海古籍出版社 1986 年版。

[英]艾伦·麦克法兰、艾丽斯·麦克法兰:《绿色黄金:茶叶帝国》,扈喜林译、周重林校,社会科学文献出版社 2016 年版。

[加]贝剑铭:《茶在中国:一部宗教与文化史》,中国工人出版社 2019 年版。

[意]贝奈戴托·克罗齐:《历史学的理论和实际》,[英]道德拉斯·安斯利英译、傅任敢译,商务印书馆 1982 年版。

[英]波特、泰希主编:《历史上的药物与毒品》,鲁虎等译,商务印书馆 2004 年版。

[法]布尔迪厄:《文化资本与社会炼金术——布尔迪厄访谈录》,包亚明译,上海人民出版社 1997 年版。

[日]布目潮沨编:《中国茶书全集》,汲古书院 1987 年。

[美]戴维·考特莱特:《上瘾五百年:瘾品与现代世界的形成》,薛绚译,上海人民出版社 2005 年版。

[法]费尔南·布罗代尔:《15 至 18 世纪的物质文明、经济和资本主义》(第一卷),顾良、施康强译,三联书店 1992 年版。

[法]高龙盘:《江南传教史》,周士良译,台湾辅仁大学出版社 2009 年版。

[德]格奥尔格·齐美尔：《桥与门：齐美尔随笔集》，涯鸿、宇声译，上海三联书店 1991 年版。

[日]古川道雄：《隋唐帝国形成史论》，李济沧译，上海古籍出版社 2004 年版。

[韩]金富轼：《三国史记》，吉林文史出版社 2003 年版。

利玛窦、金尼阁：《利玛窦中国札记》，何高济、王遵仲、李申译，中华书局 1983 年版。

[英]罗伯特·福琼：《两访中国茶乡》，敖雪岗译，江苏人民出版社 2015 年版。

[荷]乔治·范·德瑞姆：《茶：一片树叶的传说与历史》，李萍等译，社会科学文献出版社 2023 年版。

乔治·马戛尔尼：《1793 乾隆英使觐见记》，刘半农译，天津人民出版社 2006 年版。

[美]罗伊·莫克塞姆：《茶：嗜好、开拓与帝国》，毕小青译，生活·读书·新知三联书店 2010 年版。

[英]玛丽·道格拉斯：《洁净与危险》，黄剑波等译，民族出版社 2008 年版。

[英]马凌诺斯基：《文化论》，费孝通译，华夏出版社 2002 年版。

[英]马林诺夫斯基：《西太平洋上的航海者》，弓秀英译，商务印书馆 2017 年版。

[法]马塞尔·莫斯：《礼物》，汲喆译、陈瑞桦校，上海人民出版社 2002 年版。

[美]马文·哈里斯：《好吃：食物与文化之谜》，叶舒宪、户晓辉译，山东画报出版社 2001 年版。

[日]木宫泰彦：《中日交通史》，陈捷译，商务印书馆 1932 年版。

[德]齐美尔：《社会是如何可能的：齐美尔社会学文选》，林荣远编译，广西师范大学出版社 2002 年版。

[英]特纳(Turner, B.S.)主编：《Blackwell 社会理论指南》(第 2 版)，李康译，上海人民出版社 2003 年版。

[法]涂尔干：《宗教生活的基本形式》，渠敬东、汲喆译，商务印书馆 2017 年版。

[美]托马斯·库恩:《科学革命的结构》,金吾伦、胡新和译,北京大学出版社2003年版。

[美]威廉·乌克斯:《茶叶全书》,依佳、刘涛、姜海蒂译,东方出版社2011年版。

[法]谢和耐:《中国社会史》,江苏人民出版社1995年版。

[德]西美尔:《时尚的哲学》,费勇、吴謇译,北京文化艺术出版社2001年版。

[德]西美尔:《宗教社会学》,曹卫东等译,上海人民出版社2003年版。

[德]西美尔:《货币哲学》,陈戎女、耿开君、文聘元译,华夏出版社2018年版。

[美]西敏司:《甜与权力:糖在近代历史上的地位》,王超,朱健刚译,商务印书馆2010年版。

[美]阎云翔:《中国社会的个体化》,陆洋等译,上海译文出版社2012年版。

[英]C.R. 博克舍:《十六世纪中国南部行纪》,何高济译,中华书局1990年版。

[日]圆仁:《入唐求法巡礼行记校注》,白化文、李鼎霞、许德楠校注,华山文艺出版社1992年版。

《中国印度见闻录》,穆根来、汶江等译,中华书局1983年版。

二、 中文论文

安洙英:《19世纪英国草药知识的全球化和普遍化——以丹尼尔·汉璧礼的中国草药研究为中心》,《复旦学报》(社会科学版)2020年第6期,第58—68页。

鲍晓娜:《茶税始年辨析》,《中国史研究》1982年第4期,第49—52页。

蔡志纯:《漫谈蒙古族的饮茶文化》,《北方文物》1994年第1期,第60—65页。

钞晓鸿:《近二十年来有关明清"奢靡"之风研究述评》,《中国史研究动态》2001年第10期,第9—20页。

陈炳环:《植物命名和茶树的学名》,《茶业通报》1983年第6期,第17—20页。

陈树珍:《"边茶"贸易制度变迁》,《中国文化遗产》2010年第4期,第47—51页。

陈高华:《元代饮茶习俗》,《历史研究》1994 年第 1 期,第 89—102 页。

陈高华:《孩儿茶小考》,《西北第二民族学院学报》(哲学社会科学版)1999 年第 2 期,第 37—38 页。

陈倩:《〈茶经〉的跨文化传播及其影响》,《中国文化研究》2014 年第 1 期,第 133—139 页。

陈寅恪:《论韩愈》,《历史研究》1954 年第 2 期,第 105—114 页。

陈涛:《从"以茶制夷"到"茶业改良":清季士绅华茶外销观念的嬗变》,《农业考古》2018 年第 2 期,第 110—117 页。

程芸:《明代曲学复古与元曲的经典化》,《文艺理论研究》2014 年第 2 期,第 163—170 页。

丁承慧、吴燕:《19 世纪英人在华植物实用知识的采集与阐释——以〈实用知识传播学会的便士百科全书〉"茶"词条为例》,《科学与管理》2020 年第 2 期,第 57—66 页。

丁以寿:《〈茶经〉"〈广雅〉云"考辨》,《农业考古》2000 年第 4 期,第 211—213 页。

丁以寿:《中国饮茶法流变考》,《农业考古》2003 年第 2 期。

方国瑜:《闲话普洱茶》,《中国民族》1962 年第 11 期,第 25—26 页。

方国瑜:《樊绰〈云南志〉考说》,《思想战线》1981 年第 1 期,第 3—8 页。

方立天:《慧能创立禅宗与佛教中国化》,《哲学研究》2007 年第 4 期,第 74—79 页。

傅军:《唐代诗人李白与茶》,《上海茶业》2012 年第 1 期,第 26 页。

哈斯巴根:《蒙古族民间茶用植物》,《植物杂志》1989 年第 2 期,第 24—25 页。

何剑平:《历史上的同时同名现象——读王维〈谒璇上人并序〉》,《古典文学知识》2012 年第 2 期,第 42—48 页。

侯永慧:《〈南岳小录〉作者与刊刻者述略》,《湖南科技学院学报》2018 年第 11 期,第 64—67 页。

胡如雷:《唐宋时期中国封建社会的巨大变革》,《史学月刊》1960 年第 7 期,第 23—30 页。

黄纯艳:《再论唐代茶法》,《思想战线》2002 年第 2 期,第 70—74 页。

黄时鉴:《关于茶在北亚和西域的早期传播——兼说马可波罗未有记茶》,《历史研究》1993 年第 1 期,第 141—145 页。

吉登斯、卢野鹤:《社会理论中的时间和空间:对结构主义的批判》,《国外社会科学文摘》1987 年第 6 期,第 48—51 页。

介永强:《唐东都福先寺广宣律师墓志发覆》,《中原文物》2017 年第 3 期,第 102—105 页。

李华瑞:《20 世纪中日"唐宋变革"观研究述评》,《史学理论研究》2003 年第 4 期,第 87—95 页。

李华瑞:《走出"唐宋变革论"》,《历史评论》2021 年第 3 期,第 76—80 页。

李峻杰:《孩儿茶考辨》,《海交史研究》2010 年第 1 期,第 74—84 页。

李孝川:《民族文化传承的使者——一个布朗族"末代王子"的生命叙事》,《学术探索》2016 年第 3 期,第 143—148 页。

林更生:《茗菜而已系误引——古茶书解读之廿四》,《福建茶叶》2013 年第 6 期,第 50—51 页。

林齐模:《近代中国茶业国际贸易的衰减——以对英国出口为中心》,《历史研究》2003 年第 6 期,第 58—71 页。

廖从刚:《撮把新茶注玉杯　可助诗人笔花飞——李白玉泉茶诗之由来》,《湖北档案》2002 年第 2 期,第 40 页。

刘春燕:《对北宋东南茶叶产量的重新推测》,《中国社会经济史研究》2000 年第 3 期,第 46—56 页。

刘礼堂、宋时磊:《茗菜与苔菜考辨——兼谈茶事之起源》,《中国矿业大学学报》(社会科学版)2013 年第 1 期,第 91—96 页。

刘尚荣:《荟萃茶文化的精品辞书——〈中国茶叶大辞典〉述评》,《农业考古》

2001 年第 2 期,第 57—59 页。

刘章才:《18 世纪英国关于饮茶的争论》,《世界历史》2015 年第 1 期,第 69—77 页。

刘章才:《饮茶在近代英国的本土化论析》,《历史研究》2019 年第 1 期,第 86—99 页。

吕静:《上巳节沐浴消灾习俗探研》,《史林》1994 年第 2 期,第 9—10 页。

罗宗强:《政策、思潮与文学思想倾向——关于明代台阁文学思潮的反思》,《文史哲》2011 年第 3 期,第 111—118 页。

马莉:《中国茶文化的全球化传播探析——评〈文化传播视野下的茶文化研究〉》,《中国教育学刊》2019 年第 11 期,第 116 页。

曼石:《儿茶的来历》,《中药与临床》2010 年第 2 期,第 55 页。

征咪:《18 世纪英国地方科学讲座的市场化及其影响》,《学海》2018 年第 1 期,第 212—216 页。

欧阳彬、朱红文:《社会是一件艺术品——西美尔的“社会学美学”思想探析》,《天津社会科学》2005 年第 2 期,第 65—69 页。

钱建中:《无锡历代专志考略》,《江苏地方志》1996 年第 4 期,第 30—31 页。

邱美琼、闵晓莲:《宋代洪州分宁黄氏文学家族的形成》,《东方论坛:青岛大学学报》2009 年第 2 期,第 36—41 页。

任继愈:《禅宗与中国文化》,《社会科学战线》1988 年第 2 期,第 81—84 页。

沈冬梅:《〈撵茶图〉与宋代文人茶集》,《美术研究》2014 年第 4 期,第 67—69 页。

沈冬梅:《唐代贡茶研究》,《农业考古》2018 年第 2 期,第 13—22 页。

史念书:《茶业的起源和传播》,《中国农史》1982 年第 2 期,第 95—105 页。

孙殿军、高彦辉、赵丽军等:《中国饮茶型氟中毒现况调查》,《中国地方病学杂志》2008 年第 5 期,第 513 页。

孙磊:《紫砂壶名考》,《中国陶瓷工业》2023 年第 4 期,第 33—37 页。

覃桂清:《“三月三”源流考》,《民族艺术》1994 年第 1 期,第 59—69 页。

王河、真理:《赵之履〈茶谱续编〉辑考》,《农业考古》2005年第4期,第212—218页。

王河:《惠山听松庵竹茶炉与〈竹炉图咏〉》,《农业考古》2006年第2期,第248—252页。

汪红亮:《明代茶馆浅析》,《农业考古》2013年第5期,第101—104页。

王鸿泰:《从消费的空间到空间的消费——明清城市中的茶馆》,《上海师范大学学报》(哲学社会科学版)2008年第3期,第49—57页。

王宏涛:《论福先寺在武周时期的地位与作用》,《洛阳理工学院学报》(社会科学版)2017年第5期,第1—4、12页。

王建平:《钱椿年编　顾元庆删校版〈茶谱〉述评》,《农业考古》2012年第2期,第334—337页。

王建平:《白眼望青天　清泉烹活火——朱权〈茶谱〉赏析》,《农业考古》2017年第2期,第187—191页。

王猛、仪德刚:《蒙古族奶茶制作工艺考释及其现代调查研究》2016年第5期,第176—181页。

王楠:《帝国之术与地方知识——近代博物学研究在中国》,《江苏社会科学》2015年第6期,第236—244页。

王忠阁:《元代文化心理散论》,《苏州大学学报》(哲学社会科学版)1999年第3期,第71—76页。

吴智和:《中明茶人集团的饮茶性灵生活》,《史学集刊》1992年第4期,第52—63页。

吴智和:《明代的茶人集团》,《传统文化与现代化》1993年第6期,第48—56页。

吴智和:《明代茶人的茶寮意匠》,《史学集刊》1993年第3期,第15—23页。

夏日新:《正月晦日节考》,《中南民族大学学报》(人文社会科学版)2005年第5期,第133—136页。

徐保军:《林奈的博物学:"第二亚当"建构自然世界新秩序》,《广西民族大学学报》(哲学社会科学版)2011年第6期,第25—31页。

徐保军:《帝国博物学背景下林奈与布丰的体系之争》,《自然辩证法通讯》2019年第11期,第1—8页。

杨茂奎:《齐河三月三》,《民俗研究》1987年第4期,第121—122页。

杨世雄:《茶组植物的分类历史与思考》,《茶叶科学》2021年第4期,第439—453页。

[日]伊吹敦:《神秀得度受戒年代考》,《佛教文化研究》2015年第1期,第256—275页。

游修龄:《陆羽〈茶经·七之事〉"茗菜"质疑》,《农业考古》2002年第4期,第88—91页。

佚名:《去攸乐山品基诺族"包烧茶"》,《大观周刊》2006年第9期,第55页。

余悦:《中国茶文化研究的当代历程和未来走向》,《江西社会科学》2005年第7期,第7—18页。

苑国华:《论"库拉圈"理论及其人类学意义》,《新疆师范大学学报》(哲学社会科学版)2006年第4期,第74—77页。

詹颂:《〈红楼梦〉、〈镜花缘〉与〈九云记〉中的品茶与茶论》,《红楼梦学刊》2012年第6期,第168—194页。

战志杰:《"供春"考辨》,《大众考古》2016年第1期,第41—43页。

张汉良:《瑞典植物学家林奈与茶叶的西传》,《闽商文化研究》2011年第2期,第59—64页。

周超:《"收颜今就槚"释义献疑》,《江海学刊》2013年第2期,第24页。

张若兰:《论明词的复古追寻》,《文学遗产》2009年第4期,第146—150页。

赵国雄:《从白居易的茶妙趣说起》,《广东茶业》2007年第3期,第28—30页。

赵伟洪:《略论中国历史上的假茶及其治理》,《农业考古》2015年第2期,第275—278页。

郑建明:《关于元代西僧的两个问题》,《宜春师专学报》1999年第6期,第24—26、31页。

周荔:《宋代的茶叶生产》,《历史研究》1985年第6期,第42—54页。

周潇:《谢榛与李攀龙“绝交”始末辨析》,《青岛大学师范学院学报》2006年第4期,第73—77页。

周香琴:《茶及“荼”字源流考》,《三峡大学学报》(人文社会科学版)2009年第31卷增刊,第108—109页。

仲伟民:《全球化、成瘾性消费品与近代世界的形成》,《学术界》2019年第3期,第89—97页。

竺济法:《〈故陆鸿渐与杨祭酒书〉考述》,《茶博览》2012年第2期,第74—75页。

朱自振:《茶的起源时间和地区》,《茶叶》1982年第3期,第44—46页。

三、外文文献

Appadurai Arjun, *The social life of things: commodities in cultural perspective*(Cambridge: Cambridge University Press, 1986).

Bourdieu, P., *Distinction: a Social Critique of the Judgment of Taste*(Cambridge: Harvard University Press, 1984).

Fantasia, R., “Fast food in France,” *Theory and Society*, 24, no.2(1995): 201—243.

Ferguson, P. P., “A Cultural Field in the Making: Gastronomy in 19th-Century France,” *American Journal of Sociology* 104, no.3(1998):597—641.

Fine, G. A., “Wittgenstein's kitchen: sharing meaning in restaurant work,” *Theory and Society* 24, no.2(1995):245—269.

Finkelstein, J., *Dining out: A Sociology of Modern Manners*(New York: New York University Press, 1989).

Forte, A., “On the origins of the Great Fuxian Monastery 大福先寺 in

Luoyang," *Studies in Chinese Religions*, no.1(2015):46—69.

Fowler, B., Bourdieu, field of cultural production and cinema, In Austin G(ed.), *New Uses of Bourdieu in Film and Media Studies* (New York: Berghahn, 2016), pp.13—34.

Garnham N Bourdieu, the cultural arbitrary, and television. In Calhoun C, Li Puma E. and Postone M.(eds.), *Bourdieu: Critical Perspectives*(Chicago, IL: University of Chicago Press, 1993), pp.178—192.

Guthman, J., "Commodified meanings, meaningful commodities: re-thinking production-consumption links through the organic system of provision," *Sociologia Ruralis* 42, no.4(2002):295—311.

Harrington, A., *Art and Social Theory: Sociological Arguments in Aesthetics*(Cambridge: Polity Press, 2004).

Hennion, A., "Music Lovers: Taste as Performance," *Theory, Culture and Society* 18, no.5(2001):1—22.

Hennion, A., *Art and Social Theory*(Cambridge: Polity Press, 2004), p.39.

Highmore, B., "Taste as feeling," *New Literary History* 47, no.4(2016): 547—566.

Korsmeyer Carolyn, *Making Sense of Taste: Food and Philosophy*(Ithaca: Cornell University Press, 1999).

Kyslan Peter, "What is culture? Kant and Simmel," *International Journal of Philosophy*, no.4(2016):158—166.

Simmel, G., *The Conflict in Modern Culture and Other Essays*, trans. German by K. Peter Etzkorn(New York: Teachers College Press., 1968.).

Simon & Stewart, "Evaluating culture: sociology, aesthetics and policy," *Bioinformatics and Biology Insights* 18, no.1(2013):1—10.

Simon & Stewart, "Celebrity capital, field—specific aesthetic criteria and the status of cultural objects: the case of masked and anonymous," *European Journal of Cultural Studies* 23, no.1(2019):54—70.

Savage, M., Silva, E.B., "Field analysis in cultural sociology," *Cultural Sociology* 7, no.2(2013):111—126.

Shelton, A., "A theater for eating, looking, and thinking: the restaurant as symbolic space," *Sociological Spectrum* 10, no.4(1990):507—526.

四、古籍

(南宋)程大昌:《演繁露续集》,文渊阁四库全书本。

(宋)陈公亮:《淳熙严州图经》,中华书局宋元方志丛刊。

(明)陈继儒:《小窗幽记》,陈桥生评注,中华书局 2008 年版。

(明)程任卿:《丝绢全书》,国家图书馆出版社 2011 年版。

(宋)陈师道、(宋)朱彧:《后山谈丛·萍洲可谈》,中华书局 2007 年版。

(宋)陈元靓:《岁时广记》,许逸民点校,中华书局 2020 年版。

(明)陈子龙等:《明经世文编》,中华书局 1997 年版。

(清)道光:《巨野县志》,道光二十六年(1846)。

(清)《博平县志》,道光十五年(1835)。

(清)董诰等编:《全唐文》,中华书局 1983 年版。

(清)董天工:《武夷山志》,成文出版社 1975 年版。

(唐)杜佑:《通典》,中华书局 1988 年版。

(唐)樊绰:《云南志校释》,赵吕甫校释,中国社会科学出版社 1985 年版。

(元)冯福京修、郭荐纂:《大德昌国州图志》,中华书局 1990 年版。

(明)冯梦龙:《喻世明言》,上海古籍出版社 1992 年版。

(唐)封演:《封氏闻见记校注》,赵贞信校注,中华书局 1958 年版。

(明)高濂:《遵生八笺校注》,赵立勋校注,人民卫生出版社 1994 年版。

(唐)高彦休:《唐阙史》,文渊阁影印四库全书本。

(晋)郭璞:《尔雅注疏》,北京大学出版社 2000 年版。

(明)过廷训:《本朝分省人物考》,续修四库全书本。

(明)顾起元:《客座赘语》,中华书局 1997 年版。

(清)顾炎武:《音学五书》,中华书局 1982 年版。

(明)顾元庆:《茶谱》,续修四库全书本。

(元)韩奕:《易牙遗意》,中国商业出版社 1984 年版。

(南宋)洪迈:《夷坚志补》,中华书局 1981 年版。

(元)忽思慧:《饮膳正要》,刘玉书点校,人民卫生出版社 1986 年版。

(清)黄印:《锡金识小录》,凤凰出版社 2012 年版。

(南宋)洪皓:《松漠纪闻》,文渊阁四库全书本。

(南宋)洪适:《盘洲文集》,文渊阁四库全书本。

弘治《徽州府志》。

(元)黄玠:《弁山小隐吟录》,文渊阁四库全书本。

黄焯:《经典释文汇校》,中华书局 1980 年版。

(清)纪昀:《四库全书总目提要》,文渊阁四库全书本。

嘉靖《安溪县志》。

《泾县志》,嘉靖三十一年(1552)。

《九江府志》,嘉靖六年(1527)。

《含山邑乘》,嘉靖三十四年(1555)。

嘉靖《临江府志》。

嘉靖《增城县志》。

(元)贾铭:《饮食须知》,程绍恩、许永贵、尚贞一点校,人民卫生出版社 1988 年版。

(明)蒋一葵:《尧山堂外纪》,吕景琳点校,中华书局 2019 年版。

(宋)江少虞:《宋朝事实类苑》,上海古籍出版社 1981 年版。

（明）兰陵笑笑生：《金瓶梅》，吉林大学出版社 1983 年版。

（宋）乐史：《太平寰宇记》，王文楚等点校，中华书局 2007 年版。

（唐）李冲昭：《南岳小录》（外四种），上海古籍出版社 1993 年版。

（明）李东阳：《大明会典》，广陵书社出版社 2007 年版。

（宋）李昉等编：《太平广记》，中华书局 1961 年版。

（唐）李吉甫：《元和郡县图志》，中华书局 1983 年版。

（明）李梦阳：《空同集》，上海古籍出版社 1991 年版。

（清）李汝珍：《镜花缘》，上海古籍出版社 1991 年版。

（明）李时珍：《本草纲目》，人民卫生出版社 1996 年版。

（宋）李焘、（清）黄以周等辑补：《续资治通鉴长编　附拾补》，上海古籍出版社 1986 年版。

（宋）李心传撰：《建炎以来系年要录》，中华书局 1956 年版。

（宋）李心传：《建炎以来朝野杂记》，徐规点校，中华书局 2006 年版。

（唐）李肇、赵璘：《唐国史补 · 因话录》，上海古籍出版社 1979 年版。

（清）李祖年、于霖逢修纂：《文登县志》，成文出版有限公司 1976 年版。

（明）凌濛初：《二刻拍案惊奇》，中华书局 2009 年版。

（元）刘秉忠：《藏春集》，文渊阁四库全书本。

刘廷昌、刘崇本修撰：《霸县新志》，民国二十三年（1934）铅印本。

（后晋）刘昫：《旧唐书》，中华书局 1975 年版。

（南朝宋）刘义庆：《世说新语笺疏》，余嘉锡笺疏，中华书局 2015 年版。

（清）陆廷燦：《续茶经》，文渊阁四库全书本。

（明）罗玘：《圭峰集》，文渊阁四库全书本。

（元）马端临：《文献通考》，中华书局 1986 年版。

（元）马臻：《霞外诗集》，文渊阁四库全书本。

（宋）梅尧臣：《梅尧臣集编年校注》，朱东润编年校注，上海古籍出版社 1980 年版。

(宋)孟元老撰:《东京梦华录笺注》,伊永文笺注,中华书局2006年版。

《孟子》,张燕婴等译注,中华书局2012年版。

(元)倪瓒:《清閟阁集》,续修四库全书本。

(宋)欧阳修:《新五代史》,中华书局1974年版。

(北宋)欧阳修、宋祁:《新唐书》,中华书局1975年版。

(北宋)欧阳修:《归田录》,中华书局1981年版。

(北宋)欧阳修:《欧阳修全集》,李逸安点校,中华书局2001年版。

(元)欧阳玄:《圭斋文集》,四部丛刊初编。

(明)彭大翼:《山堂肆考》,文渊阁四库全书本。

(元)蒲道源:《闲居丛稿》,文渊阁四库全书本。

(宋)普济:《五灯会元》,苏渊雷点校,中华书局1984年版。

(明)钱谷:《吴都文粹续集》,文渊阁四库全书本。

(北宋)钱易:《南部新书》,文渊阁四库全书本。

《钦定周官义疏》,文渊阁四库全书本。

(明)丘浚:《大学衍义补》,苏州大学出版社1999年版。

《全唐诗(增订本)》,中华书局编辑部点校,中华书局1999年版。

(明)沈德符:《野获编补遗》,续修四库全书。

《庐山通志》,顺治十五年(1658)。

(北宋)司马光:《资治通鉴》,中华书局1956年版。

(明)宋濂:《元史》,中华书局1976年版。

(宋)宋敏求:《唐大诏令集》,商务印书馆1959年版。

(明)宋诩:《竹屿山房杂部》,文渊阁四库全书本。

(元)苏天爵编:《元文类》,商务印书馆1936年版。

(北宋)苏辙:《栾城集》,曾枣庄、马德富校点,上海古籍出版社1987年版。

(清)谈迁:《枣林杂俎》,罗仲辉、胡明校点校,中华书局2006年版。

(宋)陶谷、吴淑:《清异录 江淮异人录》,孔一校点,上海古籍出版社2012年版。

(元)陶宗仪:《南村辍耕录》,辽宁教育出版社 1998 年版。

(明)田汝成:《西湖游览志余》,浙江人民出版社 1980 年版。

(明)田艺蘅:《煮茶小品》,明嘉靖甲寅刻本。

(元)脱脱等撰:《金史》,中华书局 1975 年版。

(元)脱脱等撰:《宋史》,中华书局 1977 年版。

(元)汪大渊:《岛夷志略校释》,苏继庼校释,中华书局 1981 年版。

《(万历)重修宜兴县志》,《无锡文库》第 1 辑,凤凰出版社 2012 年版。

(北宋)王得臣:《尘史》,俞宗宪点校,上海古籍出版社 1986 年版。

王季思:《全元戏曲》,人民文学出版社 1990 年版。

(元)王冕:《竹斋集》,文渊阁四库全书本。

(宋)王溥:《唐会要》,上海古籍出版社 2006 年版。

(北宋)王钦若:《册府元龟》,中华书局 1960 年版。

(明)王守仁:《王阳明全集》,谢廷杰编,中央编译出版社 2014 年版。

(宋)王十朋:《梅溪集》,吉林出版集团 2005 年版。

(元)王元恭纂修:《至正四明续志》,《宋元方志丛刊》第七册,中华书局 1990 年版。

(元)王祯:《农书》,文渊阁四库全书本。

(南宋)王质:《雪山集》,文渊阁四库全书本。

(清)王晫、张潮编纂:《檀几丛书》,上海古籍出版社 1992 年版。

(明)文震亨:《长物志校注》,陈植校注,江苏科学技术出版社 1984 年版。

(明)文征明:《甫田集》,文渊阁四库全书本。

(南宋)魏了翁:《鹤山先生大全文集》,商务印书馆 1936 年版。

(清)吴敬梓:《儒林外史》,人民文学出版社 2002 年版。

(明)吴宽:《匏翁家藏集》,四部丛刊本初编。

(元)无名氏:《居家必用事类全集(饮食类)》,邱庞同注释,中国商业出版社 1987 年版。

(清)吴骞:《拜经楼丛书·阳羡名陶录》,上海博古斋民国壬戌年影印本。

(元)吴师道:《礼部集》,吉林出集团 2005 年版。

(明)吴应箕:《留都见闻录》,南京出版社 2009 年版。

(清)吴钺:《御题竹炉图咏》,乾隆二十七年无锡原刊本。

(南宋)吴自牧:《梦粱录》,浙江人民出版社 1980 年版。

《稀见中国地方志汇刊》第 29 册,中国书店出版社 1992 年版。

(明)谢肇淛:《五杂俎》,韩梅、韩锡铎点校,中华书局 2021 年版。

(明)许次纾:《茶疏》,茶书全集本。

(元)许衡:《鲁斋遗书》,文渊阁四库全书本。

(东汉)许慎:《说文解字》,中华书局 1963 年版。

(清)徐松辑:《宋会要辑稿》,中华书局 1957 年版。

(元)许有壬:《至正集》,文渊阁四库全书本。

(明)徐渭:《徐渭集》,中华书局 1983 年版。

(明)徐献忠:《吴兴掌故集》,丛书集成本。

(宋)薛居正等撰:《旧五代史》,中华书局 1976 年版。

《颜氏家训》,檀作文译注,中华书局 2007 年版。

(北魏)杨衒之:《洛阳伽蓝记》,尚荣译注,中华书局 2012 年版。

(唐)杨哗:《膳夫经手录》,续修四库全书。

(元)杨允孚:《滦京杂咏》,文渊阁四库全书本。

(宋)叶梦得:《避暑录话》,文渊阁四库全书本。

(明)叶子奇:《草木子》,中华书局 1959 年版。

(金)佚名:《大金吊伐录校补》,金少英校补,中华书局 2001 年版。

(元)宇文懋昭:《大金国志校证》,崔文印校证,中华书局 1986 年版。

(元)《元典章》,陈高华等点校,天津古籍出版社;中华书局 2011 年版。

(明)袁宏道:《袁宏道集笺校》,钱伯城笺校,上海古籍出版社 1981 年版。

(清)袁枚:《随园食单》,陈伟明校注,中华书局 2020 年版。

(宋)袁说友:《东塘集》,文渊阁四库全书本。

(元)袁桷:《清容居士集》,文渊阁四库全书本。

(南宋)袁文:《瓮牖闲评》,文渊阁四库全书本。

(南宋)袁燮:《洁斋集》,文渊阁影印四库全书本。

(宋)赞宁:《宋高僧传》,范祥雍点校,中华书局1987年版。

(明)查志隆撰:《岱史》,民国十二至十五年上海商务印书馆影印本。

(明)张岱:《陶庵梦忆》,中华书局2008年版。

(唐)张九龄等:《唐六典全译》,袁文兴、潘寅生主编,甘肃人民出版社1997年版。

(清)张廷玉等撰:《明史》,中华书局1974年版。

(明)张学颜:《万历会计录》,书目文献出版社1987年版。

(唐)张又新:《煎茶水记》,左氏百川学海本。

(清)赵学敏:《本草纲目拾遗》,中国中医药出版社1998年版。

(南宋)赵珙:《蒙鞑备录》,丛书集成初编。

(南宋)赵不悔、罗愿修纂:《新安志》,中华书局1990年版。

(宋)赵明诚:《金石录》,文渊阁四库全书本。

(清)郑珍:《说文新附考》,商务印书馆1936年。

《中华经典藏书:金刚经·心经·坛经》《坛经·付嘱品第十》,陈秋平、尚荣译注,中华书局2012年版。

(明)钟惺:《钟伯敬先生遗稿》,明天启七年徐波刻本。

(清)周亮工:《闽小记》,福建人民出版社1985年版。

(明)周晖:《金陵琐事·续金陵琐事·二续金陵琐事》,南京出版社2007年版。

(明)朱权:《茶谱》,艺海汇函本。

(明)朱存理:《楼居杂著》,文渊阁四库全书本。

朱自振、沈冬梅、增勤等编:《中国古代茶书集成》,上海文化出版社2010年版。

(梁)宗懔:《荆楚岁时记》,姜彦稚辑校,中华书局2018年版。

图书在版编目(CIP)数据

茶:一片树叶的社会生命/刘春燕著.—上海:
上海人民出版社,2024
ISBN 978-7-208-18708-5

Ⅰ.①茶… Ⅱ.①刘… Ⅲ.①茶文化-中国 Ⅳ.
①TS971.21

中国国家版本馆 CIP 数据核字(2024)第 016031 号

责任编辑 王笑潇
封面设计 谢定莹

茶:一片树叶的社会生命
刘春燕 著

出　　版 上海人民出版社
(201101 上海市闵行区号景路 159 弄 C 座)
发　　行 上海人民出版社发行中心
印　　刷 苏州工业园区美柯乐制版印务有限责任公司
开　　本 635×965 1/16
印　　张 23.5
插　　页 2
字　　数 268,000
版　　次 2024 年 3 月第 1 版
印　　次 2024 年 3 月第 1 次印刷
ISBN 978-7-208-18708-5/C·708
定　　价 98.00 元